数控机床系统设计

第二版
The Second Edition

文怀兴 夏田 编著

SHUKONG JICHUANG
XITONG SHEJI

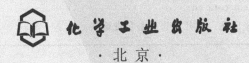
化学工业出版社
·北京·

图书在版编目（CIP）数据

数控机床系统设计/文怀兴，夏田编著．—2 版．—北京：
化学工业出版社，2011.3（2023.4重印）
ISBN 978-7-122-10445-8

Ⅰ．数…　Ⅱ．①文…②夏…　Ⅲ．数控机床-系统设计
Ⅳ．TG659

中国版本图书馆 CIP 数据核字（2011）第 011317 号

责任编辑：张兴辉　　　　　　　文字编辑：项　潋
责任校对：周梦华　　　　　　　装帧设计：王晓宇

出版发行：化学工业出版社（北京市东城区青年湖南街 13 号　邮政编码 100011）
印　　装：涿州市般润文化传播有限公司
787mm×1092mm　1/16　印张16　字数 423 千字　2023 年 4 月北京第 2 版第13次印刷

购书咨询：010-64518888　　　　　售后服务：010-64518899
网　　址：http://www.cip.com.cn
凡购买本书，如有缺损质量问题，本社销售中心负责调换。

定　　价：49.80 元

前　言

数控机床集计算机技术、电子技术、自动控制、传感测量、机械制造、网络通信技术于一体，是典型的机电一体化产品，它的发展和运用，开创了制造业的新时代，改变了制造业的生产方式、产业结构、管理方式，使世界制造业的格局发生了巨大变化。现代的 CAD/CAM、FMS、CIMS 等，都是建立在数控技术之上。数控技术水平已成为衡量一个国家制造业现代化程度的核心标志，实现加工机床及生产过程数控化，已经成为当今制造业的发展方向。"中国制造"竞争力的提高，急需培养一批能够掌握数控机床设计理论和方法的工程技术人才，满足制造业发展和新产品开发对人才的需求。

为了适应数控技术的快速发展，尽可能反映数控机床的新成就，加强机床控制系统设计等内容，适应高等院校机械类专业教学的需要，特对《数控机床系统设计》一书进行修订。

本书将原书第 9 章、第 10 章删除，增加了第 9 章计算机数控系统，每章后增添了习题和思考题。本书在保持原来风格和特点的基础上，作了必要的增减和修改，更新了部分内容。第 1 章更新了数控机床的工作原理，增加了数控系统的主要工作过程。第 2 章删除了数控机床设计的基本要求和系列化、通用化、模块化设计等内容，增加了数控机床的设计内容和设计特点以及数控机床总体布局等内容。第 3 章删除了主传动的开停、制动装置等内容，增加了主轴转速的自动变换以及主轴旋转与进给轴的同步控制等内容。第 4 章删除了主轴的技术要求和动压滑动轴承等内容。其他章节也作了少量的修改和调整。

本书第 1 章、第 2 章、第 3 章、第 4 章、第 8 章由陕西科技大学文怀兴教授编写，第 5 章、第 6 章、第 7 章、第 9 章由陕西科技大学夏田教授编写。本书编写过程中，得到了许多专家的支持和帮助，在此谨致谢意。

本书可作为高等院校机械设计制造及其自动化、数控技术以及模具设计与制造等专业的教学用书，也可供从事机械设计制造和研究的工程技术人员参考。

由于编者水平有限，书中的不妥之处恳请读者批评指正。

编　者

前 言

目　录

第1章　数控机床概述

随着科学技术的飞速发展和经济竞争的日趋激烈，产品更新速度越来越快，复杂形状的零件越来越多，精度要求越来越高，多品种、中小批量生产的比重明显增加。激烈的市场竞争使产品研制生产周期越来越短。传统的加工设备和制造方法已难于适应这种多样化、柔性化与复杂形状零件的高效高质量加工要求。因此近几十年来，世界各国十分重视发展能有效解决复杂、精密、小批多变零件的数控加工技术，在加工设备中大量采用以微电子技术和计算机技术为基础的数控技术。目前，数控技术正在发生根本性变革，它集成了微电子、计算机、信息处理、自动检测、自动控制等高新技术于一体，具有高精度、高效率、柔性自动化等特点，对制造业实现柔性自动化、集成化、智能化起着举足轻重的作用。

汽车、拖拉机和家用电器等行业的产品零件，为了解决高产优质的问题，多采用专用的工艺装备、专用自动化机床或专用的自动生产线和自动化车间进行生产。但是应用这些专用生产设备，生产准备周期长，产品改型不易，因而使新产品的开发周期增长。在机械产品中，单件与小批量产品占到 70%～80%，这类产品一般都采用通用机床加工，当产品改变时，机床与工艺装备均需作相应的变换和调整，而且通用机床的自动化程度不高，基本上由人工操作，难于提高生产效率和保证产品质量。特别是一些由曲线、曲面轮廓组成的复杂零件，只能借助靠模和仿形机床，或者借助划线和样板用手工操作的方法来加工，加工精度和生产效率受到很大的限制。数字控制机床，就是为了解决单件、小批量、特别是复杂型面零件加工的自动化并保证质量要求而产生的，为单件、小批生产的精密复杂零件提供了自动化加工手段。

数控技术是制造业实现自动化、柔性化、集成化生产的基础，现代的 CAD/CAM、FMS、CIMS 等，都是建立在数控技术之上，离开了数控技术，先进制造技术就成了无本之木。同时，数控技术关系到国家战略地位，是体现国家综合国力水平的重要基础性产业，其水平高低是衡量一个国家制造业现代化程度的核心标志，实现加工机床及生产过程数控化，已经成为当今制造业的发展方向。

1.1　数控机床的特点

1.1.1　数控机床的优点

（1）加工对象改型的适应性强

利用数控机床加工改型零件，只需要重新编制程序就能实现对零件的加工，它不同于传统的机床，不需要制造、更换许多工具、夹具和检具，更不需要重新调整机床。因此，数控机床可以快速地从加工一种零件转变为加工另一种零件，这就为单件、小批以及试制新产品提供了极大的便利。它不仅缩短了生产准备周期，而且节省了大量工艺装备费用。

（2）加工精度高

数控机床是以数字形式给出的指令进行加工的，由于目前数控装置的脉冲当量（即每输出一个脉冲后数控机床移动部件相应的移动量）一般达到了 0.001mm，而且进给传动链的反向间隙与丝杠螺距误差等均可由数控装置进行补偿，因此，数控机床能达到比较高的加工精度和质量稳定性。这是由数控机床结构设计采用了必要的措施以及机电结合的特点决定的。首先是在结构上引入了滚珠丝杠螺母机构、各种消除间隙结构等，使机械传动的误差尽可能小；其次是采用了软件精度补偿技术，使机械误差进一步减小；第三是用程序控制加工，减少了人为因素对加工精度的影响。这些措施不仅保证了较高的加工精度，同时还保持了较高的质量稳定性。

在采用点位控制系统的钻孔加工中，由于不需要使用钻模板与钻套，钻模板的坐标误差造成的影响也不复存在。又由于加工中排除切屑的条件得以改善，可以进行有效冷却，被加工孔的精度及表面质量都有所提高。对于复杂零件的轮廓加工，在编制程序时已考虑到对进给速度的控制，可以做到在曲率变化时，刀具沿轮廓的切向进给速度基本不变，被加工表面就可获得较高的精度和表面质量。

（3）生产效率高

零件加工所需要的时间包括机动时间与辅助时间两部分。数控机床能够有效地减少这两部分时间，因而加工生产率比一般机床高得多。数控机床主轴转速和进给量的范围比普通机床的范围大，每一道工序都能选用最有利的切削用量，良好的结构刚性允许数控机床进行大切削用量的强力切削，有效地节省了机动时间。数控机床移动部件的快速移动和定位均采用了加速与减速措施，因而选用了很高的空行程运动速度，消耗在快进、快退和定位的时间要比一般机床少得多。

数控机床在更换被加工零件时几乎不需要重新调整机床，而零件又都安装在简单的定位夹紧装置中，可以节省用于停机进行零件安装调整的时间。

数控机床的加工精度比较稳定，一般只做首件检验或工序间关键尺寸的抽样检验，因而可以减少停机检验的时间。在使用带有刀库和自动换刀装置的数控加工中心机床时，在一台机床上实现了多道工序的连续加工，减少了半成品的周转时间，生产效率的提高就更为明显。

（4）自动化程度高

数控机床对零件的加工是按事先编好的程序自动完成的，操作者除了操作面板、装卸零件、进行关键工序的中间测量以及观察机床的运行之外，其他的机床动作直至加工完毕，都是自动连续完成，不需要进行繁重的重复性手工操作，劳动强度与紧张程度均可大为减轻，劳动条件也得到相应的改善。

（5）良好的经济效益

使用数控机床加工零件时，分摊在每个零件上的设备费用是较昂贵的。但在单件、小批生产情况下，可以节省工艺装备费用、辅助生产工时、生产管理费用及降低废品率等，因此能够获得良好的经济效益。

（6）有利于生产管理的现代化

用数控机床加工零件，能准确地计算零件的加工工时，并有效地简化检验和工夹具、半成品的管理工作。这些特点都有利于使生产管理现代化。

数控机床在应用中也有不利的一面，如提高了起始阶段的投资，对设备维护的要求较高，对操作人员的技术水平要求较高等。

1.1.2　数控机床加工零件的特点

数控机床确实存在一般机床所不具备的许多优点，但是这些优点都是以一定条件为前提的。数控机床的应用范围正在不断扩大，但它并不能完全代替其他类型的机床，也还不能以最经济的方式解决机械加工中的所有问题。数控机床通常最适合加工具有以下特点的零件：

① 多品种小批量生产的零件。图 1-1 表示了不同种类机床的零件加工批量数与综合费用的关系。从图中看出零件加工批量数的增大对于选用数控机床是不利的。原因在于数控机

床设备费用高昂，与大批量生产采用的专用机床相比其效率还不够高。通常，采用数控机床加工的合理生产批量在 10～200 件之间。目前有向中批量发展的趋势。

　　② 结构比较复杂的零件。图 1-2 表示了不同种类机床的被加工零件复杂程度与零件加工批量数的关系。通常数控机床适宜于加工结构比较复杂，在非数控机床上加工时需要有昂贵的工艺装备的零件。

　　③ 需要频繁改型的零件。它节省了大量的工艺装备费用，使综合费用下降。

　　④ 价格昂贵、不允许报废的关键零件。

　　⑤ 需要最短生产周期的急需零件。

　　广泛推广数控机床的最大障碍是设备的初始投资大，由于系统本身的复杂性，又增加了维修费用。如果缺少完善的售后服务，往往不能及时排除设备故障，将会在一定程度上影响机床的利用率，这些因素都会增加综合生产费用。

　　考虑到以上所述的种种原因，在决定选用数控机床加工时，需要进行反复对比和仔细的经济分析，以发挥数控机床最好的经济效益。

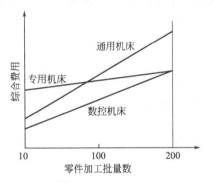

图 1-1　不同种类机床的零件加工
批量数与综合费用的关系

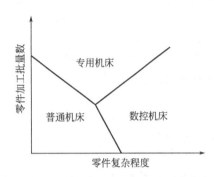

图 1-2　不同种类机床的初加工零件复杂
程度与零件加工批量数的关系

1.2　数控机床的组成和工作原理

1.2.1　数控机床的组成

　　数控机床一般由控制介质、数控装置、伺服机构和机床本体（机械部件）组成，如图 1-3 所示，其中实线部分表示开环系统。为了提高加工精度，再加入测量装置，由虚线构成反馈，称为闭环系统。

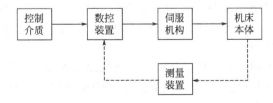

图 1-3　数控机床的组成

1.2.1.1　控制介质

　　控制介质又称信息载体。数控机床加工时，所需的各种控制信息要靠某种中间载体携带和传输，这种载体称为"控制介质"。控制介质是存储数控加工所需要的全部动作和刀具相对于工件位置信息的媒介物，它记载着零件的加工程序。

控制介质有多种，如穿孔带、穿孔卡、磁带及磁盘等，也可通过通信接口直接输入所需各种信息，采用何种控制介质则取决于数控装置的类型。高级的数控系统可能还包含一套自动编程机或者 CAD/CAM 系统，由这些设备实现编制程序、输入程序、输入数据以及显示、模拟仿真、存储和打印等功能。

1.2.1.2 数控装置

数控装置可分为普通数控系统（NC）和计算机数控系统（CNC）两大类。前者利用专用的控制计算机，又称硬件数控；后者利用通用的小型计算机或微型计算机加软件，又称软件数控。数控装置是数控机床的核心，一般由输入装置、控制器、运算器和输出装置等组成。它根据输入的程序和数据，经过数控装置的系统软件或逻辑电路进行编译、运算和逻辑处理后，输出各种信号和指令控制机床的各个部分，进行规定的、有序的动作。这些控制信号中最基本的信号是：经插补运算决定的各坐标轴（即作进给运动的各执行部件）的进给速度、进给方向和位移量指令，送伺服驱动系统驱动执行部件做进给运动；主运动部件的变速、换向和启停信号；选择和交换刀具的刀具指令信号；控制冷却、润滑的启停，工件和机床部件松开、夹紧，分度工作台转位等的辅助指令信号等。

1.2.1.3 伺服系统

伺服系统由伺服驱动电路和伺服驱动装置组成，并与机床上的执行部件和机械部件组成数控机床的进给系统。它根据数控装置发来的速度和位移指令控制执行部件的进给速度、方向和位移。每个做进给运动的执行部件，都配有一套伺服系统。伺服系统有开环、半闭环和闭环之分。在半闭环和闭环伺服系统中，使用了位置检测装置，间接或直接测量执行部件的实际进给位移，与指令位移进行比较，按闭环原理，将其误差转换放大后控制执行部件的进给运动。

1.2.1.4 机械部件

数控机床的机械部件包括：主运动部件，进给运动执行部件如工作台、拖板及其传动部件，床身、立柱等支承部件，此外，还有冷却、润滑、转位和夹紧等辅助装置。对于加工中心类的数控机床，还有存放刀具的刀库，交换刀具的机械手等部件。数控机床机械部件的组成与普通机床相似，但传动结构要求更为简单，在精度、刚度、抗振性等方面要求更高，而且其传动和变速系统要便于实现自动化控制。

1.2.2 数控机床的工作原理

用数控机床加工零件时，首先应将加工零件的几何信息和工艺信息编制成加工程序，由输入部分送入数控装置，经过数控装置的处理、运算，按各坐标轴的分量送到各轴的驱动电路，经过转换、放大进行伺服电动机的驱动，带动各轴运动，并进行反馈控制，使刀具与工件及其他辅助装置严格地按照加工程序规定的顺序、轨迹和参数有条不紊地工作，从而加工出零件的全部轮廓。

数控机床的加工，是把刀具与工件的运动坐标分割成一些最小的单位量，即最小位移量，由数控系统按照零件程序的要求，使坐标移动若干个最小位移量，从而实现刀具与工件的相对运动，完成对零件的加工。

当走刀轨迹为直线或圆弧时，数控装置则在线段的起点和终点坐标值之间进行"数据点的密化"，求出一系列中间点的坐标值，然后按中间的坐标值，向各坐标输出脉冲数，保证加工出需要的直线或圆弧轮廓。

数控装置进行的这种"数据点的密化"称为插补，一般数控装置都具有对基本函数进行插补的功能。

对任意曲面零件的加工，必须使刀具运动的轨迹与该曲面完全吻合，才能加工出所需的零件。

数控机床具有很好的柔性,当加工对象变换时,只需重新编制加工程序即可,原来的程序可存储备用,不必像组合机床那样需要针对新加工零件重新设计机床,致使生产准备时间过长。

1.2.3　数控系统的主要工作过程

数控系统的主要任务是进行刀具和工件之间相对运动的控制。机床接通电源后,微机数控装置和可编程控制器都将对数控系统各组成部分的工作状态进行检查和诊断,并设置初态。当数控系统具备了正常工作的条件时,开始进行加工控制信息的输入。

工件在数控机床上的加工过程由数控加工程序来描述。按管理形式不同,编程工作可以在专门的编程场所进行,也可在机床前进行。对前一种情况,数控加工程序在加工准备阶段利用专门的编程系统产生,保存到控制介质上,再输入数控装置,或者采用通信方式直接传输到数控装置,操作员可按需要通过数控面板对读入的数控加工程序进行修改。对后一种情况,操作员直接利用数控装置本身的编辑器进行数控加工程序的编写和修改。

输入数控装置的加工程序是按工件坐标系来编写的,而机床刀具相对于工件是按机床坐标系运动的,同时加工所使用的刀具参数也各不一样,因此在加工前还要输入使用刀具的刀具参数及工件编程原点相对机床原点的坐标位置。

输入加工控制信息后,可选择一种加工方式(手动方式或自动方式的单段方式和连续方式),启动加工运行,此时,数控装置在系统控制程序的作用下对输入的加工控制信息进行预处理,即进行译码和刀具半径补偿与刀具长度补偿计算。系统进行数控加工程序译码(或解释)时,将其区分成几何的、工艺的数据和开关功能。几何数据是刀具相对工件的运动路径数据,如有关 G 功能和坐标指定等,利用这些数据可加工出要求的工件几何形状;工艺数据是主轴转速和进给速度等功能,即 F 功能、S 功能和部分 G 功能;开关功能是对机床电器的开关命令,如主轴启/停、刀具选择和交换、冷却液的启/停、润滑液的启/停等辅助M 功能指令等。

由于在编写数控加工程序时,一般不考虑刀具的实际几何数据,所以,数控装置根据工件几何数据和在加工前输入的实际刀具参数,要进行相应的刀具补偿计算,简称刀补计算。在数控系统中存在着多种坐标系,根据输入的实际工件原点,加工过程所采用的各种坐标系等几何信息,数控装置还要进行相应的坐标变换。

数控装置对加工控制信息预处理完毕后开始逐段运行数控加工程序。要产生的运动轨迹在几何数据中由各曲线段起、终点及其连接方式(如直线和圆弧)等主要几何数据给出,数控装置中的插补器能根据已知的几何数据计算出刀具一系列的加工点,完成数据"密化"工作,即完成插补处理。插补后的位置信号与检测到的位置信号进行位置处理,处理后的信号控制伺服装置,由伺服装置驱动电动机运动,从而带动机床运动件运动。

由数控装置发出的开关命令在系统程序的控制下,在各加工程序段插补处理开始前或完成后,适时输出给机床控制器。在机床控制器中,开关命令和由机床反馈的回答信号一起被处理和转换为机床开关设备的控制命令。在现代的控制系统中,大多数机床控制电路都用PLC 中可靠的开关功能来实现。

在机床的运行过程中,数控系统要随时监视数控机床的工作状态,通过显示部件及时向操作者提供系统的工作状态和故障情况。此外,数控系统还要对机床操作面板进行监控,因为机床操作面板的开关状态可以影响加工状态,需及时处理有关信号。

1.3　数控机床的分类

目前数控机床已发展成为品种齐全、规格繁多的大系统,可以从不同的角度进行分类。

1.3.1 按运动方式分类

(1) 点位控制系统

点位控制系统是指数控系统只控制刀具或机床工作台，从一点准确地移动到另一点，而点与点之间运动的轨迹不需要严格控制。为了减少移动部件的运动与定位时间，一般先以快速移动到终点附近位置，然后以低速准确移动到终点定位位置，以保证良好的定位精度。移动过程中刀具不进行切削。使用这类控制系统主要有数控坐标镗床、数控钻床、数控冲床、数控弯管机等。图1-4所示为数控钻床加工示意图。

(2) 点位直线控制系统

点位直线控制系统是指数控系统不仅控制刀具或工作台从一个点准确地移动到另一个点，而且保证在两点之间的运动轨迹是一条直线。移动部件在移动过程中进行切削。应用这类控制系统的有数控车床、数控钻床和数控铣床等。图1-5所示为数控铣床加工示意图。

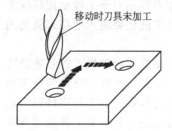
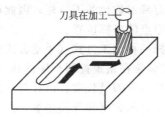

图1-4　数控钻床加工示意图　　图1-5　数控铣床加工示意图　　图1-6　轮廓控制系统加工示意图

(3) 轮廓控制系统

轮廓控制系统也称连续控制系统，是指数控系统能够对两个或两个以上的坐标轴同时进行严格连续控制。它不仅能控制移动部件从一个点准确地移动到另一个点，而且还能控制整个加工过程每一点的速度与位移量，将零件加工成一定的轮廓形状。应用这类控制系统的有数控铣床、数控车床、数控齿轮加工机床和加工中心等。图1-6所示为轮廓控制系统加工示意图。

1.3.2 按控制方式分类

(1) 开环控制系统

开环控制系统是指不带反馈装置的控制系统。它是根据穿孔带上的数据指令，经过控制运算发出脉冲信号，输送到伺服驱动装置（如步进电动机），使伺服驱动装置转过相应的角度，然后经过减速齿轮和丝杠螺母机构，转换为移动部件的直线位移。图1-7所示为开环控制系统框图。

图1-7　开环控制系统框图

由于开环控制系统不具有反馈装置，不能进行误差校正，因此系统精度较低（±0.02mm）。虽然开环控制系统具有结构简单、工作稳定、使用维修方便及成本低的优点，但它已不能满足数控机床日益提高的精度要求。

(2) 半闭环控制系统

半闭环控制系统是在开环控制系统的伺服机构中装有角位移检测装置，通过检测伺服机构的滚珠丝杠转角，间接检测移动部件的位移，然后反馈到数控装置的比较器中，与输入原指令位移值进行比较，用比较后的差值进行控制，使移动部件补充位移，直到差值消除为止的控制系统。由于半闭环控制系统将移动部件的传动丝杠螺母机构不包括在闭环之内，所以传动丝杠螺母机构的误差仍然会影响移动部件的位移精度。图 1-8 所示为半闭环控制系统框图。

半闭环控制系统调试方便，稳定性好，目前应用比较广泛。

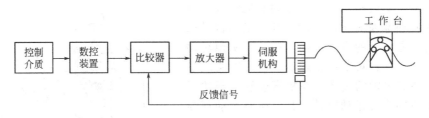

图 1-8　半闭环控制系统框图

（3）闭环控制系统

图 1-9 所示为闭环控制系统框图，闭环控制系统是在机床移动部件位置上直接装有直线位置检测装置，将检测到的实际位移反馈到数控装置的比较器中，与输入的原指令位移值进行比较，用比较后的差值控制移动部件作补充位移，直到差值消除时才停止移动，达到精确定位的控制系统。

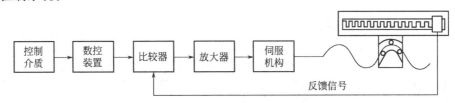

图 1-9　闭环控制系统框图

闭环控制系统定位精度高（一般可达 $\pm0.01mm$，最高可达 $\pm0.001mm$），一般应用在高精度数控机床上。由于系统增加了检测、比较和反馈装置，所以结构比较复杂，调试维修比较困难。

1.3.3　按数控系统的功能水平分类

按数控系统的功能水平，通常把数控系统分为低、中、高三个档次。低，中、高三个档次的界限是相对的，不同时期，划分标准也会不同。就目前的发展水平来看，可以根据表1-1 的一些功能与指标来划分。其中，高档一般称为全功能数控或标准型数控，经济型数控属于低档数控，是指由单片机和步进电动机组成的数控系统，或其他功能简单、价格低的数控系统。经济型数控主要用于车床、线切割机床以及旧机床改造等。

表 1-1　数控系统的功能和指标

功　能	低　档	中　档	高　档
系统分辨率	$10\mu m$	$1\mu m$	$0.1\mu m$
G00 速度	$3\sim8m/min$	$10\sim24m/min$	$24\sim100m/min$
伺服类型	开环及步进电动机	半闭环及直、交流伺服	闭环及直、交流伺服
联动轴数	$2\sim3$ 轴	$2\sim4$ 轴	5 轴或 5 轴以上
通信功能	无	RS232C 或 DNC	RS232C、DNC、MAP
显示功能	数码管显示	CRT：图形、人机对话	CRT：三维图形、自诊断
内装 PLC	无	有	强功能内装 PLC
主 CPU	8 位、16 位 CPU	16 位、32 位 CPU	32 位、64 位 CPU
结构	单片机或单板机	单微处理机或多微处理机	分布式多微处理机

1.4 控制轴数与联动轴数

数控机床上控制轴的概念与通常所说的主轴、传动轴等轴的概念不同。为了说明这一点，先来分析一下数控机床上的运动分配情况。图1-10为某数控机床及其运动分配，其中工作台可以做 X、Y 两个方向上的直线运动，也可以实现转动 C；主轴箱可以沿 Z 向做直线运动，也可以实现摆动 B；当然还有主轴的旋转。在机床能够实现的运动中，除了主轴旋转运动以外，其他所有运动都与工件的成形有关，而且都有自己的伺服驱动。数控系统正是通过确定的伺服驱动单元控制来实现某个具体运动的，例如工作台沿 X 方向的移动、主轴箱的摆动。这就是控制轴的概念，即机床数控装置能够控制轴的数目。机床上的运动越多，控制轴数就越多，功能就越强，机床的复杂程度和技术含量也就越高。

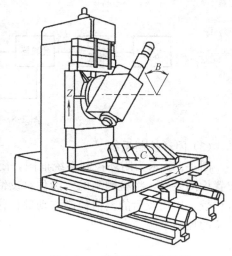

图 1-10 多轴控制数控机床

实现了对机床运动的控制并不意味着就可以加工任何零件。在许多情况下，需要对机床的多个运动同时、协调地进行控制，才能达到加工要求，即同时控制多个轴，这就是联动轴数。显然，联动轴数多，机床控制和编程难度加大。在图 1-10 所示的机床上加工，有些零件形面需要 X，Y，Z，C，B 五个控制轴联动才能完成，如叶片表面的加工。

总之，控制轴数和联动轴数是表达机床加工能力的重要参数。用控制轴数来划分，数控机床可有二轴数控机床、三轴数控机床等。控制轴数有时也称坐标数，因此机床可以有三坐标数控机床和五坐标数控机床等。

1.5 数控机床性能、结构及应用

1.5.1 数控机床的精度指标

（1）定位精度和重复定位精度

定位精度是指数控机床工作台等移动部件在确定的终点所达到的实际位置的精度，因此移动部件实际位置与理想位置之间的误差称为定位误差。定位误差包括伺服系统、检测系统、进给系统等的误差，还包括移动部件导轨的几何误差等。定位误差将直接影响零件加工的位置精度。

重复定位精度是指在同一台数控机床上，应用相同程序、相同代码加工一批零件，所得到的连续结果的一致程度。重复定位精度受伺服系统特性、进给系统的间隙与刚性以及摩擦特性等因素的影响。一般情况下，重复定位精度是成正态分布的偶然性误差，它影响一批零件加工的一致性，是一项非常重要的性能指标。如 TH6350 型数控机床定位精度 ±0.005mm/全行程，重复定位精度 ±0.002mm。

（2）分度精度

分度精度是指分度工作台在分度时，理论要求回转的角度值和实际回转的角度值的差值。分度精度既影响零件加工部位在空间的角度位置，也影响孔系加工的同轴度等。

（3）脉冲当量

数控装置每发出一个脉冲信号，反映到机床移动部件上的移动量，一般称为脉冲当量。脉冲当量是设计数控机床的原始数据之一，其数值的大小决定数控机床的加工精度和表面质量。目前普通数控机床的脉冲当量一般采用 0.001mm；简易数控机床的脉冲当量一般采用 0.01mm；精密或超精密数控机床的脉冲当量采用 0.0001mm。脉冲当量越小，数控机床的加工精度和加工表面质量越高。

1.5.2　典型数控机床结构及应用

1.5.2.1　数控车床

数控车床又称为 CNC（computer numerical control）车床，与普通车床相比，其结构上仍然是由主轴箱、刀架、进给传动系统、床身、液压系统、冷却系统、润滑系统等部分组成，只是数控车床的进给传动系统与普通车床的进给传动系统在结构上存在着本质上的差别。普通车床主轴的运动经过挂轮架、进给箱、溜板箱传到刀架实现纵向和横向进给运动。而数控车床是采用伺服电动机经滚珠丝杠，传到滑板和刀架，实现 Z 向（纵向）和 X 向（横向）进给运动。可见数控车床进给传动系统的结构较普通车床大为简化。数控车床也有加工各种螺纹的功能，一般是采取伺服电动机驱动主轴旋转，并且在主轴箱内安装有脉冲编码器，主轴的运动通过同步齿形带 1∶1 地传到脉冲编码器。当主轴旋转时，脉冲编码器便发出检测脉冲信号给数控系统，使主轴电动机的旋转与刀架的切削进给保持同步关系，即实现加工螺纹时主轴转一转，刀架 Z 向移动工件一个导程的运动关系。

（1）数控车床的布局

数控车床的主轴、尾座等部件相对床身的布局形式与普通车床基本一致，而刀架和导轨的布局形式发生了根本的变化，这是因为刀架和导轨的布局形式直接影响数控车床的使用性能及机床的结构和外观。另外，数控车床上都设有封闭的防护装置。

① 床身和导轨的布局　数控车床床身和导轨的布局形式如图 1-11 所示，图 1-11(a) 为平床身，图 1-11(b) 为斜床身，图 1-11(c) 为平床身斜滑板，图 1-11(d) 为立床身。

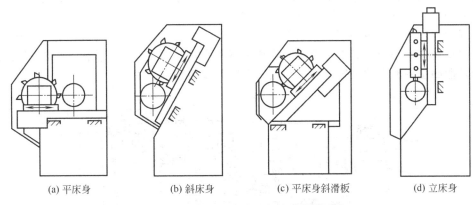

(a) 平床身　　　　(b) 斜床身　　　　(c) 平床身斜滑板　　　　(d) 立床身

图 1-11　数控车床床身和导轨的布局形式

水平床身的工艺性好，便于导轨面的加工。水平床身配上水平放置的刀架可提高刀架的运动精度，一般可用于大型数控车床或小型精密数控车床的布局。但是水平床身由于下部空间小，故排屑困难。从结构尺寸上看，刀架水平放置使得滑板横向尺寸较长，从而加大了机床宽度方向的结构尺寸。

水平床身配上倾斜放置的滑板，并配置倾斜式导轨防护罩，这种布局形式一方面有水平床身工艺性好的特点，另一方面机床宽度方向的尺寸较水平配置滑板的要小，且排屑方便。

水平床身配上倾斜放置的滑板和斜床身配置斜滑板布局形式被中、小型数控车床所普遍采用。这是由于此两种布局形式排屑容易，热铁屑不会堆积在导轨上，也便于安装自动排屑器；操作方便，易于安装机械手，以实现单机自动化；机床占地面积小，外形简单、美观，容易实现封闭式防护。

斜床身其导轨倾斜的角度分别为 30°、45°、60°、75°和 90°（立式床身）。若倾斜角度小，排屑不便；若倾斜角度大，导轨的导向性差，受力情况也差。导轨倾斜角度的大小还会直接影响机床外形尺寸高度与宽度的比例。综合考虑上面的诸因素，中小规格的数控车床，其床身的倾斜度以 60°为宜。

② 刀架的布局　刀架作为数控车床的重要部件，其布局形式对机床整体布局及工作性能影响很大。目前两坐标联动数控车床多采用 12 工位的回转刀架，也有采用 6 工位、8 工位、10 工位回转刀架的。回转刀架在机床上的布局有两种形式。一种是用于加工盘类零件的回转刀架，其回转轴垂直于主轴；另一种是用于加工轴类和盘类零件的回转刀架，其回转轴平行于主轴。

四坐标控制的数控车床，床身上安装有两个独立的滑板和回转刀架，故称为双刀架四坐标数控车床。其上每个刀架的切削进给量是分别控制的，因此两刀架可以同时切削同一工件的不同部位，既扩大了加工范围，又提高了加工效率。四坐标数控车床的结构复杂，且需要配置专门的数控系统实现对两个独立刀架的控制。这种机床适合加工曲轴、飞机零件等形状复杂、批量较大的零件。

（2）MJ-50 型数控车床

图 1-12 为 MJ-50 型数控车床的外观图。MJ-50 数控车床为两坐标连续控制的卧式车床。如图所示，床身 14 为平床身，床身导轨面上支承着 30°倾斜布置的滑板 13，排屑方便。导轨的横截面为矩形，支承刚性好。导轨上配置有防护罩 8。床身的左上方安装有主轴箱 4，主轴由 AC 交流伺服电动机驱动，免去变速传动装置，因此使主轴箱的结构变得十分简单。为了快速而省力地装夹工件，主轴卡盘 3 的夹紧与松开是由主轴尾端的液压缸来控制的。

床身右上方安装有尾座 12。该机床有两种可配置的尾座，一种是标准尾座，另一种是选择配置的尾座。

滑板的倾斜导轨上安装有回转刀架 11，其刀盘上有 10 个工位，最多安装 10 把刀具。滑板上分别安装有 X 轴和 Z 轴的进给传动装置。

根据用户的要求，主轴箱前端面上可以安装对刀仪 2，用于机床的机内对刀。检测刀具时，对刀仪转臂 9 摆出，其上端的接触式传感器测头对所用刀具进行检测。检测完成后，对刀仪转臂摆回图中所示的位置，且测头被锁在对刀仪防护罩 7 中。

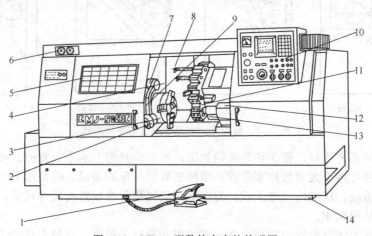

图 1-12　MJ-50 型数控车床的外观图

1—脚踏开关；2—对刀仪；3—主轴卡盘；4—主轴箱；5—防护门；6—压力表；7—对刀仪防护罩；
8—防护罩；9—对刀仪转臂；10—操作面板；11—回转刀架；12—尾座；13—滑板；14—床身

10 是操作面板，5 是机床防护门，可以配置手动防护门，也可以配置气动防护门。液压系统的压力由压力表 6 显示。1 是主轴卡盘夹紧与松开的脚踏开关。

（3）数控车床的用途

数控车床与普通车床一样，也是用来加工轴类或盘类的回转体零件。但是由于数控车床是自动完成内外圆柱面、圆锥面、圆弧面、端面、螺纹等工序的切削加工，所以数控车床特别适合加工形状复杂的轴类或盘类零件。

数控车床具有加工灵活、通用性强、能适应产品的品种和规格频繁变化的特点，能够满足新产品的开发和多品种、小批量生产自动化的要求，因此被广泛应用于机械制造业，如汽车制造厂、发动机制造厂等。

1.5.2.2　数控铣床

数控铣床是一种加工功能很强的数控机床，目前迅速发展起来的加工中心、柔性加工单元等都是在数控铣床、数控镗床的基础上产生的，两者都离不开铣削方式。由于数控铣削工艺最复杂，需要解决的技术问题也最多，因此，人们在研究和开发数控系统及自动编程语言的软件系统时，也一直把铣削加工作为重点。

数控铣床机械部分与普通铣床基本相同，工作台可以做横向、纵向和垂直三个方向的运动。因此普通铣床所能加工的工艺内容，数控铣床都能做到。一般情况下，在数控铣床上可加工平面曲线轮廓。如有特殊要求，可加一个回转的 A 坐标或 C 坐标，即增加一个数控分度头或数控回转工作台，可用来加工螺旋槽、叶片等立体曲面零件。

（1）数控铣床的布局

图 1-13 所示为 XK5040A 型数控铣床的布局图，床身 6 固定在底座 1 上，用于安装与支承机床各部件。操纵台 10 上有显示器、机床操作按钮和各种开关及指示灯。纵向工作台 16、横向溜板 12 安装在升降台 15 上，通过纵向进给伺服电动机 13、横向进给伺服电动机 14 和垂直升降进给伺服电动机 4 的驱动，完成 X、Y、Z 坐标的进给。强电柜 2 中装有机床电气部分的接触器、继电器等。变压器箱 3 安装在床身立柱的后面。数控柜 7 内装有机床数

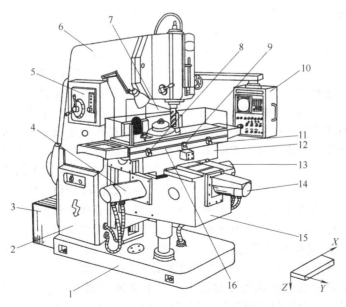

图 1-13　XK5040A 型数控铣床的布局图

1—底座；2—强电柜；3—变压器箱；4—垂直升降进给伺服电动机；5—主轴变速手柄和按钮板；
6—床身；7—数控柜；8,11—保护开关；9—挡铁；10—操纵台；12—横向溜板；
13—纵向进给伺服电动机；14—横向进给伺服电动机；15—升降台；16—纵向工作台

控系统。保护开关 8、11 可控制纵向行程硬限位，挡铁 9 为纵向参考点设定挡铁。主轴变速手柄和按钮板 5 用于手动调整主轴的正、反转、停止及切削液开停等。

数控立式铣床是数控铣床中数量最多的一种，应用范围也最为广泛。小型数控铣床一般都采用工作台移动、升降及主轴转动方式，与普通立式升降台铣床结构相似；中型数控立式铣床一般采用纵向和横向工作台移动方式，且主轴沿垂直溜板上下移动；大型数控立式铣床，因要考虑到扩大行程、缩小占地面积及刚性等技术问题，往往采用龙门架移动式，其主轴可以在龙门架的横向与垂直溜板上运动，而龙门架则沿床身纵向运动。

(2) 数控铣床的主要功能

数控铣床也像通用铣床那样可以分为立式、卧式和立卧两用式数控铣床，各类铣床配置的数控系统不同，其功能也不尽相同。数控铣床具有下列主要功能：

① 点位控制功能　利用这一功能，数控铣床可以进行只需要进行点位控制的钻孔、扩孔、锪孔、铰孔和镗孔等加工。

② 连续轮廓控制功能　数控铣床通过直线与圆弧插补，可以实现对刀具运动轨迹的连续轮廓控制，加工出由直线和圆弧两种几何要素构成的平面轮廓工件。对非圆曲线（椭圆、抛物线、双曲线等二次曲线及对数螺旋线、阿基米德螺旋线和列表曲线等）构成的平面轮廓，在经过直线或圆弧逼近后也可以加工。除此之外，还可以加工一些空间曲面。

③ 刀具半径自动补偿功能　使用这一功能，在编程时可以很方便地按工件实际轮廓形状和尺寸进行编程计算，而加工中可以使刀具中心自动偏离工件轮廓一个刀具半径，加工出符合要求的轮廓表面。也可以利用该功能，通过改变刀具半径补偿量的方法来弥补铣刀制造的尺寸精度误差，扩大刀具直径选用范围及刀具返修刃磨的允许误差。还可以利用改变刀具半径补偿值的方法，以同一加工程序实现分层铣削和粗、精加工或用于提高加工精度。此外，通过改变刀具半径补偿值的正负号，还可以用同一加工程序加工某些需要相互配合的工件（如相互配合的凹凸模等）。

④ 刀具长度补偿功能　利用该功能可以自动改变切削平面高度，同时可以降低在制造与返修时对刀具长度尺寸的精度要求，还可以弥补轴向对刀误差。

⑤ 镜像加工功能　镜像加工也称为轴对称加工。对于一个轴对称形状的工件来说，利用这一功能，只要编出一半形状的加工程序就可完成全部加工了。

⑥ 固定循环功能　数控铣床对孔进行钻、扩、铰、锪和镗加工时，加工的基本动作是：刀具无切削快速到达孔位→速切削进给→快速退回。对于这种典型化动作，可以专门设计一段程序（子程序），在需要的时候进行调用来实现上述加工循环。特别是在加工许多相同的孔时，应用固定循环功能可以大大简化程序。利用数控铣床的连续轮廓控制功能时，也常常遇到一些典型化动作，如铣整圆、方槽等，也可以实现循环加工。对于大小不等的同类几何形状（圆、矩形、三角形、平行四边形等），也可以用参数方式编制出加工各种几何形状的子程序，在加工中按需要调用，并对子程序中设定的参数随时赋值，就可以加工出大小不同或形状不同的工件轮廓及孔径、孔深不同的孔。目前，已有部分数控铣床的数控系统附带有各种已编好的子程序库，并可以进行多重嵌套，用户可以直接加以调用，编程就更加方便。

⑦ 特殊功能　某些数控铣床在增加了计算机仿形加工装置后，可以在数控和靠模两种控制方式中任选一种来进行加工，从而扩大了机床的使用范围。

具备自适应功能的数控铣床可以在加工过程中把感测到的切削状况（如切削力、温度等）的变化，通过适应性控制系统及时控制机床改变切削用量，使铣床及刀具始终保持最佳状态，从而获得较高的切削效率和加工质量，延长刀具使用寿命。

数控铣床在配置了数据采集系统后，就具备了数据采集功能。目前已出现既能对实物扫描采集数据，又能对采集到的数据进行自动处理并生成数控加工程序的系统。这些都为进行设计、制造一体化工作提供了有效手段。

1.5.2.3　加工中心

在数控铣床的基础上再配以刀具库和自动换刀系统，就构成加工中心。加工中心与普通数控机床的区别主要在于它能在一台机床上完成由多台机床才能完成的工作。现代加工中心包括以下内容：

① 利用加工中心的自动换刀装置，使工件在一次装夹后，可以连续完成对工件表面自动进行钻孔、扩孔、铰孔、镗孔、攻螺纹、铣削等多工序的加工，工序高度集中。

② 加工中心一般带有自动分度回转工作台或主轴箱可自动转角度，从而使工件一次装夹后，自动完成多个平面或多个角度位置的多工序加工。

③ 加工中心能自动改变机床主轴转速、进给量和刀具相对工件的运动轨迹及其他辅助机能。

④ 加工中心如果带有交换工作台，工件在工作位置的工作台进行加工的同时，另外的工件在装卸位置的工作台上进行装卸，不影响正常的加工工件。

由于加工中心具有上述功能，因而可以大大减少工件装夹、测量和机床的调整时间，减少工件的周转、搬运和存放时间，使机床的切削时间利用率高于普通机床3～4倍，大大提高了生产率，尤其是在加工形状比较复杂、精度要求较高、品种更换频繁的工件时，更具有良好的经济性。

（1）加工中心的结构组成

加工中心自问世以来，出现了多种不同类型，虽然外形结构各异，但从总体来看主要由以下几大部分组成。

① 基础部件　它是加工中心的基础结构，由床身、立柱和工作台等组成，它们主要承受加工中心的静载荷以及在加工时产生的切削负载，因此必须要有足够的刚度。这些大件可以是铸铁件也可以是焊接而成的钢结构件，它们是加工中心中体积和重量最大的部件。

② 主轴部件　由主轴箱、主轴电动机、主轴和主轴轴承等组成。主轴的启、停和变速等动作均由数控系统控制，并且通过装在主轴上的刀具参与切削运动，是切削加工的功率输出部件。

③ 数控系统　加工中心的数控系统是由 CNC 装置、可编程控制器、伺服驱动装置以及操作面板等组成。它是执行顺序控制动作和完成加工过程的控制中心。

④ 自动换刀系统　由刀库、机械手等部件组成。当需要换刀时，数控系统发出指令，由机械手（或通过其他方式）将刀具从刀库内取出装入主轴孔中。

⑤ 辅助装置　包括润滑、冷却、排屑、防护、液压、气动和检测系统等部分。这些装置虽然不直接参与切削运动，但对加工中心的加工效率、加工精度和可靠性起着保障作用，因此也是加工中心中不可缺少的部分。

（2）JCS-018A 型立式加工中心

图 1-14 为 JCS-018A 型立式加工中

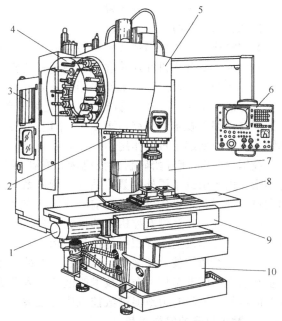

图 1-14　JCS-018A 型立式加工中心外观图

1—X 轴的直流伺服电动机；2—换刀机械手；3—数控柜；4—盘式刀库；5—主轴箱；6—机床的操作面板；7—驱动电源柜；8—工作台；9—滑座；10—床身

心的外观图。10 是床身，其顶面的横向导轨支承着滑座 9，滑座沿床身导轨做横向运动（Y轴）。工作台 8 沿滑座导轨做纵向运动（X 轴）。5 是主轴箱，主轴箱沿立柱导轨做上下移动（Z 轴）。1 为 X 轴的直流伺服电动机。2 是换刀机械手，它位于主轴和刀库之间。4 是盘式刀库，能储存 16 把刀具。3 是数控柜，7 是驱动电源柜，它们分别位于机床立柱的左右两侧，6 是机床的操作面板。

（3）加工中心的用途

JCS-018A 型立式加工中心是一台具有自动换刀装置的小型数控立式镗铣床。该加工中心采用了软件固定型计算机控制的 FANUC-BESK 6ME 数控系统。

在 JCS-018A 型立式加工中心上，工件一次装夹后，可以自动连续地完成铣、钻、铰、扩、镗、攻螺纹等多种工序的加工。故适合于小型板类、盘类、壳体类、模具等零件的多品种小批量加工。使用该机床加工中小批量的复杂零件，一方面可以节省在普通机床上加工所需的大量的工艺装备，缩短了生产准备周期；另一方面能够确保工件的加工质量，提高生产率。

1.6　数控机床的发展趋势

科学技术的发展以及世界先进制造技术的兴起和不断成熟，对数控加工技术提出了更高的要求；超高速切削、超精密加工等技术的应用，对数控机床的数控系统、伺服性能、主轴驱动、机床结构等提出了更高的性能指标要求；FMS 的迅速发展和 CIMS 的不断成熟，又将对数控机床的可靠性、通信功能、人工智能和自适应控制等技术提出更高的要求。随着微电子和计算机技术的发展，数控系统的性能日臻完善，数控技术的应用领域日益扩大。当今数控机床正在不断采用最新技术成就，朝着高速化、高精度化、多功能化、智能化、模块化、系统化和高可靠性的方向发展。

1.6.1　数控机床的产生和发展

数控机床是在机械制造技术和控制技术的基础上发展起来的。1948 年，美国帕森斯公司在研制加工直升飞机叶片轮廓检验用样板的机床时，首先提出了应用电子计算机控制机床来加工样板曲线的设想。后来受美国空军委托，帕森斯公司与麻省理工学院伺服机构研究所合作进行研制工作。1952 试制成功世界上第一台三坐标立式数控铣床。后来，又经过改进并开展自动编程技术的研究，于 1955 年进入实用阶段，这对于加工复杂曲面和促进美国飞机制造业的发展起了重要作用。

我国从 1958 年开始研制数控机床，在研制与推广使用数控机床方面取得了一定成绩。近年来，由于引进了国外的数控系统与伺服系统的制造技术，使我国数控机床在品种、数量和质量方面得到了迅速发展。目前，我国已有几十家机床厂能够生产不同类型的数控机床和加工中心。我国经济型数控机床的研究、生产和推广工作也取得了较大的进展，它必将对我国各行业的技术改造起到积极的推动作用。

目前，在数控技术领域中，我国和先进的工业国家之间还存在着不小的差距，但这种差距正在缩小。随着工厂、企业技术改造的深入开展，各行各业对数控机床的需要量将会有大幅度的增长，这将有力地促进数控机床的发展。

1.6.2　数控机床的发展趋势

（1）高精度化

现代科学技术的发展、新材料及新零件的出现，对精密加工技术不断提出新的要求，提高加工精度，发展新型超精密加工机床，完善精密加工技术，适应现代科技的发展，已经成为数控机床的发展方向之一。其精度已从微米级到亚微米级，乃至纳米级（<10nm）。提高数控机床的加工精度，一般可通过减少数控系统的误差和采用机床误差补偿技术来实现。在减少 CNC 系统控制误差方面，通常采取提高数控系统的分辨率、提高位置检测精度、在位置伺服系统中采用前馈控制与非线性控制等方法。在机床误差补偿技术方面，除采用齿隙补偿、丝杠螺距误差补偿和刀具补偿等技术外，还可对设备热变形进行误差补偿。近十几年来，普通级数控机床的加工精度已由 $\pm 10\mu m$ 提高到 $\pm 5\mu m$，精密级加工中心的加工精度则从 $\pm(3\sim 5)\mu m$ 提高到 $\pm(1\sim 1.5)\mu m$。

（2）高速化

提高生产率是数控机床追求的基本目标之一。数控机床高速化可充分发挥现代刀具材料的性能，不但可大幅度提高加工效率，降低加工成本，而且还可提高零件的表面加工质量和精度，对制造业实现高效、优质、低成本生产具有广泛的适用性。要实现数控设备高速化，首先要求数控系统能对由微小程序段构成的加工程序进行高速处理，以计算出伺服电动机的移动量。同时要求伺服电动机能高速度地作出反应，采用 32 位及 64 位微处理器，是提高数控系统高速处理能力的有效手段。实现数控设备高速化的关键是提高切削速度、进给速度和减少辅助时间。高速数控加工源于 20 世纪 90 年代初，以电主轴（实现高主轴转速）和直线电动机（实现高直线移动速度）的应用为特征，使得主轴转速大大提高，进给速度可达 $60\sim 120m/min$，进给的加速度达到 $(1\sim 2)g$。目前车削和铣削的切削速度已达 $5000\sim 8000m/min$ 以上，主轴转速达到 $30000\sim 100000r/min$；工作台的移动速度，当分辨率为 $1\mu m$ 时，达到 $100m/min$（有的到 $200m/min$）以上；当分辨率为 $0.1\mu m$ 时，达到 $24m/min$ 以上。自动换刀速度在 1s 以内，小线段插补进给速度达到 $12m/min$。例如，日本（株）新泻铁工所生产的 UHSIO 型超高速数控立式铣床主轴最高转速达 $100000r/min$，中等规格加工中心的快速进给速度从过去的 $8\sim 12m/min$ 提高到 $60m/min$。加工中心换刀时间从 $5\sim 10s$ 减少到小于 1s，而工作台交换时间也由过去的 $12\sim 20s$ 减少到 2.5s 以内。

（3）高柔性化

采用柔性自动化设备或系统，是提高加工精度和效率，缩短生产周期，适应市场变化需求和提高竞争能力的有效手段。数控机床在提高单机柔性化的同时，朝着单元柔性化和系统柔性化方向发展。如出现了可编程控制器（PLC）控制的可调组合机床、数控多轴加工中心、换刀换箱式加工中心、数控三坐标动力单元等具有柔性的高效加工设备、柔性加工单元（FMC）、柔性制造系统（FMS）以及介于传统自动线与 FMS 之间的柔性制造线（FML）。

（4）高自动化

高自动化是指在全部加工过程中尽量减少人的介入而自动完成规定的任务，它包括物料流和信息流的自动化。自 20 世纪 80 年代中期以来，以数控机床为主体的加工自动化已从"点"（数控单机、加工中心和数控复合加工机床）、"线"（FMC、FMS、FTL、FML）向"面"（工段车间独立制造岛、FA）和"体"（CIMS、分布式网络集成制造系统）的方向发展。尽管这种高自动化的技术还不够完备，投资过大，回收期较长，从而提出"有人介入"的自动化观点，但数控机床的高自动化并向着 FMC、FMS 集成方向发展的总趋势仍然是机械制造业发展的主流。数控机床的自动化除进一步提高其自动编程、上下料、加工等自动化程度外，还在自动检索、监控、诊断等方面进一步发展。

（5）智能化

随着人工智能在计算机领域的不断渗透与发展，为适应制造业生产柔性化、自动化发展需要，智能化正成为数控机床研究及发展的热点，它不仅贯穿于生产加工的全过程（如智能编程、智能数据库、智能监控），还贯穿于产品的售后服务和维修中，目前采取的主要技术措施包括以下几个方面。

① 自适应控制技术　自适应控制可根据切削条件的变化，自动调节工作参数，使加工过程能保持最佳工作状态，从而得到较高的加工精度和较小的表面粗糙度，同时也能提高刀具的使用寿命和设备的生产效率，达到改进系统运行状态的目的。如通过监控切削过程中的刀具磨损、破损、切屑形态、切削力及零件的加工质量等，向制造系统反馈信息，通过将过程控制、过程监控、过程优化结合在一起，实现自适应调节。

② 专家系统技术　将专家经验和切削加工一般规律与特殊规律存入计算机中，以加工工艺参数数据库为支持，建立具有人工智能的专家系统，提供经过优化的切削参数，使加工系统始终处于最优和最经济的工作状态，从而提高编程效率和降低对操作人员的技术要求，缩短生产准备时间。例如，日本牧野公司在电火花数控系统 MAKINO-MCE20 中，用带自学习功能的神经网络专家系统代替操作人员进行加工监视。

③ 故障自诊断、自修复技术　在整个工作状态中，系统随时对 CNC 系统本身以及与其相连的各种设备进行自诊断、检查。一旦出现故障时，立即采用停机等措施，进行故障报警，提示发生故障的部位、原因等，并利用"冗余"技术，自动使故障模块脱机，而接通备用模块，以确保无人化工作环境的要求。

④ 智能化交流伺服驱动技术　目前已开始研究能自动识别负载并自动调整参数的智能化伺服系统，包括智能主轴交流驱动装置和智能化进给伺服装置，使驱动系统获得最佳运行。

⑤ 模式识别技术　应用图像识别和声控技术，使机器自己辨认图样，按照自然语音命令进行加工。

(6) 复合化

复合化包含工序复合化和功能复合化。数控机床的发展已模糊了粗精加工工序的概念。加工中心的出现，又把车、铣、镗等工序集中到一台机床上来完成，打破了传统的工序界限和分开加工的工艺规程，可最大限度地提高设备利用率。为了进一步提高工效，数控机床又采用了多主轴、多面体切削，即同时对一个零件的不同部位进行不同方式的切削加工，如各类五面体加工中心。另外，数控系统的控制轴数也在不断增加，有的多达 15 轴，其同时联动的轴数已达 6 轴。沈阳机床股份有限公司开发的五轴车铣中心，刀库容量 16 把，可控制 X、Y、Z、B、C 五个轴，具有车削中心加铣削中心的特点。上海重型机床厂开发的双主轴倒顺式立式车削中心，第一主轴正置，第二主轴倒置，主轴具有 C 轴功能，采用 12 工位动力刀架，具有自动上下料装置和全封闭等多道防护装置，可一次上料完成零件的正反面加工，包括车削、镗孔、钻孔、攻螺纹等多道工序，适用于大批量轮毂、盘类零件加工。

(7) 高可靠性

数控机床的可靠性一直是用户最关心的主要指标。数控系统将采用更高集成度的电路芯片，利用大规模或超大规模的专用及混合式集成电路，以减少元器件的数量，提高可靠性。通过硬件功能软件化，以适应各种控制功能的要求，同时采用硬件结构机床本体的模块化、标准化、通用化及系列化，提高硬件生产批量，便于组织生产和质量把关。并通过自动运行启动诊断、在线诊断、离线诊断等多种诊断程序，实现对系统内硬件、软件和各种外部设备进行故障诊断和报警。利用报警提示，及时排除故障；利用容错技术，对重要部件采用"冗余"设计，以实现故障自恢复；利用各种测试、监控技术，当发生生产超程、刀损、干扰、断电等各种意外时，自动进行相应的保护。

(8) 网络化

为了适应 FMC、FMS 以及进一步联网组成 CIMS 的要求，先进的 CNC 系统为用户提供了强大的联网能力，除有 RS232 串行接口、RS422 等接口外，还带有远程缓冲功能的 DNC 接口，可以实现几台数控机床之间的数据通信和直接对几台数控机床进行控制。数控机床为了适应自动化技术的进一步发展和工厂自动化规模越来越大的要求，满足不同厂家不同类型数控机床联网的需要，已配备与工业局域网（LAN）通信的功能以及 MAP（manufacturing automation protocol，制造自动化协议）接口，为数控机床进入 FMS 及 CIMS 创造了条件，促进了系统集成化和信息综合化，使远程操作和监控、遥控及远程故障诊断成为可能，利于数控系统生产厂对其产品的监控和维修。适于大规模现代化生产的无人化车间，实行网络管理，以及在操作人员不宜到现场的环境（如对环境要求很高的超精密加工和对人体有害的环境）中工作。

（9）开放式体系结构

20 世纪 90 年代以后，计算机技术的飞速发展推动数控机床技术更快地更新换代，世界上许多数控系统生产厂家利用 PC 机丰富的软硬件资源开发开放式体系结构的新一代数控系统。开放式体系结构可以大量采用通用微机的先进技术，如多媒体技术，实现声控自动编程、图形扫描自动编程等。其新一代数控系统的硬件、软件和总线规范都是对外开放的，由于有充足的软、硬件资源可供利用，不仅使数控系统制造商和用户进行系统集成得到有力的支持，而且也为用户的二次开发带来极大方便，促进了数控系统多档次、多品种的开发和广泛应用。既可通过升档或剪裁构成各种档次的数控系统，又可通过扩展构成不同类型数控机床的数控系统，开发生产周期大大缩短。这种数控系统可随 CPU 升级而升级，结构上不必变动，使数控系统有更好的通用性、柔性、适应性、扩展性，并向智能化、网络化方向发展。许多国家纷纷研究开发这种系统，开发研究成果已得到了应用，如 Cincinnati-Milacron 公司就从 1995 年开始在其生产的加工中心、数控铣床、数控车床等产品中采用了开放式体系结构的 A2100 系统。

习题与思考题

1. 数控机床通常由哪几部分组成？各部分的作用和特点是什么？
2. 简述数控机床的分类。
3. 什么是开环、半闭环和闭环控制系统？其特点是什么？适用于什么场合？
4. 脉冲当量、定位精度和重复定位精度的含义是什么？
5. 试述控制轴数与联动轴数的区别。
6. 数控机床的发展趋势是什么？
7. 数控车床床身和导轨有几种布局形式？每种布局形式的特点是什么？

第2章 数控机床的总体设计

2.1 数控机床设计方法和理论

2.1.1 设计类型

数控机床设计一般可分为创新设计、变型设计和组合设计。

(1) 创新设计

创新设计是依据市场需求发展的预测，在没有样机可供参考的条件下，根据对新产品预期的功能要求和性能指标，充分发挥设计者的创造力，利用人类已有的技术成果（含理论、方法、技术手段和原理等）进行创新构思，设计出具有新颖性、创造性及实用性的机电装备的一种实践活动。它包含两个部分：一是改进、完善现有机床设备的功能、技术性能、经济性和适用性等；二是创造设计出新机床、新产品，以满足新的生产需要。

机械创新设计（MCD）、机械系统设计（MSD）、计算机辅助设计（CAD）、优化设计（OD）、可靠性设计（RD）、摩擦学设计（FD）和有限元设计（FED）等一起构成现代机械设计方法学库，人们对这几种理论和方法的研究较为深入且都已有专著问世。数控机床的创新设计是建立在现代机械设计理论、机电一体化系统理论、微电子技术、自动控制理论和信息技术基础上，并吸收科技哲学、认知哲学、思维科学、设计方法学、发明学和创造学等相关学科有益的设计思想与方法，经过交叉而成的一种设计技术和方法。

仿生创新法是一种最常用的创造性设计方法。仿人机械手、仿爬行动物的海底机器人、仿动物的四足机器人、多足机器人，就是仿生设计的产物。由于仿生法的迅速发展，目前已形成了仿生工程学这一新的学科。

(2) 变型设计

单一产品往往满足不了市场需求多样化和瞬息万变的情况，如每种产品都采用创新设计方法，需要较长的开发周期和投入较大的开发工作量。为了快速满足市场需求的变化，常常采用适应型和变参数型设计方法。这两种设计方法都是在原有产品基础上，基本工作原理和总体结构保持不变。适应型设计是通过改变或更换部分部件或结构；变参数型设计是通过改变部分尺寸与性能参数，形成变型产品，以扩大使用范围，满足更广泛的用户需求。适应型设计和变参数型设计统称"变型设计"。为了避免变型产品品种过于繁多，带来生产混乱和成本增高，变型设计不应无序地进行，应在原有产品的基础上，按照一定的规律演变出各种不同的规格参数、布局和附件的产品，扩大原有产品的性能和功能，形成一个产品系列。

变型设计的依据是原有产品，它应属于技术成熟的产品。变型产品的基本工作原理和主要功能结构与原有产品相同，在设计和制造工艺方面是已经过关的。这就是变型设计之所以可以在较短时间内，高质量地设计出符合市场需要产品的原因。作为变型设计依据的原有产品，通常是采用创新设计方法完成的。为能在其基础上进行变型设计，创新设计时应考虑变型设计的可能性，遵循系列化设计的原理，将创新设计和变型设计两者进行统筹规划，即原有产品的设计不再是孤立地进行，而是作为系列化产品中的"基型产品"来精心设计，变型产品也不再是无序地进行设计，而是在系列型谱的范围内有指导地进行设计。

（3）组合设计

组合设计又称模块化设计，是按合同要求，选择适当的功能模块，直接拼装成"组合产品"。进行组合产品的设计，应首先在对一定范围内不同性能、不同规格的产品进行功能分析的基础上，划分并设计出一系列功能模块，通过这些模块的组合，构成不同类型或相同类型不同性能的产品，以满足市场的多方面需求。组合产品是系列产品的进一步细化，组合产品中的模块也应按系列化设计的原理进行设计。

据不完全统计，数控机床产品中有一大半属于变型产品和组合产品，创新产品只占一小部分。尽管如此，创新设计的重要意义不容低估。这是因为：采用创新设计方法不断推出崭新的产品，是企业在市场竞争中取胜的必要条件；变型设计和组合设计是在基型和模块系统的基础上进行的，而基型和模块系统也是采用创新设计方法完成的。

2.1.2　设计方法的特点

数控机床设计方法与现代科技发展相适应，具有明显的特点。

（1）设计手段计算机化

采用计算机辅助设计（CAD）技术，在计算机硬件系统和软件系统的支持下进行方案分析、结构造型、工程分析，自动绘图及产品信息管理等，使设计工作发生了根本性变化，把设计人员从繁琐的手工劳动中解放出来，可集中精力投身到创造性设计工作中，大大提高了设计效率和质量，而且为采用各种现代设计方法，进一步提高设计水平创造了条件。

（2）设计方法综合化

设计手段的计算机化，使数控机床设计可以建立在系统工程、创造性工程基础上，综合应用信息论、优化论、相似论、模糊论、可靠性等自然科学理论，不断总结设计规律，完善设计方法，使所采用的设计方法综合化、合理化，提供解决不同问题的科学途径。

（3）设计对象系统化

设计工作中用系统观点进行全方位设计，避免了传统设计工作中局部地、孤立地处理问题，在设计工作中始终把设计、制造、销售、维护、报废等多方面问题作为一个整体来考虑，不仅使产品满足功能与价格的要求，而且符合工业美学原则、人机工程原则、环境保护原则、工业工程原则等。

（4）设计目标最优化

设计目标最优化一直是设计者追求的目标，但在传统设计工作中由于问题复杂和设计手段落后，只能靠设计者的经验和感觉来确定。在计算机辅助设计环境下，通过计算机分析、图形仿真等，不仅可以实现单目标优化，而且能实现多目标的整体优化，使所设计的产品在技术性能、经济性、可行性等诸方面，实现整体最优效果。

（5）设计问题模型化

随着设计建模与分析计算技术的发展，可以把各种问题进行高度抽象与概括，建立各种设计模型，特别是数学模型，应用计算机进行分析求解，保证了设计工作的科学化与自动化。不仅可以建立静态的线性模型，而且可以建立动态的非线性模型；不仅可以建立零件或组件模型，而且可以建立部件、整机或系统模型，大大提高了设计问题求解的可靠性和精确性。

（6）设计过程程式化与并行化

设计过程中，一方面，将设计过程划分成不同的阶段，在不同阶段建立不同的设计模型，采用不同的设计方法，利用计算机方便、快捷地处理设计问题，使设计过程程式化，进而实现自动化；另一方面，利用计算机网络通信和信息共享能力，可以打破传统的串行处理设计问题模式，采用并行工程方法，可以大大缩短设计工作周期。不仅使设计问题并行处理，还可将其他生产准备工作，如机械加工工艺规程设计、工装设计、数控编程等，与设计工作并行进行，形成多种任务并行与交叉处理的局面，加上采用面向制造的设计和面向装配的设计等新的设计理念与方法，可以大大缩短产品的设计与制造周期，切实提高产品的市场竞争能力。

2.1.3 数控机床的设计步骤

机床设计系统框图如图 2-1 所示。

(1) 主要技术指标设计

主要技术指标设计是后续设计的前提和依据。设计任务的来源不同，如工厂的规划产品，或根据机床系列型谱进行设计的产品，或用户订货等，虽具体的要求不同，但所要进行的内容大致相同。主要技术指标包括以下几个方面。

① 用途　指机床的工艺范围，包括加工对象的材料、质量、形状及尺寸等。

② 生产率　包括加工对象的种类、批量及所要求的生产率。

③ 性能指标　包括加工对象所要求的精度（用户订货设计）或机床的精度、刚度、热变形、噪声等性能指标。

④ 主要参数　即确定机床的加工空间和主要参数。

⑤ 驱动方式　机床的驱动方式有电动机驱动和液压驱动方式。电动机驱动方式中又有普通电动机驱动、步进电动机驱动和伺服电动机驱动。驱动方式的确定不仅与机床的成本有关，还将直接影响传动方式的确定。

⑥ 成本及生产周期　无论是订货还是工厂规划的产品，都应确定成本及生产周期方面的指标。

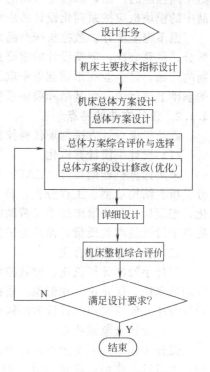

图 2-1　机床设计系统框图

(2) 总体方案设计

总体方案设计包括以下几个方面。

① 运动功能设计　包括确定机床所需运动的个数、形式（直线运动、回转运动）、功能（主运动、进给运动、其他运动）及排列顺序，最后画出机床的运动功能图。

② 基本参数设计　包括尺寸参数、运动参数和动力参数设计。

③ 传动系统设计　包括传动方式、传动原理图及传动系统图设计。

④ 总体结构布局设计　包括运动功能分配、总体布局结构形式及总体结构方案图设计。

⑤ 控制系统设计　包括控制方式及控制原理、控制系统图设计。

(3) 总体方案综合评价与选择

在总体方案设计阶段，对其各种方案进行综合评价，从中选择较好的方案。

(4) 总体方案的设计修改（优化）

对所选择的方案进行进一步的修改（优化），确定最终方案。上述设计内容，在设计过程中要交叉进行。

(5) 详细设计

① 技术设计　包括确定结构原理方案、装配图设计、分析计算或优化。

② 施工设计　包括零件图设计、商品化设计、编制技术文档等。

(6) 机床整机综合评价

对所设计的机床进行整机性能分析和综合评价。

上述步骤可反复进行，直到达到设计结果满意为止。在设计过程中，设计与评价反复进行，可以提高一次设计成功率。

2.1.4 数控机床设计的基本理论

机床不同于一般的机械，它是用来生产其他机械的工作母机，因此在刚度、精度及运动特性方面有其特殊要求。下面简单介绍一下与上述特性相关的一些基础理论概念。

2.1.4.1 精度

机床的精度是指机床主要部件的形状、相互位置及相对运动的精确程度，包括几何精度、传动精度、运动精度、定位精度及精度保持性等几个方面。各类机床按精度可分为普通精度级、精密级和高精度级。以上三种精度等级的机床均有相应的精度标准，其允差若以普通级为 1，则大致比例为 $1:0.4:0.25$。在设计阶段主要从机床的精度分配、元件及材料选择等方面来提高机床的精度。

（1）几何精度

几何精度是指机床空载条件下，在不运动（机床主轴不转或工作台不移动等情况下）或运动速度较低时各主要部件的形状、相互位置和相对运动的精确程度。如导轨的直线度，主轴径向跳动及轴向窜动，主轴中心线对滑台移动方向的平行度或垂直度等。几何精度直接影响加工工件的精度，是评价机床质量的基本指标。它主要决定于结构设计、制造和装配质量。

（2）运动精度

运动精度是指机床的主要零部件以工作状态的速度运动时的精度。如高速回转主轴的回转精度。对于高速精密的机床，运动精度是评价机床质量的一个重要指标。运动精度和几何精度是不同的。它还受到运动速度（转速）、运动件的重力、传动力和摩擦力的影响。它与结构设计及制造等因素有关。

（3）传动精度

传动精度是指机床传动系统各末端执行件之间相对运动的协调性和准确度。这方面的误差就成为该传动链的传动误差，如车床在车削螺纹时，主轴每转一转，刀架的移动量应等于螺纹的导程。但实际上，由于主轴与刀架之间的传动链存在着误差，使得刀架的实际移距与理想移距存在误差，该误差就是车床螺纹传动链的传动误差。传动精度由传动系统的设计、传动件的制造和装配精度等决定。

（4）定位精度

定位精度是指机床的定位部件运动到达规定位置的精度。定位精度直接影响被加工工件的尺寸精度和形位精度。机床构件和进给控制系统的精度、刚度以及动态特性，机床测量系统的精度都将影响机床的定位精度。

（5）工作精度

机床加工规定的试件所能达到的加工精度，称为机床的工作精度，用试件的加工精度表示。工作精度是各种因素综合影响的结果，包括机床自身的精度、刚度、热变形和刀具、工件的刚度及热变形等。

（6）精度保持性

在规定的工作期间内，保持机床所要求的精度，称为精度保持性。影响精度保持性的主要因素是磨损。磨损的影响因素十分复杂，如结构设计、工艺、材料、热处理、润滑、防护、使用条件等。

2.1.4.2 刚度

（1）定义

机床的刚度指机床系统抵抗变形的能力，通常用式(2-1)来表示

$$K = \frac{F}{y} \qquad\qquad (2\text{-}1)$$

式中　K——机床刚度，N/μm；

　　　F——作用在机床上的载荷，N；

　　　y——在载荷作用下，机床或主要零、部件的变形，μm。

作用在机床上的载荷有重力、夹紧力、切削力、传动力、摩擦力、冲击力和振动干扰力等。按照载荷的性质不同，可分为静载荷和动载荷。不随时间变化或变化极为缓慢的力称为静载荷，如重力、切削力的静力部分等。随时间变化的力，如冲击振动力、切削力的交变部分等称为动载荷。故机床刚度相应地分为静刚度与动刚度，后者是抗振性的一部分。通常所说刚度一般指静刚度。

（2）整机刚度

机床是由许多构件结合而成的，在载荷作用之下各构件及结合部都要产生变形，这些变形直接或间接地引起刀具和工件之间相对位移，这个位移的大小代表了机床的整机刚度。因此，机床整机刚度不能用某个零部件的刚度评价，而是指整台机床在静载荷作用下，各构件及结合面抵抗变形的综合能力。显然静刚度对机床抗振性、生产率等均有影响。因此，在机床设计中如何提高其刚度是十分重要的。国内外对结构刚度和接触刚度进行了大量研究工作，在设计中既要考虑提高各部件刚度，同时又要考虑结合部刚度及各部件间刚度的匹配问题。各部件和结合部对机床整机刚度的贡献大小是不同的，设计时应进行刚度的合理分配或优化。

2.1.4.3　抗振性

机床的抗振性指机床在交变载荷作用下抵抗变形的能力。它包括两个方面：抵抗受迫振动的能力和抵抗自激振动的能力。前者有时习惯上称为抗振性，后者常称为切削稳定性。

（1）受迫振动

受迫振动的振源可能来自机床内部，如高速回转零件的不平衡等，也可能来自机床之外。机床受迫振动的频率与振源激振力的频率相同，振幅与激振力大小及机床阻尼比有关。当激振频率与机床的固有频率接近时，机床将发生"共振"现象，使振幅激增，加工表面的粗糙度也将大大增加。机床是由许多零、部件及结合部组成的复杂振动系统，它属于多自由度系统，具有多个固有频率。在其中某一个固有频率下自由振动时，各点振幅的比值称为主振型。对应于最低固有频率的主振型称为一阶主振型，依次有二阶、三阶主振型等。机床的振动乃是各阶主振型的合成。一般只需要考虑对机床性能影响最大的几个低阶振型，如整机摇摆、一阶弯曲和扭转等振型，即可较准确地表示机床实际的振动。

（2）自激振动

机床的自激振动是发生在刀具和工件之间的一种相对振动，它在切削过程中出现，由切削过程和机床结构动态特性之间的相互作用而产生的，其频率与机床系统的固有频率相近。自激振动一旦出现，它的振幅由小到大增加很快。在一般情况下，切削用量增加，切削力愈大，自激振动就愈剧烈。但切削过程停止，振动立即消失。故自激振动也称为切削稳定性。

（3）振动影响因素

机床振动会降低加工精度、工件表面质量和刀具耐用度，影响生产率并加速机床的损坏，而且会产生噪声，使操作者疲劳等。故提高机床抗振性是机床设计中一个重要课题。影响机床振动的主要因素有：

① 机床的刚度　如构件的材料选择、截面形状、尺寸、肋板分布，接触表面的预紧力、表面粗糙度、加工方法、几何尺寸等。

② 机床的阻尼特性　提高阻尼是减少振动的有效方法。机床结构的阻尼包括构件材料

的内阻尼和部件结合部的阻尼。部件结合部阻尼往往占总阻尼的 70%～90% 左右，故在结构设计中正确处理结合部对抗振性影响很大。

③ 机床系统固有频率　若激振频率远离固有频率，将不出现共振。在设计阶段应通过分析计算，预测所设计机床的各阶固有频率。

2.1.4.4　热变形

机床在工作时受到内部热源（如电动机、液压系统、机械摩擦副、切削热等）和外部热源（如环境温度、周围热源辐射等）的影响，使机床各部分温度发生变化。因不同材料的热膨胀系数不同，机床各部分的变形不同，导致机床产生热变形。它不仅会破坏机床的原始几何精度，加快运动件的磨损，甚至会影响正常运转。据统计由于热变形而使加工工件产生误差最大可占全部误差的 70% 左右。特别对精密机床、大型机床、自动化机床、数控机床等，热变形的影响尤其不能忽视。

机床工作时一方面产生热量，另一方面又要向周围散发热量，如果机床热源单位时间产生的热量一定，由于开始时机床的温度较低，与周围环境之间的温差小，散出的热量少，机床温度升高较快。随着机床温度的升高，温差加大，散热增加，所以机床温度的升高将逐渐减慢。当达到某一温度时，单位时间内发热量等于散出的热量，即达到了热平衡。达到稳定温度的时间一般称为热平衡时间。机床各部分温度不可能相同，热源处最高，离热源越远则温度越低，这就形成了温度场。通常，温度场是用等温曲线来表示。通过温度场可分析机床热源并了解热变形的影响。

在设计机床时应特别注意机床内部热源的影响。一般可采取下列措施减少热源的发热量：将热源置于易散热的位置，增加散热面积，强迫通风冷却，将热源的部分热量移至构件温升较低处以减少构件的温差，或使机床部件的热变形转向不影响加工精度处，也可设计机床预热，自动温度控制，温度补偿装置、隔热等。

2.1.4.5　噪声

物体振动是产生声的源头。机床工作时各种振动频率不同，振幅也不同，它们将产生不同频率和不同强度的声音，这些声音无规律地组合在一起即成噪声。

（1）噪声的度量指标

噪声是声音的一种，声音是一种在弹性介质中传播的机械波。当这种波的频率在 20Hz～20kHz 范围内时，人们有可能感觉到声音。为了能反映人对声音的响应，声音的度量指标有客观和主观两种。

① 客观度量　噪声的物理度量可用声压和声压级、声功率和声功率级、声强和声强级等来表示。下面以声压和声压级的表示方法为例说明。当声波在介质中传播，介质中的压力与静压的差值为声压，通常用 p 表示，其单位是 Pa（N/m²）。正常人的耳朵能听到的最大声音的声压是最小声音的百万倍，因此直接用声压值来表示很不方便。通常人耳能听到的最小声压称为听阈，把听阈作为基准声压，用相对量的对数值来表示，称为声压级 L_p（dB）。

$$L_p = 20\lg \frac{p}{p_0} \tag{2-2}$$

式中　p——被测声压；

　　　p_0——基准声压，其值等于 2×10^{-5} Pa。

基准声压对应于声压级标准中的 0dB，这样就把声压变化范围变成 0～120 dB 的声压级变化范围。

② 主观度量　人耳对声音的感觉不仅和声压有关，而且和频率有关，声压级相同而频率不同的声音听起来不一样。根据这一特征人们引入将声压级和频率结合起来表示声音强弱的主观度量，有响度、响度级和声级等。

(2) 机床噪声　机床噪声的测量应按照《金属切削机床噪声测量标准》的要求进行，一般机床允许噪声不大于 85dB（A），精密机床不大于 75dB（A）。

机床噪声源来自以下四个方面：

① 机械噪声　如齿轮、滚动轴承及其他传动元件的振动、摩擦等。一般速度增加一倍，噪声增加 6dB；载荷增加一倍，噪声增加 3dB。故机床速度提高、功率加大都可能增加噪声污染。

② 液压噪声　如泵、阀、管道等的液压冲击、气穴、紊流产生的噪声。

③ 电磁噪声　如电动机定子内磁滞伸缩等产生的噪声。

④ 空气动力噪声　如电动机风扇、转子高速旋转对空气的搅动等产生的噪声。

减少噪声的主要途径是控制噪声的生成和隔声。控制噪声的生成应找出主要的噪声源，并采取降低噪声的措施。如传动系统的合理安排，轴承及齿轮结构的合理设计，提高主轴箱体和主轴系统的刚度，避免结构共振，选用合理的润滑方式和轴承结构形式等。在隔声方面，降低噪声主要是根据噪声的吸收和隔离原理，采取隔声措施。如齿轮箱严格密封，选用吸声材料作箱体罩壳等。

2.1.4.6　低速运动平稳性

(1) 爬行现象和机理

机床上有些运动部件，需要做低速或微小位移。当运动部件低速运动时，主动件匀速运动，被动件往往出现明显的速度不均匀的跳跃式运动，即时走时停或者时快时慢的现象。这种现象称为爬行。

机床运动部件产生爬行，影响工件的加工精度和表面粗糙度。如精密机床和数控机床加工中的定位运动速度很低或位移极小，产生爬行影响定位精度。在精密、自动化及大型机床上，爬行危害极大，是评价机床质量的一个重要指标。

爬行是个很复杂的现象，目前一般认为它是摩擦自激振动现象，产生这一现象的主要原因是摩擦面上摩擦因数的变化和传动机构的刚度不足。下面以直线运动的爬行为例来说明。

将机床直线进行运动传动系统简化为力学模型，如图 2-2 所示。

图中 1 为主动件，3 为从动件。1、3 之间的进给系统 2（包括齿轮、丝杠、螺母等）可简化为等效弹簧 k 和等效黏性阻尼器 C（可合称为复弹簧），从动件 3 在支承导轨 4 上沿直线移动，摩擦力 F 随着从动件 3 的速度变化而变化。当主动件 1 以匀速 v 低速移动时，压缩弹簧使从动件 3 受力，但由于从动件与导轨间的静摩擦力 $F_静$ 大于从动件 3 受的驱动力，从动件 3 静止不动，进给系统 2 处于储能状态。随

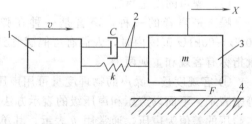

图 2-2　进给传动系统的力学模型

1—主动件；2—进给系统；3—从动件；4—支承导轨

着主动件 1 的继续移动，进给系统 2 储能增加，从动件 3 所受的驱动力越来越大，当驱动力大于静摩擦力 $F_静$ 时，从动件 3 开始移动，这时静摩擦转化为动摩擦，摩擦因数迅速下降，使从动件 3 移动速度增大。由于动摩擦力随速度的增加而降低，又使从动件 3 的移动速度进一步加大。这时进给系统 2 的弹簧力减小，当弹簧力减到等于动摩擦力时，系统处于平衡状态。但是由于惯性，从动件 3 仍以较大的速度移动，弹簧力则进一步减小，直到小于动摩擦力时，从动件 3 加速度变为负值，移动速度减慢，动摩擦力增大，其速度进一步下降。当弹簧力和从动件 3 的惯性不能克服摩擦力时，从动件 3 便停止运动。主动件 1 再重新开始压缩弹簧，上述过程重复发生就产生时停时走的爬行。

当摩擦面处在边界和混合摩擦状态下，摩擦因数的变化是非线性的。因此，在弹簧重新

被压缩的过程中，在从动件 3 的速度尚未降至零时，弹簧力有可能大于动摩擦力，使从动件 3 的速度又再次增大，将出现时慢时快的爬行。

（2）爬行的度量

① 爬行量　用机床部件位移-时间曲线表示，可直观地描述时走时停的爬行现象。

② 速度波动量　用机床部件速度-时间曲线表示，可描述时快时慢的爬行现象。

③ 爬行的临界速度　机床运动部件不产生爬行的最低驱动速度称为爬行临界速度，可用式（2-3）表示

$$v_c = \frac{F\Delta f}{\sqrt{2\pi\xi km}} \tag{2-3}$$

式中　F——导轨面上的正压力，N；

　　　Δf——静、动摩擦因数之差；

　　　ξ——阻尼比；

　　　k——传动系统的刚度，N/m；

　　　m——移动部件的质量，kg。

（3）消除爬行的措施

为防止爬行，在设计低速运动部件时，应减少静、动摩擦因数之差；提高传动机构的刚度；提高阻尼比和降低移动件的质量。

减少静、动摩擦因数之差的方法有：用滚动摩擦代替滑动摩擦；采用卸荷导轨或静压导轨；采用减摩材料，如导轨上镶装铝青铜、锌青铜或聚四氟乙烯塑料与铸铁或钢支承导轨相搭配；采用特殊的导轨油等。

2.1.5　并联机床设计创新

20 世纪 90 年代发展起来的并联机床，是机床发展史上受人瞩目的重大创新。美国 Giddings& Lewis 公司和美国 Geodetic 公司的两台并联机床样机，于 1994 年首次在芝加哥国际机床展览会上展出，立即引起轰动，被誉为"本世纪机床结构的最大变革与创新"，其工作原理如图 2-3 所示。在机床下方的固定平台 1 上安装工件，在上方的运动平台 2 上装有主轴和刀具，两个平台之间采用 6 杆并联结构。通过数控系统、伺服电动机可改变 6 个驱动杆（滚珠丝杠副）长度，使带有刀具的运动平台的位姿（位置和姿态）发生变化，即可实现切削加工。这种新型机床尚未统一命名，可称为并联机床、并联机器人机床或虚轴机床等。它靠复杂的控制运算和相对简单的运动机构来产生六自由度空间运动，大大简化了机床的机械结构，是一种高技术附加值的产品。

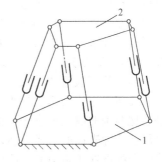

图 2-3　并联机构工作原理

1—固定平台；2—运动平台

（1）并联机床特点

并联机床与串联机构的传统机床相比，有下述优点：

① 速度高　由于运动平台质量小，加工速度与加速度大，响应速度快；

② 刚度高　各驱动杆只受拉力或压力，而无弯矩作用，刚度重量比大；

③ 精度高　加工误差可抵消而不积累，可提高加工精度；

④ 柔性大　硬件简单，软件复杂，可实现 6 轴甚至 8 轴联动，便于重组，可进行铣、钻、磨、抛光以及异形刀具的刃磨等各类加工，如安装机械手腕、测头或摄像机等执行件，还可进行精密装配及测量等作业。

（2）并联机床发展趋势

并联机床近年在国外显示出强劲的发展势头，我国在这方面的发展也很快，可望成为

21世纪高速轻型数控加工的主力设备。研究总体方案设计是并联机床开发的首要环节。总体方案应在满足给定自由度条件下，寻求并联机构驱动件的合理配置、驱动方式和总体布局的最优组合，并在运动学、动力学及精度设计方面加快进展。目前，并联机床一个重要发展趋势是采用串并联的混联机构，分别实现平动与转动自由度，可加大工作空间和增强可重组性。此外，采用传统机床成熟驱动方式实现两个方向的平动，用并联机构实现转动和另一方向的平动，工作空间还可加大，加工精度更易保证。

2.2 数控机床总体方案设计

数控机床设计以工艺要求最为重要，由工艺要求决定机床所需要的运动，完成每个运动又有相应的功能部件，这就可以确定各部件的相对运动和相对位置关系，机床的总体布局也就大体能确定下来。通用机床的布局已经形成了传统的形式，随着数控化和程序化在通用机床上的应用，机床的布局也在发生改变，专用机床的布局往往灵活性较大。机床总体设计是带有全局性的一个重要问题，对机床的制造和使用都有很大影响。在进行机床总体设计时可从两方面进行考虑。一方面从机床内部（本身）考虑，要处理好工件与刀具间相对关系，如位置与运动、工件重量和形状特点等。另一方面还要考虑机床外部的因素，也就是人机之间的关系，如外形、操作和维护等。

因此，总体方案设计是一项全局性的设计工作，直接影响机床产品的结构、性能、工艺和成本，关系到产品的技术水平和市场竞争能力。

2.2.1 运动设计及表面形成方法

2.2.1.1 工作原理

机床是依靠刀具与工件之间的相对运动，加工出一定几何形状和尺寸精度的工件表面。不同的工件几何表面，往往需要采用不同类型的刀具，做不同的表面形成运动，而成为不同类型的机床。例如，车床为获得圆柱面，应有主轴回转运动（主运动）和刀架溜板的纵向移动（进给运动），车端面时则刀架做横向进给运动。因此，要进行机床的几何运动设计需要先了解工件表面形成的几何方法。

2.2.1.2 工件表面的形成方法

（1）几何表面的形成

任何一个表面都可以看成是一条曲线（或直线）沿着另一条曲线（或直线）运动的轨迹。这两条曲线（或直线）称为该表面的发生线，前者称为母线，后者称为导线。图2-4中给出了几种表面的形成原理，图中1、2表示发生线，图2-4(a)、(c)的平面分别由直线母线和曲线母线1沿着直线导线2移动而形成的；图2-4(b)的圆柱面是由直线母线1沿轴线与它相平行的圆导线2运动而形成的；图2-4(d)的圆锥面是由直线母线1沿轴线与它相交的圆导线2运动而形成的；图2-4(e)的自由曲面是由曲线母线1沿曲线导线2运动而形成的。有些表面的母线和导线可以互换，如图2-4(a)、(b)、(e)所示；有些不能互换，如图2-4(c)、(d)所示。

（2）发生线的形成

工件加工表面的发生线是通过刀具切削刃与工件接触并产生相对运动而形成的。有如下四种方法：

①轨迹法（描述法）　如图2-5(a)所示，发生线1（直导线）是由点切削刃做直线运动轨迹形成的。因此为了形成发生线1，刀具和工件之间需要一个相对运动。

②成形法（仿形法）　如图2-5(b)所示，刀具是线切削刃，与工件发生线1（直导线）

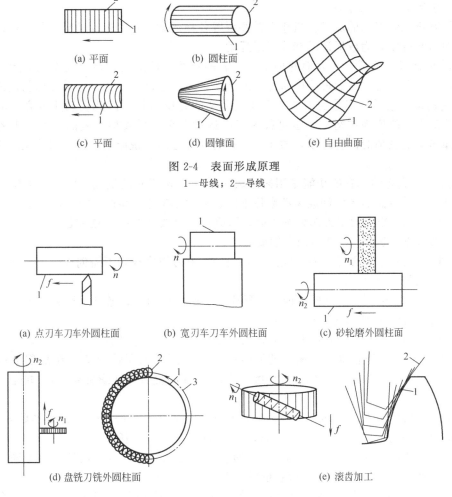

图 2-4　表面形成原理
1—母线；2—导线

图 2-5　加工方法与形状创成运动的关系
1—发生线；2—切削刃；3—圆轨迹

吻合，因此发生线 1 由刀刃实现，发生线 1 的形成不需要刀具与工件的相对运动。

③ 相切法（旋切法）　如图 2-5(c)、(d) 所示，当砂轮或圆柱铣刀旋转时，磨粒或切削刃形成回转面，面上的任一点与工件接触均可发生切削，故称为面切削刃。发生线 1（圆母线）是切削刃 2（面切削刃）运动轨迹的包络线。因此为了形成发生线 1，刀具和工件之间需要两个运动：一个是刀具的旋转，形成切削刃 2（面切削刃）；另一个是刀具回转中心与工件之间按圆轨迹 3 进行相对运动。

④ 展成法（滚切法）如图 2-5(e) 所示，发生线 1（渐开线母线）是由切削刃 2（线切削刃）在刀具与工件作展成运动时所形成的一系列轨迹线的包络线。这时刀具与工件之间需要一个相对运动（简称展成运动）。

（3）加工表面的形成方法

加工表面的形成方法是母线形成方法和导线形成方法的组合。因此，加工表面形成所需要的刀具与工件之间的相对运动也是形成母线和导线所需相对运动的组合（见形状创成运动）。

2.2.1.3 运动分类

（1）按运动的功能分类

为了完成工件表面的加工，机床上需要设置各种运动，各个运动的功能是不同的。按运动的不同功能可以分为成形运动和非成形运动。

① 成形运动 完成一个表面的加工所必需的最基本的运动，称为表面成形运动，简称成形运动。根据运动在表面形成中所完成的功能，成形运动又分为主运动和形状创成运动。

a. 主运动。它的功能是切除加工表面上多余的金属材料，因此运动速度高，消耗机床的大部分动力，故称为主运动，也可称为切削运动。它是形成加工表面必不可少的成形运动，例如车床上主轴的回转运动，磨床上砂轮的回转运动，铣床上的铣刀回转运动等均为主运动。

b. 形状创成运动。它的功能是用来形成工件加工表面的发生线。同样的加工表面，采用的刀具不同，所需的形状创成运动数目不同，如图 2-5 的外圆柱面加工，其中：

ⓐ 图 2-5(a) 用点刃车刀车外圆柱面，形成直线母线需要一个创成运动 f，形成圆导线需要一个形状创成运动 n，共需两个创成运动；

ⓑ 图 2-5(b) 用宽刃刀车外圆柱面，直线母线由刀刃形成，不需创成运动，圆导线形成需要一个形状创成运动 n；

ⓒ 图 2-5(c) 用砂轮磨外圆柱面，n_1 形成砂轮的面切削刃，通过相切法由运动 n_2 创成圆母线，并通过直线运动 f 创成直线母线；

ⓓ 图 2-5(d) 用盘铣刀铣外圆柱面，与图 2-5(c) 的情况类同；

ⓔ 图 2-5(e) 为滚齿加工，滚刀的回转运动 n_1 和工件的回转运动 n_2 组成展成运动，创成渐开线母线，滚刀的运动 f 创成直导线（或由 f 与 n_2 复合创成螺旋导线），共需三个创成运动；

从上述分析可以看出，图 2-5(a)、(b) 的 n 和图 2-5(d)、(e) 的 n_1 既是形状创成运动，又是主运动，因此它们承担形成发生线和切除金属材料的双重任务。

当形状创成运动中不包含主运动时，"形状创成运动"与"进给运动"两个词等价；当形状创成运动中包含主运动时，"形状创成运动"与"成形运动"两个词等价。

② 非成形运动 除了上述成形运动之外，机床上还需设置一些其他运动，可称非成形运动，如切入运动（使刀具切入用）；分度运动（当工件加工表面由多个表面组成时，由一个表面过渡到另一个表面所需的运动）；辅助运动（如刀具的接近、退刀、返回等）；控制运动（如一些操纵运动）。

（2）按运动之间的关系分类

① 独立运动 与其他运动之间无严格关系要求。

② 复合运动 与其他运动之间有严格关系要求，如车螺纹的复合运动。对机械传动形式的机床来讲，复合运动是通过内联系传动链来实现；对数控机床而言，复合运动是通过运动轴的联动来实现。

2.2.2 机床总体结构方案设计

2.2.2.1 数控机床总体布局

数控机床加工工件时，不同的工件表面，往往需要采用不同类型的刀具与工件一起做不同的表面成形运动，因而就产生了不同类型的数控机床。机床的这些运动，必须由相应的执行部件（如主运动部件、直线或圆周进给部件）以及一些必要的辅助运动（如转位、夹紧、冷却及润滑）部件等来完成。

确定数控机床的总体布局时，需要考虑多方面的问题：一方面要从机床的加工原理即各部件的相对运动关系，结合考虑工件的形状、尺寸和重量等因素，来确定各主要部件之间的相对位置关系和配置；另一方面还要全面考虑机床的外部因素，例如外观形状、操作维修、生产管理和人机关系等问题。

多数数控机床的总体布局已经形成了传统的、经过考验的固定形式，只是随着生产要求与科学技术的发展，还会不断有所改进。数控机床的总体布局对制造和使用都有很大的影响。然而，由于机床的种类繁多，使用要求各异，即使是同一用途的机床，其结构形式与总布局的方案可以是多种多样的。因此，要归纳一些系统的与普遍适用的数控机床总布局的规律是较困难的。下述的一些问题，可以作为数控机床总体布局设计时参考。

（1）总体布局与工件形状、尺寸和重量的关系

加工工件所需要的运动仅仅是相对运动，因此，对部件的运动分配可以有多种方案。有的可以由工件来完成主运动而由刀具来完成进给运动，有的正好相反，由刀具完成主运动而由工件完成进给运动。铣削加工时，进给运动可以由工件运动也可以由刀具运动来完成，或者部分由工件运动，部分由刀具运动来完成，这样就影响到了部件的配置和总体的关系。当然，这都取决于被加工工件的尺寸、形状和重量。如图 2-6 所示，同是用于铣削加工的铣床，根据工件的重量和尺寸的不同，可以有四种不同的布局方案。图 2-6（a）是加工件较轻的升降台铣床，由工件完成三个方向的进给运动，分别由工作台、滑鞍和升降台来实现。当加工件较重或者尺寸较高时，则不宜由升降台带着工件做垂直方向的进给运动，而是改由铣头带着刀具来完成垂直进给运动，如图 2-6（b）所示。这种布局方案，铣床的尺寸参数即加工尺寸范围可以取得大一些。如图 2-6（c）所示，工作台载着工件做一个方向的进给运动，其他两个方向的进给运动由多个刀架即铣头部件在立柱与横梁上移动来完成。这样的布局不仅适用于重量大的工件加工，而且由于增多了铣头，使铣床的生产效率得到很大的提高。加工更大更重的工件时，由工件做进给运动，在结构上是难以实现的，因此，采用图 2-6（d）所示的布局方案，全部进给运动均由铣头运动来完成，这种布局形式可以减小铣床的结构尺寸和重量。

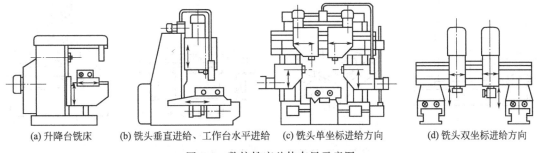

（a）升降台铣床　（b）铣头垂直进给、工作台水平进给　（c）铣头单坐标进给方向　（d）铣头双坐标进给方向

图 2-6　数控铣床总体布局示意图

（2）运动分配与部件的布局

数控机床的运动数目，尤其是进给运动数目的多少，直接与表面成形运动和加工功能有关。运动的分配与部件的布局是机床总体布局的中心问题。以数控镗铣床为例，一般都有四个进给运动的部件，要根据加工的需要来配置这四个进给运动部件。如果需要对工件的顶面进行加工，则铣床主轴应布局成立式的，如图 2-7（a）所示。在三个直线进给坐标之外，再在工作台上加一个既可立式也可卧式安装的数控转台或分度工作台作为附件。如果需要对工件的多个侧面进行加工，则主轴应布局成卧式的，同样是在三个直线进给坐标之外再加一个数控转台，以便在一次装夹时集中完成多面的铣、镗、钻、铰、攻螺纹等多工序加工，如图 2-7（b）、（c）所示。

在数控铣床上用面铣刀加工空间曲面型工件，是一种最复杂的加工情况，除主运动以外，一般需要有三个直线进给坐标 X、Y、Z，以及两个回转进给坐标，以保证刀具轴线向

量处与被加工表面的法线重合，这就是五轴联动的数控铣床。由于进给运动的数目较多，而且加工工件的形状、大小、重量和工艺要求差异也很大，因此，这类数控铣床的布局形式更是多种多样，很难有某种固定的布局模式。在布局时可以遵循的原则是：获得较好的加工精度、表面粗糙度和较高的生产率；转动坐标的摆动中心到刀具端面的距离不要过大，这样可使坐标轴摆动引起的刀具切削点直角坐标的改变量小，最好是能布局成摆动时只改变刀具轴线向量的方位，而不改变切削点的坐标位置；工件的尺寸与重量较大时，摆角进给运动由装

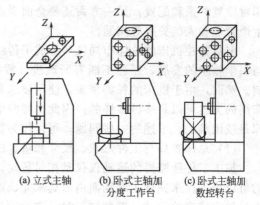

图 2-7 进给运动部件配置

有刀具的部件来完成，其目的是要使摆动坐标部件的结构尺寸较小，重量较轻；两个摆角坐标的合成矢量应能在半个空间范围的任意方位变动；同样，布局方案应保证铣床各部件或总体上有较好的结构刚度、抗振性和热稳定性；由于摆动坐标带着工件或刀具摆动的结果，将使加工工件的尺寸范围有所减少，这一点也是在总体布局时需要考虑的问题。

（3）总体布局与机床的结构性能

总体布局应能同时保证机床具有良好的精度、刚度、抗振性和热稳定性等结构性能。图 2-8 所示的几种数控卧式铣床，其运动要求与加工功能是相同的，但是结构的总体布局却各不相同，因而其结构性能是有差异的。

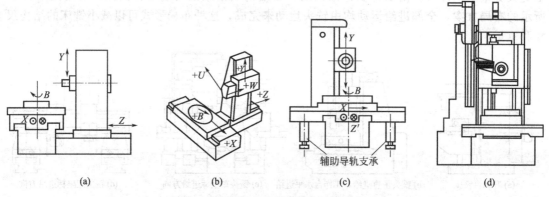

图 2-8 数控铣床布局与结构性能的关系

图 2-8(a) 与图 2-8(b) 的方案采用了 T 形床身布局，前床身横置，与主轴轴线垂直，立柱带着主轴箱一起做 Z 向进给运动，主轴箱在立柱上做 Y 向进给运动。T 形床身布局的优点是：工作台沿前床身方向做 X 向进给运动，在全部行程范围内工作台均可支承在床身上，故刚性较好，提高了工作台的承载能力，易于保证加工精度，而且可用较长的工作行程，床身、工作台及数控转台为三层结构，在相同的台面高度下，比图 2-8(c) 和图 2-8(d) 的十字形工作台的四层结构，更易保证大件的结构刚性。而且在图 2-8(c) 和图 2-8(d) 的十字形工作台的布局方案中，当工作台带着数控转台在横向（即 X 向）做大距离移动和下滑板做 Z 向进给时，Z 向床身的一条导轨要承受很大的偏载，在图 2-8(a)、(b) 的方案中就没有这一问题。

图 2-8(a)、(d) 中，主轴箱装在框式立柱中间，设计成对称结构；图 2-8(b) 和 (c) 中，主轴箱悬挂在单立柱的一侧，从受力变形和热稳定性的角度分析，这两种方案是不同

的。框式立柱布局要比单立柱布局少承受一个扭转力矩和一个弯曲力矩，因而受力后变形小，有利于提高加工精度；框式立柱布局的受热与热变形是对称的，因此，热变形对加工精度的影响小。所以，一般数控镗铣床和自动换刀数控镗铣床大都采用这种框式立柱的结构形式。在这四种总布局方案中，都应该使主轴中心线与 Z 向进给丝杠布置在同一个平面 YOZ 平面内，丝杠的进给驱动力与主切削抗力在同一平面内，因而扭转力矩很小，容易保证铣削精度和镗孔加工的平行度。但是在图 2-8(b)、(c) 中，立柱将偏在 Z 向滑板中心的一侧，而在图 2-8(a)、(d) 中，立柱和 X 向横床身是对称的。

立柱带着主轴箱做 Z 向进给运动的方案其优点是能使数控转台、工作台和床身为三层结构。但是当铣床的尺寸规格较大，立柱较高较重，再加上主轴箱部件，将使 Z 轴进给的驱动功率增大，而且立柱过高时，部件移动的稳定性将变差。

综上所述，在加工功能与运动要求相同的条件下，数控机床的总布局方案是多种多样的，以机床的刚度、抗振性和热稳定性等结构性能作为评价指标，可以判别出布局方案的优劣。

(4) 机床的使用要求与总体布局

数控机床在装卸工件和刀具（加工中心可以自动装卸刀具）、清理切屑、观察加工情况和调整等辅助工作时，还得由操作者来完成。因此，在考虑数控机床总体布局时，除遵循布局的一般原则外，还应该考虑在使用方面的特定要求：

① 便于同时操作和观察数控机床的操作按钮和开关都放在数控装置上。对于小型的数控机床，将数控装置放在机床的近旁，一边在数控装置上进行操作，一边观察机床的工作情况，还是比较方便的。但是对于尺寸较大的机床，这样的布置方案，因工作区与数控装置之间距离较远，操作与观察会有顾此失彼的问题。因此，要设置吊挂按钮站，可由操作者移至需要和方便的位置，对机床进行操作和观察。对于重型数控机床这一点尤为重要。在重型数控铣床上，总是设有接近机床工作区域（刀具切削加工区），并且可以随工作区变动而移动的操作台，吊挂按钮站或数控装置应放置在操作台上，以便同时进行操作和观察。

② 数控机床的刀具和工件的装卸及夹紧松开，均由操作者来完成，要求易于接近装卸区域，而且装夹机构要省力简便。

③ 数控机床的效率高，切屑多，排屑是个很重要的问题，机床的结构布局要便于排屑。

近年来，由于大规模集成电路、微处理机和微型计算机技术的发展，使数控装置和强电控制电路日趋小型化，不少数控装置将控制计算机、按键、开关、显示器等集中装在吊挂按钮站上，其他的电器部分则集中或分散与主机的机械部分装成一体，而且还采用气-液传动装置，省去液压油泵站，这样就实现了机、电、液一体化结构，从而减少机床占地面积，又便于操作管理。

数控机床一般都采用大流量与高压力的冷却和排屑措施；运动部件也采用自动润滑装置，为了防止切屑与切削液飞溅，避免润滑油外泄，将机床制成全封闭结构，只在工作区处留有可以自动开闭的门窗，用于观察和装卸工件。

2.2.2.2 结构布局设计实例

机床的结构布局形式有立式、卧式及斜置式等；其中基础支承件的形式又有底座式、立柱式、龙门式等；基础支承件的结构又有一体式和分离式等。因此同一种运动分配式又可以有多种结构布局形式，这样运动分配设计阶段评价后保留下来的运动分配式方案的全部结构布局方案就有多种，因此需要再次进行评价，去除不合理方案。该阶段评价的依据主要是定性分析机床的刚度、占地面积等因素。该阶段设计结果得到的是机床总体结构布局形态图，图 2-9 所示为五轴镗铣机床的结构布局形态图。

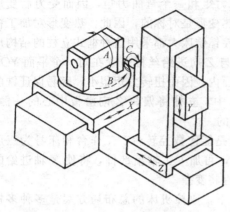

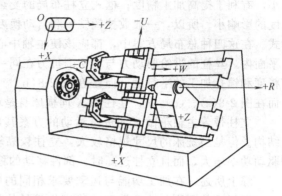

图 2-9　五轴镗铣机床结构布局形态图　　　图 2-10　具有可编程尾架座的双刀架数控车床

下面仅就某些数控机床的布局作一简单介绍。

(1) 满足多刀加工的布局

图 2-10 是具有可编程尾架座的双刀架数控车床，床身为倾斜形状，位于后侧，有两个数控回转刀架，可实现多刀加工，尾座可实现编程运动，也可安装刀具加工。

(2) 满足换刀要求的布局

加工中心都带有刀库，刀库的形式和布局影响机床的布局。所要考虑的问题有：选择合适的刀库、换刀机械手与识刀装置的类型，力求这些结构部件简单，动作少而可靠；机床的总体结构紧凑，刀具存储交换时保证刀具与工件和机床部件之间不发生干涉等。图 1-14 是一种立式加工中心，刀库位于机床侧面。立柱、底座和工作台、主轴箱的布局与普通机床区别不大。图 2-11 是刀库安装在立柱顶部的卧式加工中心，盘式刀库，工作台和立柱与普通机床相同。

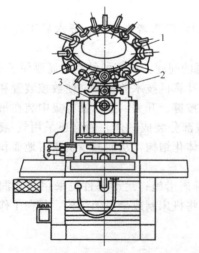

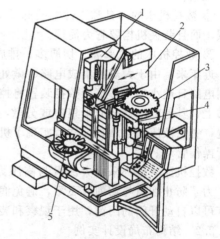

图 2-11　刀库安装在立柱顶部的卧式加工中心　　　　图 2-12　五坐标联动加工中心

1—刀库；2—机械手；3—主轴　　　　1—立轴主轴箱；2—卧轴主轴箱；3—刀库；

4—机械手；5—工作台

(3) 满足多坐标联动要求的布局

一般数控车床都可实现 X、Z 方向联动。所有的镗铣加工中心都可实现 X、Y、Z 三个方向运动，可实现二坐标或三坐标联动，有些机床可实现五坐标联动。图 2-12 为五坐标联动加工中心，有立、卧两个主轴，卧式加工时立式主轴退回，立式加工时卧式主轴退回，立式主轴前移，工作台可以上下、左右移动和在两个坐标方向转动，刀库为多盘式结构，位于立柱的侧面，该机床在一次装夹时可加工五个面，适用于模具、壳体、箱体、叶轮、叶片等复杂零件加工。

图 2-13(a) 是可实现 3～6 轴控制的镗铣床，可实现 $X(2)$、$Y(1)$、$Z(3)$ 轴联动和 $C(4)$、$W(5)$、$B(6)$ 轴的数控定位控制，可实现除夹紧面外的所有面加工。

图 2-13(b) 为五轴加工中心，立柱可在 Z 向和 X 向移动，主轴可沿立柱导轨做 Y 向移动，工作台可在两个坐标方向转动，实现五轴联动。除装夹面外，可对其他各面进行加工，并可对任意斜面进行加工。

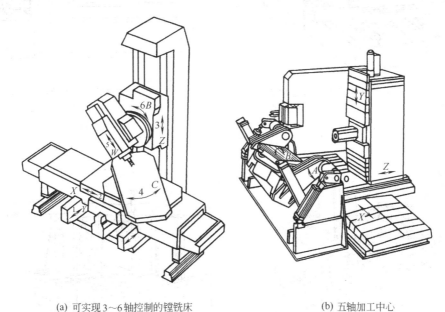

(a) 可实现3～6轴控制的镗铣床　　　　　　　　(b) 五轴加工中心

图 2-13　加工中心

（4）适应快速换刀要求的布局

图 2-14 所示的加工中心无机械手，换刀时刀库移向主轴直接换刀，刀具轴线与主轴轴线平行。不用机械手可减少换刀时间，提高生产率。图 2-15 是转塔主轴箱的布局形式，转塔头上装有两把刀，与主轴轴线成 45° 角，当水平方向的主轴加工时，待换刀具的主轴换刀，换刀时间和加工时间重合，转塔回转 180° 角，换上的刀具就可工作，提高了生产率。

（5）适应多工位加工要求的布局

图 2-16 所示的机床有四个工位，三个工位为加工工位，一个工位为装卸工件工位，该机床可实现多面加工，因而生产率较高。

（6）适应可换工作台要求的布局

图 2-17 为可换工作台的加工中心，一个工作台上的零件加工时，另一个工作台可装卸工件，使装卸工件时间和加工时间重合，减少了辅助时间，提高了生产率。

（7）工件不移动的机床布局

当工件较大，移动不方便时，可使机床立柱移动，如图 2-18 所示，对于一些大型镗铣床，床身比工件重量轻，大多采用这种布局方式。

（8）为提高刚度减少热变形要求的布局

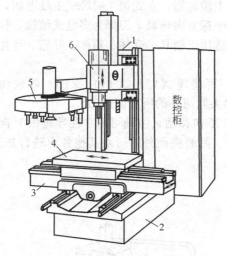

图 2-14　无机械手直接换刀的加工中心
1—立轴；2—底座；3—横向工作台；4—纵向工
作台；5—刀库；6—主轴箱

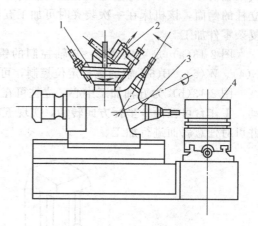

图 2-15　带转塔主轴箱的加工中心
1—刀库；2—机械手；3—转塔头；
4—工作台与工件

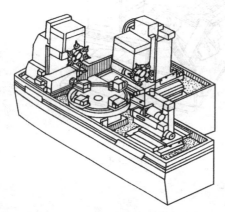

图 2-16　多工位加工中心

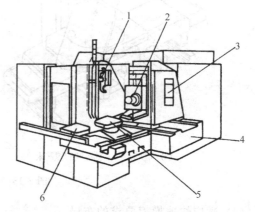

图 2-17　可换工作台的加工中心
1—机械手；2—主轴头；3—操作面板；4—底座；5,6—托板

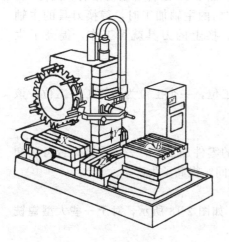

图 2-18　工件不移动的布局

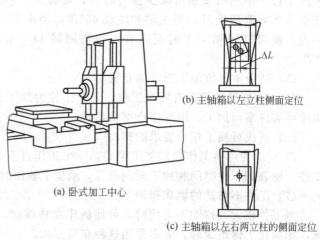

(b) 主轴箱以左立柱侧面定位

(a) 卧式加工中心

(c) 主轴箱以左右两立柱的侧面定位

图 2-19　加工中心框式立柱

卧式加工中心多采用框架式立柱，这种结构刚度好，受热变形小，抗振性高，如图2-19所示。主轴位于两立柱之间，当主轴发热时，由于两立柱温升相同，因而变形相同，对称的热变形，可使主轴的位置保持不变，因而提高了精度。

2.2.2.3　机床总体结构的概略形状与尺寸设计

该阶段主要是进行功能（运动或支承）部件的概略形状与尺寸设计，设计的主要依据是：机床总体结构布局设计阶段评价后所保留的机床总体结构布局形态图、驱动与传动设计结果、机床动力参数及加工空间尺寸参数以及机床整机的刚度与精度分配。其设计过程大致如下：

① 首先确定末端执行件的概略形状与尺寸。

② 设计末端执行件与其相邻的下一个功能部件的结合部的形式、概略尺寸。若为运动导轨结合部，则执行件一侧相当于滑台，相邻部件一侧相当于滑座，考虑导轨结合部的刚度及导向精度，选择并确定导轨的类型及尺寸。

③ 根据导轨结合部的设计结果和该运动的行程尺寸，同时考虑部件的刚度要求，确定下一个功能部件（即滑台侧）的概略形状与尺寸。

④ 重复上述过程，直到基础支承件（底座、立柱、床身等）设计完毕。

⑤ 若要进行机床结构模块设计，则可将功能部件细分成子部件，根据制造厂的产品规划，进行模块提取与设置。

⑥ 初步进行造型与色彩设计。

⑦ 机床总体结构方案的综合评价。

上述设计完成后，得到的设计结果是机床总体结构方案图，如图 2-20 所示。然后对所得到的各个总体结构方案进行综合评价比较，评价的主要因素有：

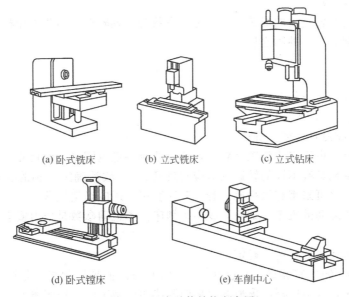

(a) 卧式铣床　　　(b) 立式铣床　　　(c) 立式钻床

(d) 卧式镗床　　　(e) 车削中心

图 2-20　机床总体结构方案图

① 性能：预测设计刚度及精度。

② 制造成本：根据设计方案的结构复杂程度，制造装配难度，模块化及标准化程度，制造厂的制造条件等预估制造成本。

③ 制造周期：考虑因素大体与制造成本相同，预估制造周期。

④ 生产率。

⑤ 物流系统的开放性。

⑥ 外观造型。

⑦ 机床总体结构方案设计修改与确定。根据综合评价，选择一二种较好的方案，进行方案的设计修改、完善或优化，确定方案。

2.3 机床主要参数的设计

机床的主要技术参数包括机床的主参数和基本参数，基本参数可包括尺寸参数、运动参数及动力参数。

2.3.1 主参数和尺寸参数

机床主参数是代表机床规格大小及反映机床最大工作能力的一种参数，为了更完整地表示机床的工作能力和工作范围，有些机床还规定有第二主参数，见 GB/T 15375—94《金属切削机床型号编制方法》。通用机床主参数已有标准，根据用户需要选用相应数值即可，而专用机床的主参数，一般以加工零件或被加工面的尺寸参数来表示。

机床的尺寸参数是指机床的主要结构的尺寸参数，通常包括以下尺寸。

① 与被加工零件有关的尺寸　如卧式车床刀架上最大加工直径，摇臂钻床的立柱外径与主轴之间的最大跨距等。

② 标准化工具或夹具的安装面尺寸　如卧式车床主轴锥孔及主轴前端尺寸。

2.3.2 运动参数

运动参数是指机床执行件如主轴、工作台和刀架的运动速度。

2.3.2.1 主运动参数

对于主运动是回转运动的机床，其主运动参数为主轴转速。对于专用机床用于完成特定的工序，通常主轴只需一种固定转速：

$$n = \frac{1000v}{\pi d} \tag{2-4}$$

式中　n——主轴转速，r/min；

v——切削速度，m/min；

d——工件或刀具直径，mm。

对于通用机床，由于完成的工序较广，又要适应一定范围的不同尺寸和不同材质零件的加工需要，要求主轴具有不同的转速（即应实现变速），故需确定主轴的变速范围，主运动可采用无级变速，也可采用有级变速。若用有级变速，还应确定级数。

主运动是直线运动的机床，如插床或牛头刨床，主运动参数是插刀或刨刀的每分钟往复次数。

（1）最高转速和最低转速的确定

确定最低转速（$n_{\min}$）和最高转速（$n_{\max}$）的方法，主要是调查、分析在所设计的机床上可能进行的工序，从中选择要求最高、最低转速的典型工序。按照典型工序的刀具切削速度和刀具（或工件）直径，由式（2-5）可计算出 $n_{\max}$、$n_{\min}$ 及变速范围 R_n 为

$$n_{\max} = \frac{1000v_{\max}}{\pi d_{\min}} \qquad n_{\min} = \frac{1000v_{\min}}{\pi d_{\max}} \qquad R_n = \frac{n_{\max}}{n_{\min}} \tag{2-5}$$

式中的 $v_{\max}$、$v_{\min}$ 可根据切削用量手册、现有机床使用情况调查或者切削试验确定，通用机床的 $d_{\max}$ 和 $d_{\min}$ 并不是指机床上可能加工的最大和最小直径，而是指实际使用情况下，采用 $v_{\max}$（或 $v_{\min}$）时常用的经济加工直径，对于通用机床，一般取

$$d_{\max}=KD \quad d_{\min}=R_d d_{\max}$$

式中　D——机床能加工的最大直径，mm；

　　　K——系数，根据对现有同类机床使用情况的调查确定，如卧式车床 $K=0.5$，摇臂钻床 $K=1.0$；

　　　R_d——计算直径范围，通常 $R_d=0.2\sim0.25$。

例如，某 $\phi400\text{mm}$ 卧式车床，要求确定主轴的最高、最低转速。根据分析，用硬质合金车刀对小直径钢材半精车外圆时，主轴转速为最高，参考切削用量资料，可取 $v_{\max}=200\text{mm/min}$，对于通用车床 $K=0.5$，$R_d=0.25$，则

$$d_{\max}=KD=0.5\times400=200 \text{（mm）}$$

$$d_{\min}=R_d d_{\max}=0.25\times200=50 \text{（mm）}$$

$$n_{\max}=\frac{1000v_{\max}}{\pi d_{\min}}=\frac{1000\times200}{\pi\times50}=1273 \text{（r/min）}$$

根据分析，主轴最低转速由下面两道工序确定。

工序 1：用高速钢车刀，对铸铁材料的盘形零件粗车端面。参考切削用量资料取 $v_{\min}=15\text{m/min}$，则

$$n_{\min}=\frac{1000v_{\min}}{\pi d_{\max}}=\frac{1000\times15}{\pi\times200}=24 \text{（r/min）}$$

工序 2：用高速钢刀具，精车合金钢材料的梯形螺纹（丝杠）时，主轴转速较低，取 $v_{\min}=1.5\text{m/min}$。据调查，$\phi400\text{mm}$ 卧式车床上加工丝杠最大直径在 $40\sim50\text{mm}$ 左右，则

$$n_{\min}=\frac{1000v_{\min}}{\pi d_{\max}}=\frac{1000\times1.5}{\pi\times50}=9.55 \text{（r/min）}$$

综合实际情况，同时考虑今后的发展储备，最后确定 $n_{\max}=1600\text{r/min}$，$n_{\min}=10\text{r/min}$。

实际使用中可能使用到 $n_{\max}$ 或 $n_{\min}$ 的典型工艺不一定只有一种可能，可以多选择几种工艺作为确定最低及最高转速的参考。此外，还应到生产现场调查研究，统计与分析同类型机床的有关资料，从而校验和修正计算结果。

（2）主轴转速的合理排列

确定了 $n_{\max}$ 和 $n_{\min}$ 之后，在已知变速范围内若采用有级变速，则应进行转速分级；如果采用无级变速，有时也需用分级变速机构来扩大其无级变速范围。分级即在变速范围内确定中间各级转速。目前，多数机床主轴转速是按等比级数排列，其公比用符号 φ 表示。则转速数列为

$$n_1=n_{\min}, \quad n_2=n_{\min}\varphi, \quad n_3=n_{\min}\varphi^2, \quad \cdots, \quad n_Z=n_{\min}\varphi^{Z-1}$$

主轴转速数列呈等比数列规律分布，主要原因是在转速范围内的转速相对损失均匀。如在加工中某一工序要求的合理转速为 n，而在 Z 级转速中没有这个最佳转速，而是处于 n_j 和 n_{j+1} 之间，即 $n_j<n<n_{j+1}$。若采用比 n 高的转速 n_{j+1}，由于过高的切削速度会使刀具耐用度下降。为了不降低刀具耐用度，一般选用 n_j，将造成转速损失，其转速损失为 $(n-n_j)$，相对转速损失率为

$$A=\frac{n-n_j}{n}$$

当 n 趋近于 n_{j+1} 时，仍选用 n_j 为使用转速，产生的最大相对转速损失率为

$$A_{\max}=\frac{n_{j+1}-n_j}{n_{j+1}}=1-\frac{n_j}{n_{j+1}}$$

在其他条件（直径、进给、切深）不变的情况下，转速的损失就反映了生产率的损失。对于普通机床，如果认为每级转速的使用机会都相等，那么应使 $A_{\max}$ 为一定值，即

$$A_{max}=1-\frac{n_j}{n_{j+1}}=\text{const} \quad \text{或} \quad \frac{n_j}{n_{j+1}}=\text{const}=\frac{1}{\varphi}$$

可见任意两级转速之间的关系应为

$$n_{j+1}=n_j\varphi$$

此外，应用等比级数排列的主轴转速，可借助于串联若干个滑移齿轮来实现，使变速传动系统简单且设计计算方便。

（3）标准公比 φ 值和标准转速数列

标准公比的确定依据如下原则：因为转速由 n_{min} 至 n_{max} 必须递增，所以公比应大于1；为了限制转速损失的最大值 A_{max} 不大于50%，则相应的公比 φ 不大于2，故 $1<\varphi<2$；为了使用、记忆方便，希望转速数列是十进位的，故 φ 应符合如下关系，$\varphi=\sqrt[E_1]{10}$，E_1 是正整数；如采用多速电动机驱动，通常电动机转速（单位均为 r/min）为 3000/1500 或 3000/1500/750，希望转速数列是二进位的，故 φ 也应符合如下关系，$\varphi=\sqrt[E_2]{2}$，E_2 也为正整数。

根据上述原则，可得标准公比，见表 2-1。其中 1.06、1.12、1.26 同是 10 和 2 的正整数次方，其余的只是 10 或 2 的正整数次方。

表 2-1　标准公比 φ

φ	1.06	1.12	1.26	1.41	1.58	1.78	2
$\sqrt[E_1]{10}$	$\sqrt[40]{10}$	$\sqrt[20]{10}$	$\sqrt[10]{10}$	$\sqrt[20/3]{10}$	$\sqrt[5]{10}$	$\sqrt[4]{10}$	$\sqrt[20/6]{10}$
$\sqrt[E_2]{2}$	$\sqrt[12]{2}$	$\sqrt[6]{2}$	$\sqrt[3]{2}$	$\sqrt{2}$	$\sqrt[3/2]{2}$	$\sqrt[6/5]{2}$	2
A_{max}	57%	11%	21%	29%	37%	44%	50%
与1.06的关系	1.06^1	1.06^2	1.06^4	1.06^6	1.06^8	1.06^{10}	1.06^{12}

此表不仅可用于转速、双行程数和进给量数列，而且也可用于机床尺寸和功率参数等数列。对于无级变速系统，机床使用时也可参考上述标准公比，以获得合理的刀具耐用度和生产率。

当采用标准公比后，转速标准数列可从表 2-2 中直接查出。表中给出了以 1.06 为公比的从 1~10000 的数列。如设计一台卧式车床 $n_{min}=10\text{r/min}$，$n_{max}=1600\text{r/min}$，$\varphi=1.26$，查表 2-2，首先找到 10，然后每隔 3 个数（$1.26=1.06^4$）取一个数，可得如下数列：10，12.5，16，20，25，31.5，40，50，63，80，100，125，160，200，250，315，400，500，630，800，1000，1250，1600。

（4）公比的选用

由表 2-1 可见，φ 值小则相对转速损失小，但当变速范围一定时变速级数将增多，结构复杂。通常，对于通用机床，为使转速损失不大，机床结构又不过于复杂，一般取 $\varphi=1.26$ 或 1.41；对于大批量生产用的专用机床、专门化机床及其自动机床，$\varphi=1.12$ 或 1.26，因其生产率高，转速损失影响较大，且又不经常变速，可用交换齿轮变速，不会使结构复杂；而非自动化小型机床，加工中切削时间远小于辅助时间，转速损失大些影响不大，故可取 $\varphi=1.58$、1.78 甚至 2。

（5）变速范围 R_n、公比 φ 和级数 Z 的关系

由等比级数规律可知

$$R_n=\frac{n_{max}}{n_{min}}=\varphi^{Z-1}$$

则

$$\varphi=\sqrt[Z-1]{R_n}$$

表 2-2　标准数列

1	2	4	8	16	31.5	63	125	250	500	1000	2000	4000	8000
1.06	2.12	4.25	8.5	17	33.5	67	132	265	530	1060	2120	4250	8500
1.12	2.24	4.5	9.0	18	35.5	71	140	280	560	1120	2240	4500	9000
1.18	2.36	4.75	9.5	19	37.5	75	150	300	600	1180	2360	4750	9500
1.25	2.5	5.0	10	20	40	80	160	315	630	1250	2500	5000	10000
1.32	2.65	5.3	10.6	21.2	42.5	85	170	335	670	1320	2650	5300	10600
1.4	2.8	5.6	11.2	22.4	45	90	180	355	710	1400	2800	5600	11200
1.5	3.0	6.0	11.8	23.6	47.5	95	190	375	750	1500	3000	6000	11800
1.6	3.15	6.3	12.5	25	50	100	200	400	800	1600	3150	6300	12500
1.7	3.35	6.7	13.2	26.5	53	106	212	425	850	1700	3350	6700	13200
1.8	3.55	7.1	14	28	56	112	224	450	900	1800	3550	7100	14100
1.9	3.75	7.5	15	30	60	118	236	475	950	1900	3750	7500	15000

两边取对数，可写成

$$\lg R_n = (Z-1)\lg\varphi$$

故

$$Z = \frac{\lg R_n}{\lg\varphi} + 1$$

上式给出了 R_n，φ，Z 三者的关系，已知任意两个可求第三个，由公式求出的 φ 和 Z，应圆整为标准值和整数。

2.3.2.2　进给运动参数

大部分机床的进给量用工件或刀具每转的位移量表示，单位为 mm/r，如车床、钻床、镗床、滚齿机等。直线往复运动的机床，如刨、插床，以每一往复的位移表示。对于铣床和磨床，由于使用的是多刃刀具，进给量常以每分钟的位移量表示，单位为 mm/min。

目前，机床上广泛采用有级或无级变速方式来实现进给量的变换。采用有级变速时，对于进给量的变化只影响生产率的机床，为使相对损失为一定值，进给量的数列一般取等比数列。例如，T68 型镗床的进给数列是：0.05、0.07、0.10、0.13、0.19、0.27、0.37、0.52、0.74、1.03、1.43、2.05、2.9、4、5.7、8、11.1、16，共 18 级，公比为 1.41。但是也有的机床，如刨床和插床等，为使进给机构简单而采用间歇进给的棘轮机构，进给量由每次往复转过的齿数（1、2、3…）而定，这就不是等比数列而是等差数列了。供大量生产用的自动和半自动车床，常用交换齿轮来调整进给量，可以不按一定的规则，而用交换齿轮选择最有利的进给量。卧式车床因为要车螺纹，进给箱的分级应根据螺纹标准而定。螺纹标准不是一个等比数列，而是一个分段的等差数列。

2.3.3　动力参数

动力参数包括电动机的功率、液压缸的牵引力、液压马达或步进电动机的额定转矩等。机床各传动件的结构参数（轴或丝杠的直径、齿轮及蜗轮的模数、传动带的类型等）都是根据动力参数设计计算的。如果动力参数定得过大，将使机床过于笨重，浪费材料和电力；如果定得过小，又将影响机床的性能。确定的方法是进行调查研究、科学实验并辅之以计算。计算方法在现阶段只能作为参考，有以下几方面的原因：通用机床的使用情况相当复杂，切削用量的变化较大；对某些加工过程中切削力和进给力的规律还没有很好地掌握；机床传动系统中的摩擦损失，尤其是高速下的损失（包括空转损失），研究得也不够。下面介绍用计算方法确定动力参数。

（1）主传动电动机功率的确定

机床主运动电动机的功率 P_L 为

$$P_L = P_c/\eta_c + P_q$$

$$\eta_c = \eta_1\eta_2\cdots \tag{2-6}$$

式中　　P_c——消耗于切削的功率，又称有效功率，kW；

$\quad\quad\quad P_q$——空载功率，kW；

$\quad\eta_1$，η_2…——主传动系统中各传动副的机械效率，详见《机械设计手册》。

① P_c 的计算　计算公式如下

$$P_c=\frac{F_z v}{60000}\ (\text{kW})\tag{2-7}$$

式中　F_z——切削力，N；

$\quad\quad v$——切削速度，m/min，可根据刀具材料、工件材料和所选用的切削用量等条件，由切削用量手册查得。

对于专用机床，工况单一，而通用机床工况复杂，切削用量等变化范围大，计算时可根据机床工艺范围内的重切削工况或机床验收负荷试验规定的切削用量作为参考来进行。

② P_q 的计算　机床主运动空转时，由于传动件摩擦、搅油、空气阻力和其他动载荷等原因，电动机要消耗一部分功率，称为空转功率损失 P_q，其值随传动件转速增大而增大，与传动件预紧程度及装配质量有关。中型机床主传动链的空载功率损失可由式（2-8）估算

$$P_q=k\,(3.5d_a\sum n_i+cd_L n_L)\times 10^{-6}\quad(\text{kW})\tag{2-8}$$

式中　d_a——主传动链中除主轴外所有传动轴轴颈的平均直径，mm，如果主传动链的结构尺寸尚未确定，初步可按电动机功率 P_m（kW）取值

$\quad\quad\quad$ $1.5<P_m\leqslant 2.8$ 时，$d_a=30\text{mm}$；

$\quad\quad\quad$ $2.5<P_m\leqslant 7.5$ 时，$d_a=35\text{mm}$；

$\quad\quad\quad$ $7.5<P_m\leqslant 14$ 时，$d_a=40\text{mm}$；

$\quad\quad d_L$——主轴前后轴颈直径的平均值，mm；

$\quad\sum n_i$——当主轴转速为 n_L 时，传动链内除主轴外各传动轴的转速之和；

$\quad\quad n_L$——主轴转速，r/min；

$\quad\quad\quad c$——系数，两支承滚动轴承或滑动轴承，$c=8.5$；三支承滚动轴承，$c=10$；

$\quad\quad\quad k$——润滑修正系数，N46 全损耗系统用油，$k=1$；N32 全损耗系统用油，$k=0.9$；N15 全损耗系统用油，$k=0.75$。

当机床结构尚未确定时，应用式（2-6）有一定的困难，也可用式（2-9）粗略估算主电动机的功率

$$P_L=\frac{P_c}{\eta_c}\tag{2-9}$$

式中　η_c——机床主传动系统总机械效率，主运动为回转运动时，$\eta_c=0.7\sim0.85$；主运动为直线运动时，$\eta_c=0.6\sim0.7$。

对于间断工作的机床，由于允许电动机短时超载工作，故按式（2-6）、式（2-9）计算的 P_L 是指电动机在允许范围内超载时的功率。电动机的额定功率可按式（2-10）计算

$$P_n=\frac{P_L}{K}\tag{2-10}$$

式中　P_n——选用电动机的额定功率，kW；

$\quad\quad P_L$——计算出的电动机功率，kW；

$\quad\quad\quad K$——电动机超载系数，对连续工作的机床 $K=1$；对间断工作的机床，$K=1.1\sim$
1.25，间断时间长，取较大值。

（2）进给驱动电动机功率的确定

机床进给运动驱动源可分成如下几种情况：

① 进给运动与主运动合用一个电动机，如卧式车床、钻床等。进给运动消耗的功率远小于主传动。统计结果，卧式车床进给功率 $P_f=(0.03\sim0.04)P_L$，钻床 $P_f=(0.04\sim0.05)P_L$，铣床 $P_f=(0.15\sim0.20)P_L$。

② 进给运动中工作进给与快速进给合用一个电动机时，由于快速进给所需功率远大于工作进给的功率，且两者不同时工作，所以不必单独考虑工作进给所需功率。

③ 进给运动采用单独电动机驱动，则需要确定进给运动所需功率（或转矩）。对普通交流电动机，进给电动机功率（kW）可由式(2-11)计算

$$P_f=\frac{Fv_f}{60000\eta_f} \tag{2-11}$$

式中　F——进给牵引力，N；

　　　v_f——进给速度，m/min；

　　　η_f——进给传动机械效率。

进给牵引力等于进给方向上切削分力和摩擦力之和，进给牵引力的计算如表 2-3 所示。

表 2-3　进给牵引力的计算

导轨形式	进给形式	
	水 平 进 给	垂 直 进 给
对三角形或三角形与矩形组合导轨	$KF_Z+f'(F_X+G)$	$K(F_Z+G)+f'F_X$
矩形导轨	$KF_Z+f'(F_X+F_Y+G)$	$K(F_Z+G)+f'(F_X+F_Y)$
燕尾形导轨	$KF_Z+f'(F_X+2F_Y+G)$	$K(F_Z+G)+f'(F_X+2F_Y)$
钻床主轴		$F_Q\approx F_f+f\dfrac{2T}{d}$

注：G—移动件的重力；F_Z，F_X，F_Y—切削力的三向分力，F_Z 为进给方向的分力，F_X 为垂直导轨面的分力，F_Y 为横向力；F_f—钻削进给抗力；f'—当量摩擦因数，在正常润滑条件下，铸铁对铸铁三角形导轨，$f'=0.17\sim0.18$；矩形导轨，$f'=0.12\sim0.13$；燕尾形导轨，$f'=0.2$；铸铁对塑料，$f'=0.03\sim0.05$；滚动导轨，$f'=0.01$；f—钻床主轴套筒上的摩擦因数；K—考虑颠覆力矩影响的系数，三角形和矩形导轨，$K=1.1\sim1.15$；燕尾形导轨，$K=1.4$；d—主轴直径，mm；T—主轴的转矩，N·mm。

对于数控机床的进给运动，伺服电动机按转矩选择，即

$$M_m=\frac{9550P_f}{n_m} \tag{2-12}$$

式中　M_m——电动机转矩，N·m；

　　　n_m——电动机转速，r/min。

（3）快速运动电动机功率的确定

快速运动电动机启动时消耗的功率最大，要同时克服移动件的惯性力和摩擦力，即

$$P_q=P_g+P_{fw} \tag{2-13}$$

式中　P_q——快速电动机功率，kW；

　　　P_g——克服惯性力所需的功率，kW；

　　　P_{fw}——克服摩擦力、重力所需的功率，kW。

$$P_g=\frac{M_g n_g}{9550\eta} \tag{2-14}$$

式中　M_g——克服惯性力所需电动机轴上转矩，N·m；

　　　n_g——电动机转速，r/min；

η——传动件的机械效率。

$$M_g = J_e \frac{\omega_1}{t_a}$$ (2-15)

式中 J_c——转化到电动机轴上的当量转动惯量，$kg \cdot m^2$；

ω_1——电动机的角速度，rad/s；

t_a——电动机启动时间，对于中型机床 $t_a = 0.5s$，对于大型机床 $t_a = 1.0s$。

克服摩擦力所需的功率计算可参考进给运动。

应该提出的是，P_g 仅在启动过程中存在，当运动部件达到正常速度时即消失。交流异步电动机的启动转矩约为满载时额定转矩的 1.6~1.8 倍，工作时又允许短时间超载，最大转矩可为额定转矩的 1.8~2.2 倍，快速行程的时间又很短，因此可以用由式(2-13)计算出来的 P_q 和电动机转速 n_m 对应的转矩作为电动机的启动转矩来选择电动机，这样选出来的电动机的额定功率可小于由式(2-13)计算的结果。

一般普通机床的快速电动机功率和空行程速度选择可参考表 2-4 进行。

表 2-4　机床部件空行程速度和电动机功率

机床类型	主参数/mm	移动部件	速度/m·min⁻¹	电动机功率/kW
卧式车床	床身上最大回转直径			
	400	溜板箱	3~5	0.25~0.5
	630~800	溜板箱	4	1.1
	1000	溜板箱	3~4	1.5
	2000	溜板箱	3	4
立式车床	最大车削直径			
	单柱 1250~1600	横梁	0.44	2.2
	双柱 2000~3150	横梁	0.35	7.5
	5000~10000	横梁	0.3~0.37	17
摇臂钻床	最大钻孔直径			
	25~35	摇臂	1.28	0.8
	40~50	摇臂	0.9~1.4	1.1~2.2
	75~100	摇臂	0.6	3
	125	摇臂	1.0	7.5
卧式镗床	主轴直径			
	63~75	主轴箱和工作台	2.8~3.2	1.5~2.2
	85~110	主轴箱和工作台	2.5	2.2~2.8
	126	主轴箱和工作台	2.0	4
	200	主轴箱和工作台	0.8	7.5
升降台铣床	工作台工作面宽度			
	200	工作台和升降台	2.4~2.8	0.6
	250	工作台和升降台	2.5~2.9	0.6~1.7
	320	工作台和升降台	2.3	1.5~2.2
	400	工作台和升降台	2.3~2.8	2.2~3
龙门铣床	工作台工作面宽度			
	800~1000	横梁	0.65	5.5
		工作台	2.0~3.2	4
龙门刨床	最大刨削宽度			
	1000~1250	横梁	0.57	3.0
	1250~1600	横梁	0.57~0.9	3~5.5
	2000~2500	横梁	0.42~0.6	7.5~10

习题与思考题

1. 数控机床设计方法的特点是什么？
2. 数控机床设计的主要内容和步骤是什么？
3. 数控机床设计应满足哪些基本要求？
4. 并联机床的原理是什么？有哪些特点？
5. 工件表面发生线的形成方法是什么？
6. 机床的主参数及尺寸参数根据什么确定？
7. 试用查表法求主轴各级转速。
   (1) 已知：$\varphi = 1.58$，$n_{max} = 190 \text{r/min}$，$Z = 6$；
   (2) 已知：$n_{min} = 100 \text{r/min}$，$Z = 12$，其中 $n_1 \sim n_3$、$n_{10} \sim n_{12}$ 的公比为 $\varphi_1 = 1.26$，其余各级转速的公比为 $\varphi_2 = 1.58$。
8. 拟定变速系统时，公比取得太大和太小各有什么缺点？较大的（$\varphi \geqslant 1.58$）、中等的（$\varphi = 1.26$、1.41）、较小的（$\varphi \leqslant 1.12$）标准公比各适用于哪些场合？
9. 机床的动力参数如何确定？

第3章　数控机床主传动系统设计

3.1　概述

主传动系统是用来实现机床主运动的传动系统，它应具有一定的转速（速度）和一定的变速范围，以便采用不同材料的刀具，加工不同材料、不同尺寸、不同要求的工件，并能方便地实现运动的开停、变速、换向和制动等。

数控机床主传动系统主要包括电动机、传动系统和主轴部件，与普通机床的主传动系统相比在结构上比较简单，这是因为变速功能全部或大部分由主轴电动机的无级调速来承担，省去了复杂的齿轮变速机构，有些只有二级或三级齿轮变速系统用以扩大电动机无级调速的范围。

3.1.1　数控机床主传动系统的特点

与普通机床比较，数控机床主传动系统具有下列特点：

① 转速高、功率大　它能使数控机床进行大功率切削和高速切削，实现高效率加工。

② 变速范围宽　数控机床的主传动系统有较宽的调速范围，一般 $R_n > 100$，以保证加工时能选用合理的切削用量，从而获得最佳的生产率、加工精度和表面质量。

③ 主轴变速迅速可靠　数控机床的变速是按照控制指令自动进行的，因此变速机构必须适应自动操作的要求。由于直流和交流主轴电动机的调速系统日趋完善，不仅能够方便地实现宽范围无级变速，而且减少了中间传递环节，提高了变速控制的可靠性。

④ 主轴组件的耐磨性高　使传动系统具有良好的精度保持性。凡有机械摩擦的部位，如轴承、锥孔等都有足够的硬度，轴承处还有良好的润滑。

3.1.2　主传动系统的设计要求

① 主轴具有一定的转速和足够的转速范围、转速级数，能够实现运动的开停、变速、换向和制动，以满足机床的运动要求；

② 主电动机具有足够的功率，全部机构和元件具有足够的强度和刚度，以满足机床的动力要求；

③ 主传动的有关结构，特别是主轴组件要有足够高的精度、抗振性，热变形和噪声要小，传动效率要高，以满足机床的工作性能要求；

④ 操纵灵活可靠，调整维修方便，润滑密封良好，以满足机床的使用要求；

⑤ 结构简单紧凑，工艺性好，成本低，以满足经济性要求。

3.1.3　数控机床主传动系统配置方式

数控机床的调速是按照控制指令自动执行的，因此变速机构必须适应自动操作的要求。在主传动系统中，目前多采用交流主轴电动机和直流主轴电动机无级调速系统。为扩大调速范围，适应低速大转矩的要求，也经常应用齿轮有级调速和电动机无级调速相结合的调速方式。

数控机床主传动系统主要有四种配置方式，如图 3-1 所示。

（1）带有变速齿轮的主传动

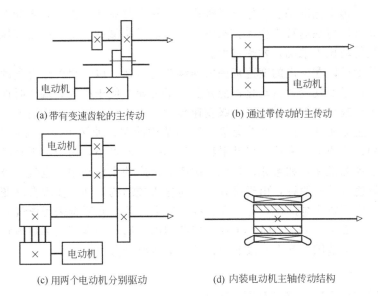

(a) 带有变速齿轮的主传动　　　　(b) 通过带传动的主传动

(c) 用两个电动机分别驱动　　　　(d) 内装电动机主轴传动结构

图 3-1　数控机床主传动的四种配置方式

大、中型数控机床采用这种变速方式。如图 3-1(a) 所示，通过少数几对齿轮降速，扩大输出转矩，以满足主轴低速时对输出转矩特性的要求。数控机床在交流或直流电动机无级变速的基础上配以齿轮变速，使之成为分段无级变速。滑移齿轮的移位大都采用液压缸加拨叉，或者直接由液压缸带动齿轮来实现。

（2）通过带传动的主传动

如图 3-1(b) 所示，这种传动主要应用在转速较高、变速范围不大的机床。电动机本身的调速就能够满足要求，不用齿轮变速，可以避免齿轮传动引起的振动与噪声。它适用于高速、低转矩特性要求的主轴。常用的是 V 带和同步齿形带。

（3）用两个电动机分别驱动

如图 3-1(c) 所示，这是上述两种方式的混合传动，具有上述两种性能。高速时电动机通过带轮直接驱动主轴旋转；低速时，另一个电动机通过两级齿轮传动驱动主轴旋转，齿轮起到降速和扩大变速范围的作用，这样就使恒功率区增大，扩大了变速范围，克服了低速时转矩不够且电动机功率不能充分利用的缺陷。

（4）内装电动机主轴传动结构

如图 3-1(d) 所示，这种主传动方式大大简化了主轴箱体与主轴的结构，有效地提高了主轴部件的刚度，但主轴输出转矩小，电动机发热对主轴影响较大。

3.1.4　主传动系统的类型

主传动系统可按不同的特征来分类：

① 按动力源的类型　可分为交流电动机驱动和直流电动机驱动。交流电动机驱动又可分单速交流电动机、调速交流电动机和交流伺服电动机驱动。调速交流电动机驱动又有多速交流电动机和变频调速交流电动机驱动两种。驱动方式的选择主要根据变速形式和运动特性要求来确定。

② 按传动装置类型　可分为机械传动装置、液压传动装置、电气传动装置及其组合。

③ 按变速的连续性　可以分为分级变速传动和无级变速传动。

分级变速传动是在一定的变速范围内均匀、离散地分布着有限级数的转速，变速级数一般不超过 20～30 级。分级变速传动方式有滑移齿轮变速、交换齿轮变速和离合器（如摩擦式、牙嵌式、齿轮式离合器）变速。除摩擦片式离合器外，其他变速方式具有传递功率较大、变速范围广、传动比准确、工作可靠等优点。缺点是有速度损失，不能在运转中进行变速。摩擦片式离合器可在运转中变速，操纵方式可以是机械的、电磁的或液压的，便于实现自动化。缺点是传动比不准确，发热量大。

无级变速传动可以在一定的变速范围内连续改变转速，以便得到最有利的切削速度，能在运转中变速，便于实现变速自动化；能在负载下变速，便于车削大端面时保持恒定的切削速度，以提高生产效率和加工质量。无级变速传动可由机械摩擦无级变速器、液压无级变速器和电气无级变速器实现。机械摩擦无级变速器结构简单、使用可靠，常用在中小型车床、铣床等主传动中。液压无级变速器传动平稳、运动换向冲击小，易于实现直线运动，常用于主运动为直线运动的机床，如磨床、拉床、刨床等机床的主传动中。电气无级变速器有直流电动机或交流调速电动机两种，由于可以大大简化机械结构，便于实现自动变速、连续变速和负载下变速，应用越来越广泛，尤其在数控机床上，目前几乎都采用电气变速。

数控机床和大型机床中，有时为了在变速范围内，满足一定恒功率和恒转矩的要求，或为了进一步扩大变速范围，常在无级变速器后面串接机械分级变速装置。

3.2 分级变速主传动系统设计

机床主传动运动设计的任务是按照已确定的运动参数、动力参数和传动方案，设计出经济合理、性能先进的传动系统。其主要设计内容为：拟定结构式或结构网；拟定转速图，确定各传动副的传动比；确定带轮直径、齿轮齿数；布置、排列齿轮，绘制传动系统图。

3.2.1 转速图的概念

转速图是分析和设计机床变速系统的重要工具。转速图由"三线一点"组成：传动轴线、转速线、传动线和转速点。

图 3-2(a) 是某机床主传动系统图，其传动路线表达式是：

$$主电动机 \begin{pmatrix} 1440r/min \\ 4kW \end{pmatrix} - \frac{\phi126}{\phi256} - I - \begin{bmatrix} \frac{36}{36} \\ \frac{30}{42} \\ \frac{24}{48} \end{bmatrix} - II - \begin{bmatrix} \frac{42}{42} \\ \frac{22}{62} \end{bmatrix} - III - \begin{bmatrix} \frac{60}{30} \\ \frac{18}{72} \end{bmatrix} - IV(主轴)$$

图 3-2(b) 为该传动系统的转速图。

(1) 传动轴线

间距相同的竖直线，表示各传动轴，自左而右依次标注 0，I，II，III，IV，与传动系统图的各轴对应。在转速图上的竖直线间的距离不表示各轴实际中心距。

(2) 转速线

间距相同的水平线，表示转速的对数坐标。由于主轴转速是等比数列，则相邻两转速有下列关系

$$\frac{n_2}{n_1} = \varphi, \qquad \frac{n_3}{n_2} = \varphi \cdots \frac{n_z}{n_{z-1}} = \varphi$$

两边取对数，得

$$lgn_2 - lgn_1 = lg\varphi, \ lgn_3 - lgn_2 = lg\varphi \cdots lgn_z - lgn_{z-1} = lg\varphi$$

可见，任意相邻两转速的对数之差均为同一数 $lg\varphi$，将转速坐标取为对数坐标时，则任意相邻两转速都相距一格。为了方便，转速图上不写 $lg\varphi$ 符号，而是直接标出转速值（即对数真值）。转速线间距大小，并不代表公比 φ 的数值大小。

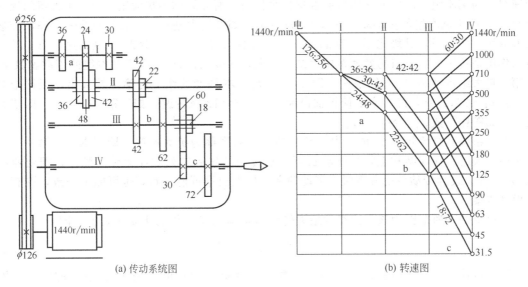

(a) 传动系统图 (b) 转速图

图 3-2 机床主传动系统

（3）转速点

一组水平线与竖直线相交的圆圈交点，表示该轴具有的转速。如Ⅳ轴（主轴）上的 12 个圆点，表示具有 12 级转速。

（4）传动线

传动轴线间的转速点连线，表示相应传动副的传动比。传动线（或称传动比连线）的三个特点是：

① 传动线的高差表明传动比的数值，传动线的倾斜程度反映传动比的大小。传动线水平，表示等速传动，$u=1$；传动线向下方倾斜（按传动方向由主动转速点引向从动转速点），表示降速传动，$u<1$；反之，传动线向上方倾斜，表示升速传动，$u>1$。倾斜程度越大，表示降速比或升速比也越大。

② 一个主动转速点引出的传动线数目表示该变速组中不同传动比的传动副数。如第一变速组，由Ⅰ轴的主动转速点向Ⅱ轴引出三条传动线，表示该变速组有三对传动副。

③ 两条传动轴线间相互平行的传动线表示同一个传动副的传动比。如第三变速组（c 组），当Ⅲ轴为 710r/min 时，通过升速传动副（60∶30）使主轴得到 1400r/min，因Ⅲ轴共有 6 级转速，通过该传动副可使主轴得到 6 级高转速 250～1400r/min，所以上斜的 6 条平行传动线都表示同一个升速传动副的传动比。

综上所述，转速图可以清楚地表示：主轴各级转速的传动路线；主轴得到这些转速所需的变速组数目及每个变速组中的传动副数；各个传动比的数值；传动轴的数目；传动顺序及各轴的转速级数与大小。

3.2.2 变速规律

图 3-2 所示的机床主轴 12 级转速是由三个变速传动组（简称变速组或传动组）串联实现的。这是主传动变速系统的基本型式，称为基型变速系统（或常规变速系统），即以单速电动机驱动，由若干变速组串联，使主轴得到既不重复又排列均匀（指单一公比）的等比数列转速的变速系统。

通常，将变速组内相邻两传动比之比称为级比，用 φ^{x_i} 表示；相邻两传动比相距的格数称为级比指数，用 x_i 表示。设计时要使主轴转速为连续的等比数列，必须有一个变速组的级比指数为 1，这个变速组称为基本组。基本组的级比指数用 x_0 表示，即 x_0-1。如本例的

变速组 a 为基本组。后面变速组因起变速扩大作用，所以统称为扩大组。第一扩大组的级比指数 x_1，等于基本组的传动副数 p_0，即 $x_1 = p_0$。如本例中基本组的传动副数 $p_0 = 3$，变速组 b 为第一扩大组，其级比指数为 $x_1 = 3$。经扩大后，Ⅲ轴得到 $3 \times 2 = 6$ 级转速。第二扩大组的作用是将第一扩大组的变速范围第二次扩大，其级比指数 x_2 等于基本组的传动副数 p_0 和第一扩大组传动副数 p_1 的乘积，即 $x_2 = p_0 p_1$，本例变速组 c 为第二扩大组，级比指数 $x_2 = p_0 p_1 = 3 \times 2 = 6$，经扩大后使Ⅳ轴得到 $3 \times 2 \times 2 = 12$ 级转速。如有第 j 扩大组，则依此类推，其级比指数 $x_j = p_0 p_1 \cdots p_{j-1}$。

变速组按其级比指数 x_i 值，由小到大的排列顺序称为扩大顺序，即基本组、第一、第二……扩大组；而在结构上，由电动机到主轴传动的先后排列顺序为传动顺序，即变速组 a、b、c 等。设计传动系统方案时，传动顺序和扩大顺序可能一致，也可能不一致，可有多种设计方案。

变速组的变速范围为该变速组的最大传动比 $u_{i\max}$ 与最小传动比 $u_{i\min}$ 之比，即

$$r_i = \frac{u_{i\max}}{u_{i\min}} = \varphi^{x_i(p_i-1)} \tag{3-1}$$

综上所述，各变速组的级比、级比指数和变速范围的数值见表 3-1。主轴的转速范围（或变速范围）R_n 等于各变速组的变速范围的乘积，即

$$R_n = r_0 r_1 \cdots r_i \cdots r_j \tag{3-2}$$

主轴的转速级数为

$$Z = p_0 p_1 p_2 \cdots$$

表 3-1　各变速组的级比、级比指数和变速范围

变速组	传动副数 p_i	级比指数 x_i	级比 φ^{x_i}	变速范围 r_i
基本组	p_0	$x_0 = 1$	$\varphi^{x_0} = \varphi$	$r_0 = \varphi^{x_0(p_0-1)} = \varphi^{(p_0-1)}$
第一扩大组	p_1	$x_1 = p_0$	$\varphi^{x_1} = \varphi^{p_0}$	$r_1 = \varphi^{x_1(p_1-1)} = \varphi^{p_0(p_1-1)}$
第二扩大组	p_2	$x_2 = p_0 p_1$	$\varphi^{x_2} = \varphi^{p_0 p_1}$	$r_2 = \varphi^{x_2(p_2-1)} = \varphi^{p_0 p_1(p_2-1)}$
...	...	...	...	...
第 i 扩大组	p_i	$x_i = p_0 p_1 p_2 \cdots p_{i-1}$	$\varphi^{x_i} = \varphi^{p_0 p_1 p_2 \cdots p_{i-1}}$	$r_i = \varphi^{x_i(p_i-1)} = \varphi^{p_0 p_1 p_2 \cdots (p_i-1)}$
...	...	...	...	...
第 j 扩大组	p_j	$x_j = p_0 p_1 p_2 \cdots p_{j-1}$	$\varphi^{x_j} = \varphi^{p_0 p_1 p_2 \cdots p_{j-1}}$	$r_j = \varphi^{x_j(p_j-1)} = \varphi^{p_0 p_1 p_2 \cdots (p_j-1)}$

3.2.3　结构网与结构式

结构网或结构式用于分析和比较不同的传动系统设计方案，它与转速图的主要差别是：结构网只表示传动比的相对关系，而不表示传动比和转速的绝对值，而且结构网上代表传动比的射线呈对称分布，如图 3-3 所示。结构网也可写成结构式，结构式能够表示变速系统最主要的三个变速参量（主轴转速级数、各变速组的传动副数、各变速组的级比指数）。图3-3对应的结构式为 $12 = 3_1 \times 2_3 \times 2_6$。其中，12 表示主轴的变速级数，3，2，2 分别表示按传动顺序排列的各变速组的传动副数，即第一变速组 a 的传动副数为3，第二变速组 b 的传动副数为2，第三变速组 c 的传动副数为2。结构式中的下标1，3，6 分别表示各变速组中相邻两传动比相距的格数。

结构网或结构式与转速图具有一致的变速特性，但转速图表达得具体、完整，转速和传动比是绝对数值；而结构网和结构式表达变速特性较简单、直观，转速和传动比是相对数值。

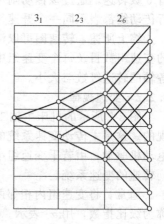

图 3-3　12 级传动系统结构网

结构网比结构式更直观，结构式比结构网更简单。结构式与结构网的表达内容相同，二者是对应的。

3.2.4　拟定转速图的方法

拟定转速图的一般步骤为：确定变速组数及各变速组的传动副数；安排变速组的传动顺序，拟定结构式（网）；分配传动副传动比，绘制转速图。现通过实例，分析如下。

【例 3-1】 某中型数控车床主轴最低转速为 $n_1 = 31.5 \mathrm{r/min}$，转速级数 $Z = 12$，公比 $\varphi = 1.41$，电动机转速 $n_{电} = 1440 \mathrm{r/min}$，试拟定其主传动系统转速图。

解：由 Z、φ、n_1 可知主轴的各级转速（单位均为 r/min）应为：31.5、45、63、90、125、180、250、355、500、710、1000、1400。

（1）变速组和传动副数的确定

变速组和传动副数可能的方案有：

$$12 = 4 \times 3 \qquad\qquad 12 = 3 \times 4$$
$$12 = 3 \times 2 \times 2 \qquad 12 = 2 \times 3 \times 2 \qquad 12 = 2 \times 2 \times 3$$

上述第一行方案可以省掉一根轴，缺点是有一个变速组内有四个传动副。如果用一个四联滑移齿轮，则会增加轴向尺寸；如果用两个双联滑动齿轮，则操纵机构必须互锁以防止两个滑移齿轮同时啮合。所以一般少用。

第二行的三个方案可根据下述原则比较：从电动机到主轴，一般为降速传动。接近电动机处的零件，转速较高，从而转矩较小，尺寸也就较小。如传动副较多的变速组放在接近电动机处，则可使小尺寸的零件多些，大尺寸的零件就可以少些，这就是"前多后少"的原则。从这个角度考虑，取 $12 = 3 \times 2 \times 2$ 的方案为好。

（2）结构网或结构式各种方案的选择

在 $12 = 3 \times 2 \times 2$ 中，又因基本组和扩大组排列顺序的不同而有不同的方案。可能的六种方案，其结构式如下。

a：$12 = 3_1 \times 2_3 \times 2_6$　　c：$12 = 3_2 \times 2_1 \times 2_6$　　e：$12 = 3_2 \times 2_6 \times 2_1$

b：$12 = 3_1 \times 2_6 \times 2_3$　　d：$12 = 3_4 \times 2_1 \times 2_2$　　f：$12 = 3_4 \times 2_2 \times 2_1$

在这些方案中，可根据下列原则选择最佳方案。

① 传动副的极限传动比和变速组的极限变速范围　若用齿轮传动，在降速时，为防止从动齿轮的直径过大而使径向尺寸太大，常限制最小传动比 $i_{min} \geqslant 1/4$。在升速时，为防止产生过大的振动和噪声，常限制最大传动比 $i_{max} \leqslant 2$。如用斜齿轮传动，则 $i_{max} \leqslant 2.5$。因此，主传动链任一变速组的最大变速范围为 $r_{max} = i_{max}/i_{min} \leqslant 8 \sim 10$。

对于进给传动链，由于转速通常较低，零件尺寸也较小，上述限制可放宽，为 $1/5 \leqslant i_{进} \leqslant 2.8$，故 $r_{进max} \leqslant 14$。

在检查变速组的变速范围时，只需检查最后一个扩大组，因为其他变速组的变速范围都比它小。

方案 a ～方案 c、方案 e 的第二扩大组 $x_2 = 6$，$p_2 = 2$，则 $r_2 = \varphi^{6(2-1)} = \varphi^6$。当 $\varphi = 1.41$，则 $r = 1.41^6 = 8 = r_{max}$，是可行的。方案 d 和方案 f，$x_2 = 4$，$p_2 = 3$，则 $r_2 = \varphi^{4 \times (3-1)} = 1.41^8 = 16 > r_{max}$，是不可行的。

② 基本组和扩大组的排列顺序　在可行的方案 a ～方案 c 中，原则是选择中间传动轴（本例如轴Ⅱ、Ⅲ）变速范围最小的方案。因为如果各方案同一传动轴的最高转速相同，则变速范围小的，最低转速较高，转矩较小，传动件的尺寸也就可以小些。画出四种方案的结构网进行比较，可以看出方案 a 的中间传动轴变速范围较小，方案 e 的较大，原因是方案 a 的扩大顺序与传动顺序一致，方案 e 不一致，故方案 a 最佳，即如果没有别的要求，则应尽量使扩大顺序与传动顺序一致。

③ 分配传动比，绘制转速图　电动机和主轴的转速是已定的，当选定了结构网或结构式后，就可分配各传动副的传动比并确定中间轴的转速，再加上定比传动，就可画出转速图。中间轴的转速如果能高一些，传动件的尺寸也就可以小一些。但是，中间轴如果转速过高，将会引起过大振动、发热和噪声。通常，希望齿轮的线速度不超过 12～15m/s。对于中型车、钻、铣等机床，中间轴的最高转速不宜超过电动机的转速。对于小型机床和精密机床，由于功率较小，传动件不会太大，这时振动、发热和噪声应该是考虑的主要问题，因此，更要注意限制中间轴的转速，不使其过高。

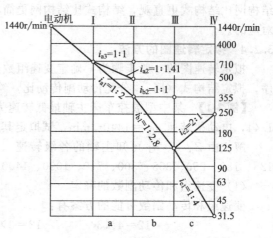

图 3-4　转速图的拟定

本例所选定的结构式共有三个变速组 a、b、c。变速机构共需 4 根轴，加上电动机轴共 5 根轴（电动机到 I 轴为定比带传动），故转速图需 5 条竖线，如图 3-4 所示。主轴共 12 级转速，电动机轴转速与主轴最高转速相近，故需 12 条横线。然后，标注主轴的各级转速及电动机轴的转速。

为使传动系统结构紧凑，尺寸小，在振动、噪声满足要求的前提下，应使传动件尽量工作在较高转速（转矩小）。本例从电动机到主轴总是降速趋势，按 "前慢后快" 的原则，首先分配最大降速路线上各传动副的传动比，即

$$i_{带} = 710/1440 \approx \varphi^{-2}, \quad i_{a1} = \varphi^{-2}, \quad i_{b1} = \varphi^{-3}, \quad i_{c1} = \varphi^{-4}$$

据各变速组的级比、级比指数确定其他各传动副的传动比，如图 3-4 所示。检验各传动比，均未超出极限值。最后，在图 3-4 上补全各连线，就可以得到如图 3-2（b）所示那样的转速图。

3.2.5　齿轮齿数的确定

齿轮的齿数取决于传动比和径向尺寸要求。在同一变速组中，若模数相同，且不采用变位齿轮时，则传动副的齿数和相同，若模数不同，则齿数和 S 与模数 m 成反比，即

$$\frac{S_1}{S_2} = \frac{m_2}{m_1} \tag{3-3}$$

若 z_1、z_2 分别为某传动副的主、从动轮齿数，则

$$z_1 + z_2 = S$$

$$z_1 = \frac{i}{1+i}S \qquad z_2 = \frac{1}{1+i}S = S - z_1 \tag{3-4}$$

为减小传动副的径向尺寸，应尽量减小齿数和，但是传动副中，最少齿数的齿轮受根切条件限制以及根圆直径要满足装到一定直径传动轴上的强度要求，齿数不能太少，一般取 $S \leqslant 70 \sim 120$。

对于三联滑移齿轮，当采用标准齿轮且模数相同时，最大齿轮与次大齿轮的齿数差应大于 4，以避免滑移过程中的齿顶干涉。

3.2.6　主传动系统计算转速

设计机床主传动系统时，为了使传动件工作可靠、结构紧凑，必须对传动件进行动力计算。主轴及其他传动件（如传动轴、齿轮及离合器等）的结构尺寸主要根据所传递的转矩大小来决定，即与传递的功率和转速这两个因素有关。机床变速传动链内的零件，有的转速是

恒定的，如图 3-2 中的轴Ⅰ、带传动副和传动组 a 中的齿轮；有的转速是变化的，如其余各轴和各传动组的齿轮。变速传动件应该根据哪一个转速进行动力计算，就是本节计算转速要解决的问题。

3.2.6.1 机床的功率转矩特性

由切削理论可知，切削速度对切削力的影响是不大的。因此，做直线运动的执行件，如龙门刨床的工作台传动和拉床以及直线进给运动的执行件等，可以认为不论在什么速度下，都有可能承受最大切削力。驱动直线运动执行件的传动件，在所有转速下都可能出现最大转矩。因此，认为是恒转矩的。

执行件做旋转运动的传动系统则有所不同。主轴转速不仅取决于切削速度而且还决定于工件（如车床）或刀具（如钻床、铣床）的直径。较低转速多用于大直径刀具或加工大直径工件，这时要求的输出转矩增大了。因此，旋转主运动链的变速机构，输出转矩与转速成反比，基本上是恒功率的。

通用机床的应用范围广，变速范围大，使用条件也复杂，主轴实际的转速和传递的功率，也就是承受的转矩是经常变化的。例如，通用车床主轴转速范围的低速段，常用来切削螺纹、铰孔或精车等，消耗的功率较少，计算时如按传递全部功率算，将会使传动件的尺寸不必要地增大，造成浪费。在主轴转速的高速段，由于受电动机功率的限制，背吃刀量和进给量不能太大，传动件所受的转矩随转速的增加而减少。

主轴所传递的功率或转矩与转速之间的关系，称为机床主轴的功率或转矩特性，如图 3-5 所示，主轴从最高转速 n_{max} 到计算转速 n_j 间，应能传递运动源的全部功率。在这个区域内，主轴的最大输出转矩应随转速的降低而加大，称为恒功率区，从 n_j 以下直到最低转速 n_{min}，这个区域内的各级转速并不需要传递全

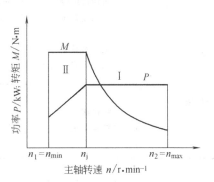

图 3-5 功率转矩特性

部功率。主轴的输出转矩不再随转速的降低而加大，而是保持 n_j 时的转矩不变。所能传递的功率，则随转速的降低而降低。n_j 是主轴能传递全功率的最低转速，称为主轴的计算转速。机床主轴在整个转速范围内，以计算转速为界，分为两个区域：计算转速 n_j 及以上，直到 n_{max}，为恒功率区域Ⅰ；计算转速 n_j 以下，直到 n_{min}，为恒转矩区域Ⅱ。传动链中其余传动件的计算转速，可根据主轴的计算转速及转速图决定。传递全功率的最低转速，就是该零件的计算转速。

主轴的计算转速因机床种类而异。应用范围广，变速范围宽，计算转速可取得高些；应用范围窄，变速范围小，计算转速应取得低些。数控机床由于工艺范围广，变速范围宽，计算转速较普通机床高，一般应根据调查统计和实际使用情况确定。各类机床的主轴计算转速见表 3-2。

3.2.6.2 传动件计算转速的确定

变速传动系统中的传动件包括轴和齿轮，它们的计算转速可根据主轴的计算转速和转速图确定。确定的顺序通常是先定出主轴的计算转速，再顺次由后向前定出各传动轴的计算转速，然后再确定齿轮的计算转速。现举例加以说明。

【例 3-2】 试确定图 3-2 所示车床的主轴、各传动轴和齿轮的计算转速。

解：（1）主轴的计算转速

由表 3-2 可知，主轴的计算转速是低速第一个三分之一变速范围的最高一级转速，即 $n_j = 90\text{r/min}$。

表 3-2　各类机床的主轴计算转速

机床类型		计算转速 n_j	
		等公比传动	混合公比或无级调速
中型通用机床和使用较广的半自动机床	车床，升降台铣床，转塔车床，液压仿形半自动车床，多刀半自动车床，单轴自动车床，多轴自动车床，立式多轴半自动车床 卧式镗铣床（$\phi 63 \sim 90mm$）	$n_j = n_{min}\varphi^{z/3-1}$ n_j 为主轴第一个（低的）三分之一转速范围内的最高一级转速	$n_j = n_{min}\left(\dfrac{n_{max}}{n_{min}}\right)^{0.3}$
	立式钻床，摇臂钻床，滚齿机	$n_j = n_{min}\varphi^{z/4-1}$ n_j 为主轴第一个（低的）四分之一转速范围内的最高一级转速	$n_j = n_{min}\left(\dfrac{n_{max}}{n_{min}}\right)^{0.25}$
大型机床	卧式车床（$\phi 1250 \sim 4000mm$）单柱立式车床（$\phi 1400 \sim 3200mm$） 单柱可移动式立式车床（$\phi 1400 \sim 1600mm$） 双柱立式车床（$\phi 3000 \sim 12000mm$） 卧式镗铣床（$\phi 110 \sim 160mm$） 落地式镗铣床（$\phi 125 \sim 160mm$）	$n_j = n_{min}\varphi^{z/3}$ n_j 为主轴第二个三分之一转速范围内的最低一级转速	$n_j = n_{min}\left(\dfrac{n_{max}}{n_{min}}\right)^{0.35}$
高精度和精密机床	落地式镗铣床（$\phi 160 \sim 260mm$） 主轴箱可移动的落地镗铣床（$\phi 125 \sim 300mm$）	$n_j = n_{min}\varphi^{z/2.5}$	$n_j = n_{min}\left(\dfrac{n_{max}}{n_{min}}\right)^{0.4}$
	坐标镗床 高精度车床	$n_j = n_{min}\varphi^{z/4-1}$ n_j 为主轴第一个（低的）四分之一转速范围内的最高一级转速	$n_j = n_{min}\left(\dfrac{n_{max}}{n_{min}}\right)^{0.25}$

（2）各传动轴的计算转速

Ⅲ轴共有 6 级实际工作转速 125~710r/min。Ⅲ轴若经齿轮副 18/72 传动主轴，只有 355~710r/min 的 3 级转速才能传递全部功率；若经齿轮副 60/30 传动主轴，则 125~710r/min 的 6 级转速都能传递全部功率；因此，Ⅲ轴具有的 6 级转速都能传递全部功率。其中，能够传递全部功率的最低转速为 125r/min，即为Ⅲ轴的计算转速。

其余依此类推，可得各轴的计算转速，见表 3-3。

表 3-3　各传动轴计算转速

轴序号	Ⅰ	Ⅱ	Ⅲ	Ⅳ
计算转速 $n_j/r \cdot min^{-1}$	710	355	125	90

（3）齿轮的计算转速

传动组 c 中，$z=18$ 的齿轮装在Ⅲ轴上，从转速图可知，它共有 125~710r/min 的 6 级转速，其中 355~710r/min 的 3 级转速能传递全部功率，而 125~250r/min 的 3 级转速，不能传递全部功率。因此，$z=18$ 能够传递全部功率的 3 级转速为 355r/min、500r/min、710r/min。其中最低转速 355r/min 即为 $z=18$ 齿轮的计算转速。$z=72$ 的齿轮装在Ⅳ轴上，共有 31.5~180r/min 的 6 级转速，其中只有 90~180r/min 这 3 级转速才能传递全部功率，最低转速 90r/min 即为 $z=72$ 的计算转速。而传动组 c 中，$z=30$ 的计算转速 $n_j = 250r/min$。传动组 b 中，$z=22$ 的计算转速 $n_j = 355r/min$。传动组 a 中，$z=24$ 的计算转速 $n_j = 710r/min$。各齿轮计算转速如表 3-4。

<table>
<tr><td>齿轮序号</td><td>z_{126}</td><td>z_{256}</td><td>z_{36}</td><td>z_{36}</td><td>z_{30}</td><td>z_{42}</td><td>z_{24}</td><td>z_{48}</td><td>z_{42}</td><td>z_{42}</td><td>z_{22}</td><td>z_{62}</td><td>z_{60}</td><td>z_{30}</td><td>z_{18}</td><td>z_{72}</td></tr>
<tr><td>计算转速 $n_j/r \cdot min^{-1}$</td><td>1440</td><td>710</td><td>710</td><td>710</td><td>710</td><td>500</td><td>710</td><td>355</td><td>355</td><td>355</td><td>355</td><td>125</td><td>125</td><td>250</td><td>355</td><td>90</td></tr>
</table>

表 3-4 各齿轮的计算转速

应该指出，各齿轮计算转速与所在轴计算转速的数值可能不一样，所以在设计计算中要根据转速图的具体情况来确定。

3.3 无级变速传动链的设计

数控机床的主运动广泛采用无级变速，这不仅能使其在一定的调速范围内选择到合理的切削速度，而且还能在运转中自动变速。无级调速有机械、液压和电气等多种形式，数控机床一般都采用由直流或交流调速电动机作为驱动源的电气无级调速。由于数控机床主运动的调速范围较宽，一般情况下单靠调速电动机无法满足；另一方面调速电动机的功率和转矩特性也难以直接与机床的功率和转矩要求完全匹配。因此，需要在无级调速电动机之后串联机械分级变速传动，以满足调速范围和功率、转矩特性的要求。

3.3.1 无级变速装置的分类

无级变速是指在一定范围内，转速（或速度）能连续地变换，从而获取最有利的切削速度。机床主传动中常采用的无级变速装置有三大类：变速电动机、机械无级变速装置和液压无级变速装置。

（1）变速电动机

机床上常用的变速电动机有直流电动机和交流变频电动机，在额定转速以上为恒功率变速，通常调速范围仅为 2～3；额定转速以下为恒转矩变速，调整范围很大，可达 30 甚至更大。上述功率和转矩特性一般不能满足机床的使用要求。为了扩大恒功率调速范围，在变速电动机和主轴之间串联一个分级变速箱。广泛用于数控机床、大型机床中。

（2）机械无级变速装置

机械无级变速装置有柯普（Koop）型、行星锥轮型、分离锥轮钢环型和宽带型等多种结构，它们都是利用摩擦力来传递转矩，通过连续地改变摩擦传动副工作半径来实现无级变速。由于它的变速范围小，多数是恒转矩传动，通常较少单独使用，而是与分级变速机构串联使用，以扩大变速范围。机械无级变速器应用于要求功率和变速范围较小的中小型车床、铣床等机床的主传动中，更多地是用于进给变速传动中。

（3）液压无级变速装置

液压无级变速装置通过改变单位时间内输入液压缸或液动机中液体的油量来实现无级变速。它的特点是变速范围较大、变速方便、传动平稳、运动换向时冲击小、易于实现直线运动和自动化。常用在主运动为直线运动的机床中，如刨床、拉床等。

3.3.2 机械无级变速与分级变速机构的串联

（1）实现连续的无级变速系统的条件

机械无级变速器的变速范围都较小，一般只能达到 10 左右，通常无级变速器的变速范围 $r_s = 4～6$，它远远不能满足现代通用机床变速范围的要求。因此，机械无级变速器需串联有级变速箱，以扩大其变速范围。

设 φ_f 为分级变速机构的公比，则实现连续的无级变速系统的条件为：

$$r_s > \varphi_f$$

通常，在传动系统中机械无级变速器用作基本组，有级变速箱则为扩大组，理论上 φ_f

应等于无级变速器的变速范围 r_s，如图 3-6(a) 所示，实际上，由于机械无级变速器属于摩擦传动，有相对滑动现象，往往得不到理论的变速范围 r_s，这样就可能出现转速的间断。为了得到连续的无级变速，应使有级变速箱的公比 φ_f 略小于无级变速器的变速范围 r_s，如图 3-6(b) 所示，使中间转速有一段重复，以防止因相对滑动所造成的转速不连续的现象。

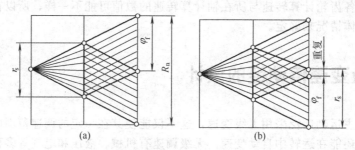

图 3-6　无级变速器的结构网

(2) 机床主轴变速范围

设机床主轴的变速范围为 R_n，无级变速器的变速范围为 r_s，串联的有级变速箱的变速范围为 r_f，则

$$R_n = r_s r_f \tag{3-5}$$

(3) 分级变速机构的变速级数

考虑无级变速器相对滑动现象，一般取 $\varphi_f = (0.94 \sim 0.96) r_s$，有

$$Z = \frac{\lg r_f}{\lg \varphi_f} + 1 \tag{3-6}$$

【例 3-3】　设机床主轴的变速范围 $R_n = 64$，无级变速器的变速范围 $r_s = 8$，设计机械分级变速箱，求出其级数，并画出结构网。

解： 机械分级变速箱的变速范围为

$$r_f = \frac{R_n}{r_s} = \frac{64}{8} = 8$$

机械分级变速箱的公比为

$$\varphi_f = (0.94 \sim 0.96) r_s = 0.95 \times 8 = 7.6$$

分级变速箱的级数为

$$Z = \frac{\lg r_f}{\lg \varphi_f} + 1 = \frac{\lg 8}{\lg 7.6} + 1 = 2$$

结构网如图 3-6(b) 所示。

3.3.3　采用直流或交流电动机无级调速

3.3.3.1　调速电动机的功率和转矩特性

机床上常用的无级变速机构为直流或交流调速电动机。直流电动机从额定转速 n_d 向上至最高转速 n_{max}，是用调节磁场电流（简称调磁）的办法来调速的，属于恒功率；从额定转速 n_d 向下至最低转速 n_{min}，是用调节电枢电压（简称调压）的办法来调速的，属恒转矩。通常，额定转速 $n_d = 1000 \sim 2000 \text{r/min}$，恒功率调速范围为 $2 \sim 4$，恒转矩调速范围则很大，可达几十甚至超过一百。

交流调速电动机靠调节供电频率的办法调速。因此常称为调频主轴电动机。通常，额定转速 $n_d = 1500 \text{r/min}$，的功率转矩特性额定转速向上至最高转速 n_{max} 为恒功率，调速范围为 $3 \sim 5$；额定转速 n_d 至最低转速 n_{min} 为恒转矩，调速范围为几十甚至超过一百。

直流和交流调速电动机的功率转矩特性见图 3-7。交流调速电动机由于体积小，转动惯性小，动态响应快，没有电刷，能达到的最高转速比同功率的直流电动机高，磨损和故障也少。现在，在中、小功率领域，交流调速电动机已占优势，应用更加广泛。

伺服电动机和脉冲步进电动机都是恒转矩的，而且功率不大，所以只能用于直线进给运动和辅助运动。

基于上述分析可知，如果直流或交流调速电动机用于拖动直线运动执行机构，例如龙门刨床工作台（主运动）或立式车床刀架（进给运动），可直接利用调速电动机的恒转矩调速范围，用电动机直接带动或通过定比减速齿轮拖动执行机构。

如果直流或交流调速电动机用于拖动旋转运动，例如拖动主轴，则由于主轴要求的恒功率调速范围远大于电动机所能提供的恒功率范围，常用串联分级变速箱的办法来扩大其恒功率调速范围。

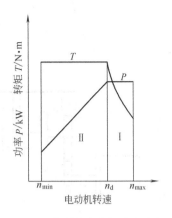

图 3-7　直流和交流调速电动机的功率转矩特性

Ⅰ—恒功率区；Ⅱ—恒转矩区

3.3.3.2　驱动电动机和主轴功率特性的匹配设计

在设计数控机床主传动时，必须考虑电动机与机床主轴功率特性匹配问题。由于主轴要求的恒功率变速范围 R_{np} 远大于电动机的恒功率变速范围 R_{dp}，所以在电动机与主轴之间要串联一个分级变速箱，以扩大其恒功率调速范围，满足低速大功率切削时对电动机的输出功率的要求。

在设计分级变速箱时，考虑机床结构复杂程度、运转平稳性要求等因素，变速箱公比的选取有下列三种情况：

① 取变速箱的公比 φ_f 等于电动机的恒功率调速范围 R_{dp}，即 $\varphi_f = R_{dp}$，功率特性图是连续的，无缺口和无重合。如变速箱的变速级数为 Z，则主轴的恒功率变速范围 R_{np} 等于

$$R_{np} = \varphi_f^{Z-1} R_{dp} = \varphi_f^Z \tag{3-7}$$

变速箱的变速级数 Z 可由下式算出

$$Z = \frac{\lg R_{np}}{\lg \varphi_f} \tag{3-8}$$

【例 3-4】　有一数控机床，主轴最高转速为 4000r/min，最低转速为 30r/min，计算转速为 150r/min。最大切削功率为 5.5kW。采用交流调频主轴电动机，额定转速为 1500r/min，最高转速为 4500r/min。设计分级变速箱的传动系统并选择电动机的功率。

解：主轴要求的恒功率调速范围

$$R_{np} = 4000/150 = 26.7$$

电动机的恒功率调速范围

$$R_{dp} = 4500/1500 = 3$$

主轴要求的恒功率调速范围远大于电动机所能提供的恒功率调速范围，故必须配以分级变速箱。如取变速箱的公比

$$\varphi_f = R_{dp} = 3$$

则由于无级变速时

$$R_{np} = \varphi_f^{Z-1} R_{dp} = \varphi_f^Z$$

故变速箱的变速级数

$$Z = \frac{\lg R_{np}}{\lg \varphi_f} = \frac{\lg 26.7}{\lg 3} = 2.99$$

取 $Z=3$。传动系统和转速图见图 3-8(a)、(b)，图 3-8(c) 为主轴的功率特性。从图 3-8

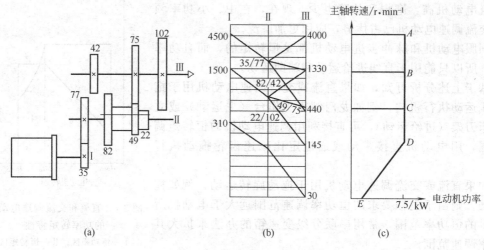

图 3-8 无级变速主运动链

(b) 可看出，电动机经 35/77 定比传动降速后，如果经 82/42 传动主轴，则当电动机转速从 4500r/min 降至 1500r/min（恒功率区），主轴转速从 4000r/min 降至 1330r/min。在图 3-8 (c) 中就是 AB 段。主轴转速再需下降时变速箱变速，经 49/75 传动主轴。电动机又恢复从 4500r/min 降至 1500r/min，主轴则从 1330r/min 降至 440r/min。在图 3-8（c）中就是 BC 段。同样，当经 22/102 传动主轴时，主轴转速为 440～145r/min，图 3-8（c）中是 CD 段。可见，主轴从 4000～145r/min 的恒功率，是由 AB、BC、CD 三段接起来的。从 145r/min 至 30r/min，电动机从 1500r/min 降至 310r/min，属电动机的恒转矩区。图 3-8（c）中为 DE 段。如取总效率为 $\eta=0.75$，则电动机功率 $P=5.5/0.75=7.3$kW。可选用北京数控设备厂的 BESK-8 型交流主轴电动机，连续额定输出为 7.5kW。

② 若要简化变速箱结构，变速级数应少些，变速箱公比 φ_f 可取大于电动机的恒功率调速范围 R_{dp}，即 $\varphi_f > R_{dp}$。这时，变速箱每挡内有部分低转速只能恒转矩变速，主传动系统功率特性图中出现"缺口"，称为功率降低区。使用"缺口"范围内的转速时，为限制转矩过大，得不到电动机输出的全部功率。为保证缺口处的输出功率，电动机的功率应相应增大。

图 3-9 是一台加工中心的主轴箱展开图，图 3-10 是它的主传动系统图，图 3-11（a）是它的转速图。机床主电动机采用交流调速电动机，连续工作额定功率为 18.5kW，30min 工作最大输出功率为 22kW。电动机经中间轴 3、锥环 2 和无键连接驱动的齿轮 1，经两级滑移齿轮变速传至主轴，滑移齿轮中的大齿轮套在小齿轮上，大齿轮的左侧是齿数、模数与小齿轮相同的内齿轮，两者组成齿轮离合器，将大小齿轮连成一体。

交流调速主电动机额定转速为 1500r/min，最高转速为 4000r/min。电动机恒功率调速范围 $R_{dp}=4000/1500=2.67$，主轴恒功率变速范围

$$R_{np}=n_{max}/n_j=4000/113=35.4$$

变速箱的变速级数 $Z=2$，变速箱的公比为

$$\lg\varphi_f=\lg R_{np}/Z=\lg 35.4/2=0.7745$$

$$\varphi_f=5.95$$

φ_f 比 R_{dp} 值大许多，在主轴的功率特性图中将出现较大的"缺口"，如图 3-11（b）所示。在缺口处的功率仅为

$$P=R_{dp}P_d/\varphi_f=2.67\times18.5/5.95=8.3\ (kW)$$

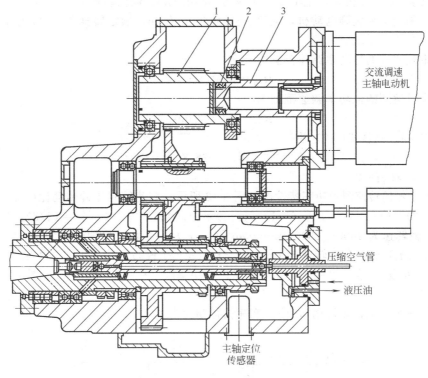

图 3-9　主轴箱展开图

1—齿轮；2—锥环；3—中间轴

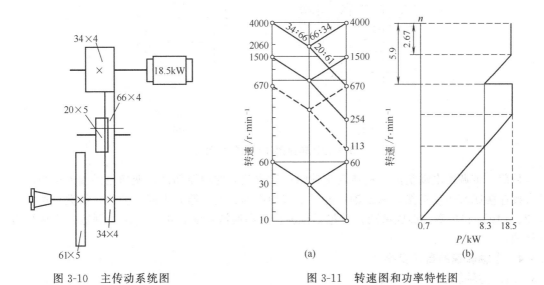

图 3-10　主传动系统图　　　　　图 3-11　转速图和功率特性图

③ 如果数控机床为了恒线速切削需在运转中变速时，取变速箱公比 φ_f 小于电动机的恒功率变速范围，即 $\varphi_f < R_{dp}$，在主传动系统功率特性图上有小段重合，这时变速箱的变速级数将增多，使结构变得复杂。适合于恒线速度切削时可在运转中变速的场合，如数控车床切削阶梯轴或端面的情况。在恒线速切削时，随着工件直径的变化，主轴转速也要随之而自动变化。这时不能用变速箱变速，必须用电动机变速。因为用变速箱变速时必须停车，这在连续切削时是不允许的。因此，可采用增加变速箱的变速级数 Z、降低公比 φ_f 的方法解决。

【例 3-5】 某数控机床，主轴最高转速为 4000r/min，最低转速为 40r/min，计算转速为 160r/min。采用交流调频电动机，最高转速为 4500r/min，额定转速为 1500r/min，设计分级变速箱的主传动系统。

解： 主轴要求的恒功率调速范围为

$$R_{np} = 4000/160 = 25$$

电动机可达到的恒功率调速范围为

$$R_{dp} = 4500/1500 = 3$$

如取 $Z = 4$，则从式(3-7)有

$$\varphi_f^{4-1} = 25/3$$

故 $\varphi_f = 2.03$，取 $\varphi_f = 2$。

分级变速箱的转速图和功率特性图如图 3-12 所示。变速箱有 4 种传动比$(1/1) \times (1/1) = (1/1)$；$(1/2) \times (1/1) = (1/2)$；$(1/1) \times (1/4) = (1/4)$；$(1/2) \times (1/4) = (1/8)$。传动比 i 为 1/1 时，主轴转速为 4000～1330r/min（ab 段）；i 为 1/2 时，主轴转速为 2000～667r/min（cd 段）；i 为 1/4 时，主轴转速为 1000～335r/min（ef 段）；i 为 1/8 时，主轴转速为 500～168r/min（fh 段）。这 4 段用的全是电动机的恒功率区，在主轴的功率特性图上出现小段重合。168～40r/min（hj 段）为恒转矩区。如果要求主轴转速在 800～1600r/min 范围内进行恒功率的不停车变速，则可用 cd 段，变速箱传动比为 1/2。

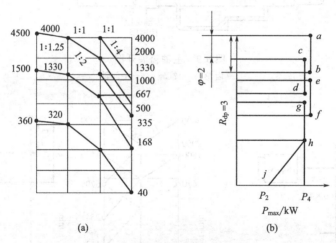

(a)　　　　　　　　(b)

图 3-12　转速图和功率特性图

目前，带调速电动机的分离传动变速箱已形成独立的功能部件。变速箱的输入轴与电动机直接连接或带传动连接，输出轴可通过带传动主轴。变速箱有不同的公比、级数（通常为 2、3、4 级）和功率，形成系列，并包括操纵机构和润滑系统，由专门工厂制造。机床厂可以外购。

3.3.4　主轴转速的自动变换

3.3.4.1　主轴转速自动变换过程

在采用调速电动机的主传动无级变速系统中，主轴的正、反启动与停止制动是直接控制电动机来实现的，主轴转速的变换则由电动机转速的变换与分挡变速机构的变换相配合来实现。由于主轴转速的二位 S 代码最多只有 99 种，即使是使用四位 S 代码直接指定主轴转速，也只能按一转递增，而且分级越多指令信号的个数越多，则越难于实现。因此，实际上将主轴转速按等比数列分成若干级，根据主轴转速的 S 代码发出相应的有级级数与电动机的调速信号来实现主轴的主动换速。电动机的驱动信号由电动机的驱动电路根据转速指令信号来转

换。齿轮有级变速则采用液压拨叉或电磁离合器实现。

例如，某数控车床的主运动变速系统采用交流变频调速电动机，通过分挡变速机构驱动主轴。为获得主轴的某一转速必须接通相应的分挡变速级数和调节电动机的运行频率。主轴转速范围为 9～1400r/min，主电动机功率为 7.5kW，额定转速为 1400r/min。S 代码转换计算实例如表 3-5 所示。

表 3-5　S 代码转换计算实例

挡位/传动比	S(转速代码)/r·min⁻¹	转换计算	对应输出频率/Hz
Ⅰ/8	9～350	5＋95/(350－9)×(S－9)	5～100
Ⅱ/4	351～700	50＋50/(700－351)×(S－351)	50～100
Ⅲ/2	701～1400	50＋50/(1400－701)×(S－701)	50～100

变速过程如下：

① 读入 S 值，判断速度对应哪一挡，并判断是否需要换挡，如不需要换挡，则在该挡转速范围内按线性插值求出新的速度值，输出至电动机变频驱动装置，调节电动机的转速；

② 如需要换挡，发降速指令，即换挡时对应 $f=5$Hz，经延时等速度稳定后，发换挡请求信号，换挡继电器动作，然后检测判断换挡结束信号，即等齿轮到位后，在新挡位内，根据 S 值按新的直线插值方法，求出新的转速值并输出至电动机变频驱动装置。

3.3.4.2　变速机构的自动变挡装置

常用的有通过液压拨叉变挡和用电磁离合器变挡两种形式。

（1）液压拨叉变挡　液压拨叉是一种用一只或几只液压缸带动齿轮移动的变速机构。最简单的二位液压缸可实现双联齿轮变速。对于三联或三联以上的齿轮换挡则需使用差动液压缸。图 3-13 所示为三位液压拨叉的工作原理图，三位液压拨叉由液压缸 1 与 5、活塞 2、拨叉 3 和套筒 4 组成，通过电磁阀改变不同的通油方式可获得三个位置。

当液压缸 1 通入液压油而液压缸 5 卸压时，活塞 2 便带动拨叉 3 向左移至极限位置；当液压缸 5 通入液压油而液压缸 1 卸压时，活塞 2 和套筒 4 一起移至右极限位置；当液压缸 1、5 同时通入液压油时，由于活塞 2 两端直径不同使其向左移动，而由于套筒 4 和活塞 2 截面直径不同，而使套筒 4 向右的推力大于活塞 2 向左的推力，因此套筒 4 压向液压缸的右端，而活塞 2 紧靠套筒 4 的右面，拨叉处于中间位置。

要注意的是，每个齿轮的到位需要有到位检测元件（如感应开关）检测，该信号有效说明变挡已经结束。对主轴驱动无级变速的场合，可采用数控系统控制主轴电动机慢速转动或振动来解决液压拨叉可能产生的顶齿问题。对于纯有级变速的恒速交流电动机驱动场合，通常在传动链上安置一个微电动机。正常工作时，离合器脱开；齿轮换挡时，主轴 M_1 停止工作而离合器吸合，微电动机 M_2 工作，带动主轴慢速转动。同时，液压缸移动齿轮从而顺利啮合，如图 3-14 所示。

液压拨叉需要附加一套液压装置，将电信号转换为电磁阀动作，再将压力油分至相应的液压缸，因而增加了复杂性。

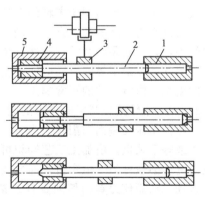

图 3-13　三位液压拨叉的工作原理图
1,5—液压缸；2—活塞；3—拨叉；4—套筒

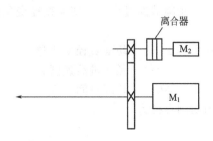

图 3-14　微电动机工作齿轮变挡示意图

（2）电磁离合器变挡　电磁离合器是应用电磁效应接通切断运行的元件。它便于实现自动化操作。但它的缺点是体积大，磁通易使机械零件磁化。在数控车床主传动中，使用电磁离合器能够简化变速机构，通过安装在各传动轴上离合器的吸合与分离，形成不同的运动组合传动路线，实现主轴变速。

在数控机床中常使用无滑环摩擦片式电磁离合器和牙嵌式电磁离合器。由于无滑环摩擦片式电磁离合器采用摩擦片传递转矩，所以允许不停车变速。但如果速度过高，会由于滑差运动产生大量的摩擦热。牙嵌式电磁离合器由于在摩擦面上制成一定的齿形，提高了传递转矩，减小了离合器的径向、轴向尺寸，使主轴结构更加紧凑，摩擦热减小。但牙嵌式电磁离合器必须在低速时（每分钟数转）变速。

3.3.5　主轴旋转与进给轴的同步控制

3.3.5.1　主轴旋转与轴向进给的同步控制

在螺纹加工中，为保证切削螺纹的螺距，必须有固定的起刀点与退刀点。螺纹螺距多数为常数，但有规律地递增或递减的变螺距螺纹的使用也越来越多。加工螺纹时，应使带动工件旋转的主轴转速与坐标轴的进给量保持一定的关系，即主轴每转一转，按所要求的螺距沿工件的轴向坐标进给相应的脉冲量。

通常，采用光电脉冲编码器作为主轴的脉冲发生器，并将其装在主轴上，与主轴一起旋转，检测主轴的转角、相位、零位等信号。常用的主轴脉冲发生器，每转的脉冲数为 1024，与坐标轴进给位置编码器一样，输出相位差为 90°的两相信号。这两相信号经 4 倍频后，每转变成 4096 个脉冲送给 CNC 装置。

主轴旋转时，编码器即发出脉冲。这些脉冲送给数控装置作为坐标轴进给的脉冲源，经过对节距计算后，发给坐标轴位置伺服系统，使进给量与主轴转速保持所要求的比率。通过改变主轴的旋转方向可以加工出左螺纹或右螺纹，而主轴方向是通过脉冲编码器发出正交的两相脉冲信号相位的先后顺序判别出来的。脉冲编码器还输出一个零位脉冲信号，对应主轴旋转的每一转，可以用于主轴绝对位置的定位。例如，在多次循环切削同一螺纹时，该零位信号可以作为刀具的切入点，以确保螺纹螺距不出现乱扣现象。也就是说，在每次螺纹切削进给前，刀具必须经过零位脉冲定位后才能切削，以确保刀具在工件圆周上按同一点切入。

另外，在加工螺纹时还应注意主轴转速的恒定性，以免因主轴转速的变化而引起跟踪误差的变化，影响螺纹的正常加工。

3.3.5.2　主轴旋转与径向进给的同步控制

数控车床在端面切削时，为了保证加工端面的平整光洁，就必须使该表面的表面粗糙度小于或等于某值。由加工工艺知识可知，要使表面粗糙度为某值，需保证工件与切削刃接触点处的切削速度为一恒定值，即恒线速度加工。由于在车削端面时，刀具要不断地做径向进给运动，从而使刀具的切削直径逐渐减小。由切削速度与主轴转速的关系 $v = 2\pi nd$ 可知，若保持切削速度 v 恒定不变，当切削直径 d 逐渐减小时，主轴转速必须逐渐增大。但也不能超过极限值。因此，数控装置必须设计相应的控制软件来完成主轴转速的调整。

车削端面过程中，切削直径变化的增量为

$$\Delta d_i = 2f\Delta t_i$$

式中　Δd_i——切削直径变化量；

　　　f——径向进给速度；

　　　Δt_i——切削时间。

则切削直径为

$$d_i = d_{i-1} - \Delta d_i$$

根据切削速度与主轴转速的关系，可以实时计算出主轴转速为

$$n_i = \frac{v}{2\pi d_i} \tag{3-9}$$

应当注意，计算出的主轴转速不能超过其允许的极限转速。

将计算出的主轴转速值送至主轴伺服系统，以保证主轴旋转与刀具径向进给之间的协调关系。

3.4　现代数控机床主传动系统

3.4.1　高速主传动设计

提高主传动系统中主轴转速是提高切削速度最直接、最有效的方法。数控车床的主轴转速目前已从十几年前的 1000～2000r/min 提高到 5000～7000r/min。数控高速磨削的砂轮线速度从 50～60m/s 提高到 100～200m/s。为达到如此高的主轴转速，要求主轴系统的结构必须简化，减小惯性，主轴旋转精度要高，动态响应要好，振动和噪声要小。对于高速和超高速数控机床主传动，一般采用两种设计方式：一种是采用联轴器将机床主轴和电动机轴串接成一体，减少中间传动环节；另一种是将电动机与主轴合为一体，制成内装式电主轴，如图 3-15 所示，实现无任何中间环节的直接驱动，并通过循环水冷却方式减少发热。

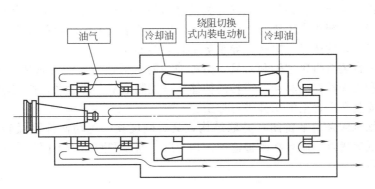

图 3-15　内装式电主轴

3.4.2　柔性化、复合化设计

数控机床对加工对象的变化有很强的适应能力（即柔性）。目前，在提高单机柔性化的同时，正努力向单元柔性化和系统柔性化方向发展。如数控车床由单主轴发展成具有两根主轴，又在此基础上增设附加控制轴——C 轴控制功能，即可控制主轴的回转，成为车削中心；再配备后备刀库和其他辅助功能如刀具检测装置、补偿装置和加工监控，增加自动装卸工件的工业机器手和更换卡盘装置，成为适合于中小批量生产用自动化的车削柔性制造单元。图 3-16 所示的车削中心，有两根主轴，都采用电主轴结构，都具有 C 轴功能和相同加工能力，第 2 主轴还可沿 Z 轴移动。如工件长度较大，可用两个主轴同时夹住进行加工，以增强工件的刚性。如是长度较短的盘套类工件，两主轴可交替夹住工件，以便从工件的两端进行加工。

数控机床的发展已经模糊了粗、精加工的工序概念，车削中心又把车、铣、镗、钻等工序集中到同一机床上来完成，完全打破了传统的机床分类，由机床单一化走向多元化、复合化（工序复合化和功能复合化）。因此，现代数控机床和加工中心的设计，已不仅仅考虑单台机床本身，还要综合考虑工序集中、制造控制、过程控制以及物料的传输，以缩短产品加工时间和制造周期，最大限度地提高生产率。

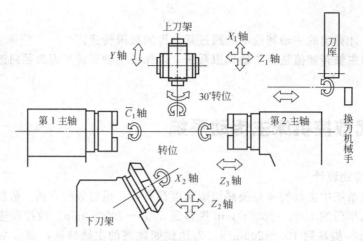

图 3-16 车削中心各控制轴示意图

近年来，随着机械制造工业的发展，机床面临进一步高速化、高效化和高精度化的严峻挑战，在机床设计中开始应用运动并联的原理。如 20 世纪 90 年代问世的虚拟轴机床（virtual aixs machine）是一种六个运动并联的设计。基于让轻者运动、重者不动或少动的原则，虚拟轴机床取消了工作台、夹具、工件这类最重部件的运动，而将运动置于最轻部件——切削头上。它改变了传统机床由床身、立柱、主轴箱、刀架或工作台等部件串接而成非对称的布局型，取消了传统的床身、立柱、导轨等部件，只有上、下两个平台。下平台固定不动，安装工件，上平台装有机床主轴和刀具，由可伸缩的六根轴与下平台联结，通过数控指令，由伺服电动机和滚珠丝杠副驱动六根轴的伸缩，来控制上平台的运动，使主轴能运动到任意切削位置，对安装在平台上的工件进行加工。

这类虚拟轴机床采用平台闭环并联结构，具有刚度高、运动部件重量轻、机械结构简单、制造成本低等优点。而且在改善速度、加速度、精度和刚度等方面具有极大的潜力。但运动轨迹计算较复杂。

3.5 主传动系统结构设计

机床主传动系统的结构设计，是将传动方案"结构化"，向生产部门提供主传动部件装配图、零件工作图及零件明细表等。

在机床初步设计中，考虑主轴变速箱在机床上的位置及其与其他部件的相互关系，只是概略给出形状与尺寸要求，最终还需要根据主轴变速箱内各元件的实际结构与布置才能确定下来。在可能的情况下，应尽量减小主轴变速箱的轴向和径向尺寸，以节省材料，减小质量，满足使用要求。对于不同情况要区别对待，有的机床要求较小的轴向尺寸而对径向尺寸要求并不严格，如某些立式机床和摇臂钻床的主轴箱。但有的机床如卧式铣镗床、龙门铣床的主轴箱要沿立柱或横梁导轨移动，为减少其颠覆力矩，要求缩小径向尺寸。

机床主传动部件即主轴变速箱的结构设计主要内容包括：主轴组件设计，操纵机构设计，传动轴组件设计，其他机构（如开停、制动及换向机构等）设计，润滑与密封装置设计，箱体及其他零件设计等。

主轴变速箱部件装配图包括展开图、横向剖视图、外观图及其他必要的局部视图等。绘制展开图和横向剖视图时，要相互照应，交替进行，不应孤立割裂地进行设计，以免顾此失彼。绘制出部件的主要结构装配草图之后，需要检查各元件是否相碰或干涉，再根据动力计算的结果修改结构，然后细化、完善装配草图，并按制图标准进行加深，最后进行尺寸、配合及零件标注等。

3.5.1 变速机构

大多数机床的主运动都要进行变速，变速方式分为分级变速和无级变速。分级变速机构有下列几种。

（1）交换齿轮变速机构

这种变速机构的变速简单，结构紧凑，主要用于大批量生产的自动或半自动机床、专用机床及组合机床等。

（2）滑移齿轮变速机构

这种变速机构广泛应用于通用机床和一部分专用机床中。其优点是变速范围大，变速级数也较多，变速方便，又节省时间，在较大的变速范围内可传递较大的功率和转矩，不工作的齿轮不啮合，因而空载功率损失较小等。其缺点是变速箱的构造较复杂，不能在运转中变速。为使滑移齿轮容易进入啮合，多用直齿圆柱齿轮传动，故传动平稳性不如斜齿轮传动。

（3）离合器变速传动

在离合器变速机构中应用较多的有牙嵌式离合器、齿轮式离合器和摩擦片式离合器。

当变速机构为斜齿或人字齿圆柱齿轮时，不便于采用滑移齿轮变速，则应用牙嵌式或齿轮式离合器变速。

摩擦片式离合器可以是机械的、电磁的或液压的，特点是可在运转过程中变速，接合平稳，冲击小，便于实现自动化。采用摩擦离合器变速时，为减小离合器的尺寸，应尽可能将离合器安排在转速较高的传动轴上，而且要防止出现超速现象。

如图 3-17 中，若轴 I 为主动轴，轴 II 为从动轴，各个齿轮的齿数为 z_{80}、z_{40}、z_{24}、z_{96}。当两个离合器都安排在主动轴上时 ［图 3-17(a)］，在 M_1 接通，M_2 断开的情况下，轴 I 上的小齿轮 z_{24} 就会出现超速现象。这时空转转速为轴 I 转速的 8 倍，即由于轴 I 与齿轮 z_{24} 的转向相同，所以离合器 M_2 的内外摩擦片之间的相对转速为轴 I 的 7 倍。相对转速很高，不仅为离合器正常工作所不允许，而且会使空载功率显著增加，齿轮传动的噪声加大，磨损加剧。若离合器安装在从动轴上 ［图 3-17(b)］，就可避免出现超速现象。有时为了缩短轴向尺寸，把两个离合器分别装在两个轴上，也会出现两种可能性：若使离合器外片与小齿轮一起转动 ［图 3-17(d)］，则同样也会出现超速现象，但若使离合器外片与大齿轮装在一起 ［图 3-17(c)］ 就不会出现超速现象。

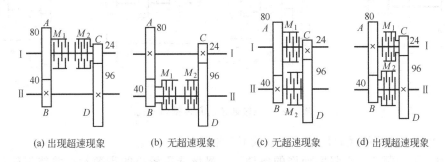

| (a) 出现超速现象 | (b) 无超速现象 | (c) 无超速现象 | (d) 出现超速现象 |

图 3-17　摩擦离合器变速机构

3.5.2 齿轮在轴上的布置

齿轮的布置方式，直接影响到变速箱的尺寸、变速操纵的方便性以及结构实现的可能性，设计时，要根据具体要求，合理加以布置。

在变速传动组内，尽量以较小的齿轮为滑移齿轮，使得操纵省力。在同一个变速组内，须保证当一对齿轮完全脱开啮合之后，另一对齿轮才能开始进入啮合，即两个固定齿轮的间距，应大于滑移齿轮的宽度。如图 3-18 所示，其间隙 Δ 为 $1\sim4$mm。因此，对于图 3-18 所示的双联滑移齿轮传动组，占用的轴向长度为 $B\geqslant4b$，三联滑移齿轮传动组占用的轴向长度为 $B\geqslant7b$，如图 3-19 所示。

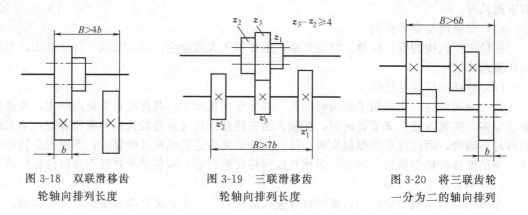

图 3-18 双联滑移齿轮轴向排列长度　　图 3-19 三联滑移齿轮轴向排列长度　　图 3-20 将三联齿轮一分为二的轴向排列

为了减小变速箱的尺寸，既应缩短轴向尺寸，又要缩小径向尺寸，它们之间往往是相互联系的，应该根据具体情况考虑全局，确定齿轮布置问题。

若要缩短轴向尺寸，可采取下列措施：

① 把三联齿轮一分为二，如图 3-20 所示，就能使轴向长度少一个 b，但使操纵机构复杂了，两个滑移齿轮的操纵机构之间要互锁，以防止两对齿轮同时啮合。

② 把两个传动组统一安排。图 3-21(a) 是一般的排列方式，总长度 $B\geqslant8b$。图 3-21(b) 将固定齿轮都放在轴 II 上，从动轮处于两端，主动轮放在中间，使主、从动轮交错排列，这时总长度只需 $B\geqslant6b$。采用公用齿轮也可缩短轴向长度。如图 3-21(c) 所示，公用齿轮（画阴影线）使轴向长度缩短一个 b。若再将轴 II 上的主、从动齿轮交错排列，如图 3-21(d)，则可缩到 $B\geqslant5b$。

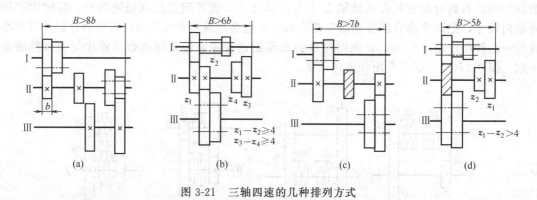

图 3-21 三轴四速的几种排列方式

若要缩小变速箱的径向尺寸，可采取下列措施：

① 缩小轴间距离。在强度允许的条件下，尽量选用较小的齿数和，并使齿轮的降速传动比大于 1/4，以避免采用过大的齿轮。

② 采用轴线相互重合方式。在相邻变速组的轴间距离相等的情况下，可将其中两根轴布置在一轴线上，则可大大缩小径向尺寸，如图 3-22 所示，轴 I、III 两轴线重合。

③ 相邻各轴在横剖面图上布置成三角形，可以缩小径向尺寸。

④ 在一个传动组内，若取最大传动比等于最小传动比的倒数，则传动件所占的径向空间将是最小的。

3.5.3 立式加工中心主轴箱的构造

图 3-23 是 VR5A 型立式加工中心的主轴箱。图中 1 为交流调频电动机，连续输出功率为 7.5kW。经齿轮 $\frac{z_1}{z_3} \times \frac{z_3}{z_5} = \frac{66}{109} \times \frac{109}{66} = 1$ 和 $\frac{z_2}{z_3} \times \frac{z_4}{z_6} = \frac{66}{109} \times \frac{41}{99} \approx \frac{1}{4}$，传动

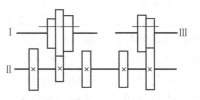

图 3-22　轴线重合的布置方式

主轴 9，使主轴获得高速（876～3500r/min），传动比为 1/4，分级变速的级比为 4。

轴 I 的上端有孔，并有键槽，电动机 1 的轴就插在这个孔内，靠键传递转矩。这种连接方式可以不用联轴节，构造较简单。但轴 I 不得不做得过粗，齿轮 z_1 和 z_2 只得与轴制成一体。这样的构造虽然能简化机构，但是轴 I 的材料决定于齿轮。为减少淬火变形，齿轮常用低合金钢制造。而传动轴本来是不需用合金钢的（常用 45 钢）。若齿轮磨损，大修时轴就得一起随之更换。齿轮 z_1 和 z_2 都与 z_3 啮合，但工作区只是上下段，中间一段是不工作的，所以在 z_1 和 z_2 之间车了一个环形槽，以减少滚齿的工作量。轴 I 的螺纹孔 A 用于拆卸。在螺纹孔 A 内拧入一个螺钉，螺钉头顶在电动机轴的端面上，拧紧螺钉便能把轴 I 从电动机轴上顶下来。因螺纹孔不宜太长，故下段钻一大孔 B。轴 I 较粗，这个孔不致影响其刚度。轴 I 转速较高，孔又很难保证与轴的外径严格同心，故应进行动平衡。

轴 I 用两个深沟球轴承支承在箱体内。下轴承的内圈上端顶在轴 I 的台阶上，下端靠螺

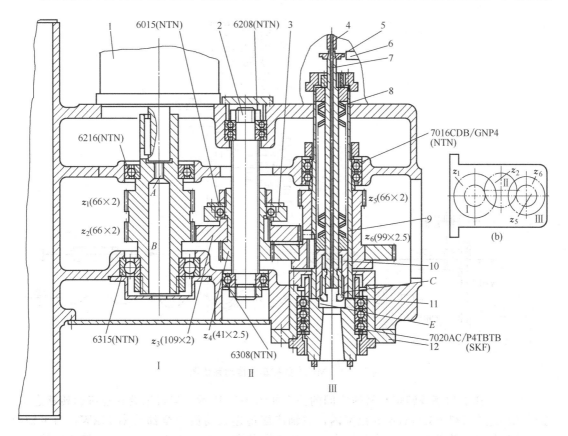

图 3-23　VR5A 型立式加工中心主轴箱展开图

1—交流主轴电动机；2—中间传动轴；3—拨叉；4—卸刀活塞杆；5—磁感应盘；6—磁传感器；
7—拉杆；8—碟形弹簧；9—主轴；10—套；11—弹力卡爪；12—下轴承套筒

母压紧在轴上，外圈的上端面顶在箱体的台阶上，下端面由压盖压紧，这样轴Ⅰ的轴向位置就完全确定了。上轴承内圈的下端面顶在轴Ⅰ的台阶上，上端面靠弹簧挡圈与轴Ⅰ定位，这时，轴承的外圈与箱体孔之间就不用任何轴向定位装置了。箱体上轴Ⅰ的上轴承孔便可以做成光孔，使箱体加工工艺性好。

齿轮 z_3、z_4 在中间传动轴 2 上滑移，故轴 2 是花键轴，这两个齿轮都要磨削，不能制成整体双联齿轮，采用套装结构。齿轮 z_4 有较长的轮毂，内为花键孔，齿轮 z_3 套在外面，并用键传递转矩。3 为拨叉，由液压缸（图中未表示）提拉。拨叉需支承齿轮的重力，为了减少磨损和发热，拨叉和齿轮之间装有深沟球轴承，这个轴承仅承受齿轮的重力，故采用了特轻型。

传动轴 2 上端有轴向定位，下端轴向是自由的。上端用了两个轻型的深沟球轴承，考虑到 2 个轴承受力不均，承受能力通常等于 1 个轴承的 1.5 倍。

图 3-23（b）是主轴箱各轴在空间的实际位置。

3.5.4　数控车床主轴箱构造

（1）主运动传动系统

MJ-50 数控车床的传动系统图如图 3-24 所示。其中主运动传动系统由功率为 11/15kW 的 AC 伺服电动机驱动，经一级 1∶1 的带传动带动主轴旋转，使主轴在 35～3500r/min 的转速范围内实现无级调速，主轴箱内部省去了齿轮传动变速机构，因此减少了原齿轮传动对主轴精度的影响，并且维修方便。

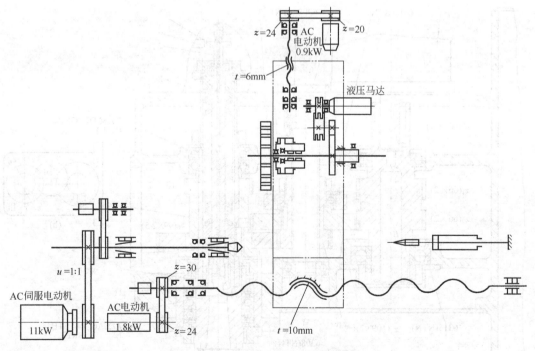

图 3-24　MJ-50 数控车床传动系统图

主轴传递的功率或转矩与转速之间的关系如图 3-25 所示。当机床处在连续运转状态下，主轴的转速在 437～3500r/min 范围内，主轴应能传递电动机的全部功率 11kW，为主轴的恒功率区域Ⅱ（实线）。在这个区域内，主轴的最大输出转矩（245N·m）应随着主轴转速的增高而变小。主轴转速在 35～437r/min 范围内的各级转速并不需要传递全部功率，但是主轴的输出转矩不变，称为主轴的恒转矩区域Ⅰ（实线）。在这个区域内，主轴所能传递的

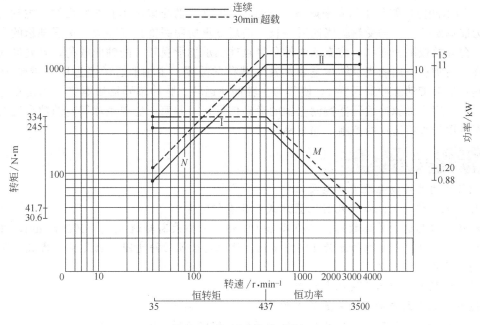

图 3-25　主轴功率转矩特性

功率随着主轴转速的降低而降低。图中虚线所示为电动机超载（允许超载 30min）时，恒功率区域和恒转矩区域。电动机的超载功率为 15kW，超载的最大输出转矩为 334N·m。

（2）主轴箱结构

MJ-50 数控车床主轴箱结构如图 3-26 所示。交流主轴电动机通过带轮 15 把运动传给主轴 7。主轴有前后两个支承。前支承由一个圆锥孔双列圆柱滚子轴承 11 和一对角接触球轴承 10 组成，轴承 11 用来承受径向载荷，两个角接触球轴承一个大口向外（朝向主轴前端），另一个大口向里（朝向主轴后端），用来承受双向的轴向载荷和径向载荷。前支承轴承的间

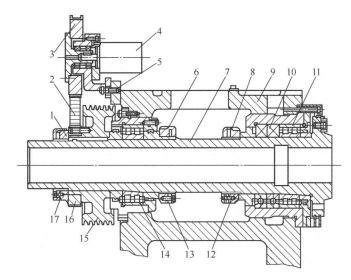

图 3-26　MJ-50 数控车床主轴箱结构简图

1,6,8—螺母；2—同步带；3,16—同步带轮；4—脉冲编码器；5,12,13,17—螺钉；
7—主轴；9—主轴箱体；10—角接触球轴承；11,14—圆锥孔双列圆柱滚子轴承；15—带轮

隙用螺母 8 来调整。螺钉 12 用来防止螺母 8 回松。主轴的后支承为圆锥孔双列圆柱滚子轴承 14，轴承间隙由螺母 1 和 6 来调整。螺钉 17 和 13 是防止螺母 1 和 6 回松的。主轴的支承形式为前端定位，主轴受热膨胀向后伸长。前后支承所用圆锥孔双列圆柱滚子轴承的支承刚性好，允许的极限转速高。前支承中的角接触球轴承能承受较大的轴向载荷，且允许的极限转速高。主轴所采用的支承结构适宜高速大载荷的需要。主轴的运动经过同步带轮 16 和 3 以及同步带 2 带动脉冲编码器 4，使其与主轴同速运转。脉冲编码器用螺钉 5 固定在主轴箱体 9 上，利用主轴脉冲编码器检测主轴的运动信号，一方面可实现主轴调速的数字反馈，另一方面可用于进给运动的控制，如车螺纹。

习题与思考题

1. 数控机床对主传动系统有哪些要求？
2. 数控机床主传动系统有哪几种配置方式？各有何特点？
3. 某机床主轴转速为等比数列，其公比 $\varphi = 1.58$，主轴最高转速 $n_{max} = 4000 r/min$，主轴转速级数 $Z = 10$，电动机转速为 1440r/min，试拟定合理的转速图，确定齿轮齿数，画出主传动系统图。
4. 实现连续的无级变速系统的条件是什么？
5. 简述液压拨叉式自动换挡装置的工作原理。
6. 数控车床加工螺纹时，主轴旋转与轴向进给如何实现同步？
7. 采用摩擦离合器变速机构时如何避免出现超速现象？
8. 变速箱齿轮布置时如何缩短轴向尺寸和径向尺寸？

第4章 主轴组件设计

主轴组件是机床的重要部件之一，它是机床的执行件。它的功用是支承并带动工件或刀具旋转进行切削，承受切削力和驱动力等载荷，完成表面成形运动。主轴组件由主轴及其支承和安装在主轴上的传动件、密封件等组成。由于数控机床的转速高，功率大，并且在加工过程中不进行人工调整，因此要求有良好的回转精度、结构刚度、抗振性、热稳定性及精度的保持性。对于自动换刀的数控机床，为了实现刀具在主轴上的自动装卸和夹持，还必须有刀具的自动夹紧装置、主轴准停装置和切屑清除装置等结构。

主轴组件的工作性能对整机性能和加工质量以及机床生产率有着直接影响，是决定机床性能和技术经济指标的重要因素。因此，对主轴组件有较高的要求。

4.1 主轴组件的基本要求

（1）旋转精度

主轴的旋转精度是指装配后，在无载荷、低速转动条件下，主轴前端安装工件或刀具部位的径向和轴向跳动。

旋转精度取决于主轴、轴承、箱体孔等的制造、装配和调整精度。如主轴支承轴颈的圆度，轴承滚道及滚子的圆度，主轴及随其回转零件的动平衡等因素，均可造成径向跳动；轴承支承端面，主轴轴肩及相关零件端面对主轴回转中心线的垂直度误差，止推轴承的滚道及滚动体误差等将造成主轴轴向跳动；主轴主要定心面（如车床主轴端的定心短锥和前端内锥孔）的径向跳动和轴向跳动。

对于通用机床和数控机床的旋转精度，国家已有统一规定，详见各类机床的精度检验标准。

（2）刚度

主轴组件的刚度是指其在外加载荷作用下抵抗变形的能力，通常以主轴前端产生单位位移的弹性变形时，在位移方向上所施加的作用力来定义，如图 4-1 所示。

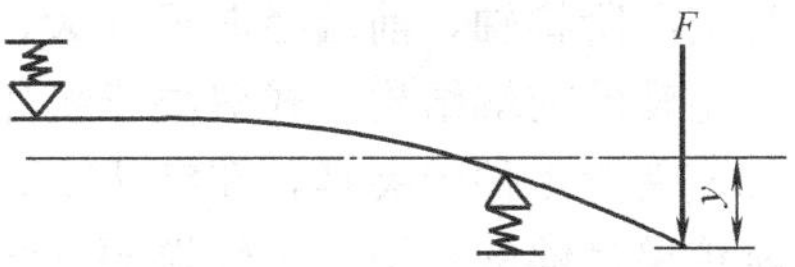

如果引起弹性变形的作用力是静力，则由此力和变形所确定的刚度称为静刚度，写成

$$K_j = F_j / Y_j$$

图 4-1 主轴组件的刚度

如果引起弹性变形的作用力是交变力，其幅度为 Y_d，则由该力和变形所确定的刚度称为动刚度，可写成

$$K_d = F_d / Y_d$$

静、动刚度的单位均为 N/μm。

主轴组件的刚度是综合刚度，它是主轴、轴承等刚度的综合反映。因此，主轴的尺寸和形状、滚动轴承的类型和数量、预紧和配置形式、传动件的布置方式、主轴组件的制造和装配质量等都影响主轴组件的刚度。

主轴静刚度不足对加工精度和机床性能有直接影响，并会影响主轴组件中的齿轮、轴承的正常工作，降低工作性能和寿命，影响机床抗振性，容易引起切削颤振，降低加工质量。目前，对主轴组件尚无统一的刚度标准。

（3）抗振性

主轴组件的抗振性是指抵抗受迫振动和自激振动的能力。在切削过程中，主轴组件不仅受静态力作用，同时也受冲击力和交变力的干扰，使主轴产生振动。冲击力和交变力是由材料硬度不均匀、加工余量的变化，主轴组件不平衡、轴承或齿轮存在缺陷以及切削过程中的颤振等引起的。主轴组件的振动会直接影响工件的表面加工质量和刀具的使用寿命，并产生噪声。随着机床向高速、高精度发展，对抗振性要求越来越高。影响抗振性的主要因素是主轴组件的静刚度、质量分布以及阻尼。主轴组件的低阶固有频率与振型是其抗振性的主要评价指标。低阶固有频率应远高于激振频率，使其不容易发生共振。目前，抗振性的指标尚无统一标准，只有一些实验数据供设计时参考。

（4）温升和热变形

主轴组件运转时，因各相对运动处的摩擦发热，切削区的切削热等使主轴组件的温度升高，形状尺寸和位置发生变化，造成主轴组件的热变形。主轴组件热变形可引起轴承间隙变化，润滑油温度升高后会使黏度降低，这些变化都会影响主轴组件的工作性能，降低加工精度。因此，各种类型机床对温升都有一定限制。如高精度机床，连续运转下的允许温升为 8～10℃，精密机床为 15～20℃，普通机床为 30～40℃。

（5）精度保持性

主轴组件的精度保持性是指长期保持其原始制造精度的能力。主轴组件丧失其原始精度的主要原因是磨损，如主轴轴承、主轴轴颈表面、装夹工件或刀具的定位表面的磨损。磨损的速度与摩擦的种类有关，与结构特点、表面粗糙度、材料的热处理方式、润滑、防护及使用条件等许多因素有关。所以要长期保持主轴组件的精度，必须提高其耐磨性。对耐磨性影响较大的因素有主轴、轴承的材料、热处理方式、轴承类型及润滑防护方式等。

4.2 主轴

4.2.1 主轴的构造

主轴的构造和形状主要决定于主轴上所安装的刀具、夹具、传动件、轴承等零件的类型、数量、位置和安装定位方法等。设计时还应考虑主轴加工工艺性和装配工艺性。主轴一般为空心阶梯轴，前端径向尺寸大，中间径向尺寸逐渐减小，尾部径向尺寸最小。

主轴的前端结构形式取决于机床类型和安装夹具或刀具的结构形式。主轴端部用于安装刀具或夹持工件的夹具，在结构上，应能保证定位准确、安装可靠、连接牢固、装卸方便，并能传递足够的转矩。主轴端部的结构形状都已标准化，应遵照标准进行设计。图 4-2 所示为几种机床上通用的主轴部件的结构形式。

图 4-2(a) 所示为车床主轴端部，卡盘靠前端的短圆锥面和凸缘端面定位，用拨销传递转矩，卡盘装有固定螺栓，卡盘装于主轴端部时，螺栓从凸缘上的孔中穿过，转动快卸卡板将数个螺栓同时卡住，再拧紧螺母将卡盘固牢在主轴端部。主轴前端莫氏锥孔，用以安装顶尖或心轴。

图 4-2(b) 所示为铣、镗类机床的主轴端部，铣刀或刀杆在前端 7：24 的锥孔内定位，并用拉杆从主轴后端拉紧，而且由前端的端面键传递转矩。

图 4-2(c) 所示为外圆磨床砂轮主轴的端部，法兰盘靠前端 1：5 的圆锥面定位，并用螺母固定。螺母的螺纹方向必须与砂轮的旋转方向相反（左螺纹），以防止启动时因砂轮惯性

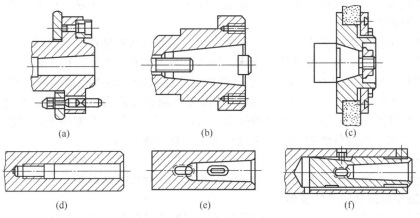

图 4-2 主轴部件的结构形式

而导致松脱。

图 4-2(d) 所示为内圆磨床砂轮主轴端部，砂轮的接杆靠莫氏锥孔定位并传递转矩，同时用锥孔底部螺孔紧固接杆。

图 4-2(e) 所示为钻床与镗床主轴端部，刀杆或刀具由莫氏锥孔定位，用锥孔后端第一扁孔传递转矩，第二个扁孔用以拆卸刀具。

图 4-2 (f) 为组合机床主轴端部，圆柱孔用来安装接杆，刀具则安装在接杆的莫氏锥孔内。前端圆螺母用来调整刀具的轴向位置，平键用来传递转矩。

4.2.2 主轴的材料和热处理

主轴的材料应根据载荷特点、耐磨性要求、热处理方法和热处理后变形情况选择。主轴的刚度与材料的弹性模量 E 值有关，钢的 E 值较大（$2.1 \times 10^{11} \text{N/m}^2$ 左右），所以主轴材料首先考虑用钢料。值得注意的是，钢的弹性模量 E 的数值和钢的种类及热处理方式无关，即不论是普通钢或合金钢，其弹性模量 E 基本相同。因此在选择钢料时应首先选用价格便宜的中碳钢（如 45 钢），经调质处理后，在主轴端部、锥孔、定心轴颈或定心锥面等部位进行局部高频淬硬，以提高其耐磨性。只有载荷大和有冲击时，或精密机床需要减小热处理后的变形时，或有其他特殊要求时，才考虑选用合金钢。当支承为滑动轴承，则轴颈也需淬硬，以提高其耐磨性。

对于高速、高效、高精度机床的主轴部件，热变形和振动等一直是国内外研究的重点课题，特别是对高精度、超精度加工机床的主轴。据资料介绍，目前出现一种玻璃陶瓷材料（zerodur），又称微晶玻璃的新材料，其线胀系数几乎接近于零，是制作高精度机床主轴的理想材料。

4.3 主轴滚动支承

主轴支承是主轴组件的重要组成部分，主轴支承是指主轴轴承，支承座及其相关零件的组合体，其中核心元件是轴承。采用滚动轴承的支承称为主轴滚动支承；采用滑动轴承的支承称为主轴滑动支承。滚动轴承的主要优点是适应转速和载荷变动的范围大；能在零间隙或负间隙（一定的过盈量）条件下稳定运转，具有较高的旋转精度和刚度；轴承润滑容易，维修、供应方便，摩擦因数小等。其缺点是滚动轴承的滚动体数目有限，刚度是变化的，阻尼也较小，容易引起振动和噪声；径向尺寸也较大。滑动轴承具有抗振性好、运转平稳、旋转精度高及径向尺寸小等优点，但制造、维修比较困难，并受到使用场合限制，如立式主轴漏油问题解决较困难等。

数控机床主轴支承根据主轴组件的转速、承载能力及回转精度等要求的不同而采用不同种类的轴承。一般中小型数控机床（车床、铣床、加工中心、磨床）的主轴组件多采用滚动轴承；重型数控机床采用液体静压轴承；高精度数控机床（如坐标磨床）采用气体静压轴承；转速达 $(2\sim10)\times10^4\,r/min$ 的主轴可采用磁力轴承或陶瓷滚珠轴承。在各类轴承中，以滚动轴承的使用最为普遍，而且这种轴承又有许多不同类型。在使用中，应根据主轴组件工作性能的要求、制造条件和经济效果综合考虑，合理地选用。

滚动支承的主要设计内容包括：滚动轴承类型的选择，轴承的配置，轴承的精度及选配，轴承的间隙调整，轴承的配合，支承座结构形式，润滑及密封等。

4.3.1 主轴常用滚动轴承的类型

主轴常用的滚动轴承，除了圆柱滚子轴承、圆锥滚子轴承、向心推力球轴承和滚针轴承等一般类型的轴承之外，还有如图 4-3 所示的几种主轴滚动轴承。

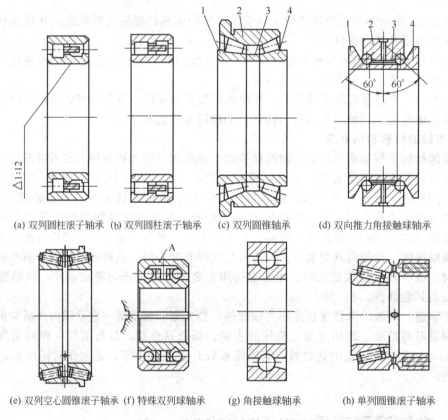

(a) 双列圆柱滚子轴承　(b) 双列圆柱滚子轴承　　(c) 双列圆锥轴承　　(d) 双向推力角接触球轴承

(e) 双列空心圆锥滚子轴承　(f) 特殊双列球轴承　　(g) 角接触球轴承　　(h) 单列圆锥滚子轴承

图 4-3　几种典型的主轴滚动轴承

1,4—内圈；2—外圈；3—隔套

（1）圆锥孔双列圆柱滚子轴承

如图 4-3(a)、(b) 所示，内圈有标准锥度为 1：12 的锥孔，与主轴锥形轴颈配合。通过轴向移动内圈，改变其在主轴上的位置来调节轴承的径向间隙和预紧量。这种轴承的特点是：圆柱滚子是线接触，滚子数多，承载能力较大。只能承受径向载荷，不能承受轴向载荷，也不能限制轴向位移，需配用推力轴承。另外这种轴承还具有旋转精度高，径向结构紧凑和寿命长等特点，故广泛用在车床、铣床、镗床、磨床及数控车床上。

图 4-3(a) 的内圈上有挡边，属于特轻系列；图 4-3(b) 的挡边在外圈上，属于超轻系列。同样孔径，后者外径可比前者小些。

（2）滚子轴承

圆锥滚子轴承有单列 ［图 4-3(h)］ 和双列 ［图 4-3(c)、(e)］ 两类，每类又有空心 ［图 4-3(e)、(h)］ 和实心 ［图 4-3(c)］ 两种。单列圆锥滚子轴承，能承受径向力和单个方向的轴向力。双列圆锥滚子轴承，能承受径向力和双向轴向力。双列圆锥滚子轴承由外圈 2、两个内圈 1、4 和隔套 3（也有的无隔套）组成。修磨隔套 3 就可以调整间隙或进行预紧。

图 4-3(e)、(h) 所示的空心圆锥滚子轴承是配套使用的，双列用于前支承，单列用于后支承。这类轴承滚子是中空的，润滑油可以从中流过，冷却滚子，减小温升，并有一定的减振效果。单列轴承的外圈上有弹簧，用于自动调整间隙和预紧。双列轴承的两列滚子数目相差一个，使两列刚度变化频率不同，有助于抑制振动。

（3）双向推力角接触球轴承

主轴单元用双向推力角接触球轴承来承受双轴向载荷。如图 4-3(d) 所示，这种类型的轴承由外圈 2、内圈 1、4 以及隔套 3 等组成，接触角为 60°。该轴承常与双列圆柱滚子轴承配套使用，以承受双向轴向载荷。内圈 1、4 的内孔、外圈 2 的名义直径均与相应的双列圆柱滚子轴承相同，但外径为负公差，与箱体孔间有间隙，因而不承受径向载荷，修磨两内圈间的隔套厚度，可精确地调整轴承的间隙和预紧。外圈 2 开有槽和油孔，以利于润滑油进入轴承。

这种轴承的特点是接触角大，钢球直径较小而数量较多，轴承承载能力和精度较高，与一般的推力球轴承比较，其允许的极限转速可高出 1.5 倍，而且温升低，运转平稳和工作可靠。因此，适用于高速、精密机床的主轴组件中。

图 4-3(f) 所示为一种特殊的双列球轴承，外圈分为两半，通过修磨两内侧面就可调节间隙与预紧。适用于高速、轻载、精密机床的主轴组件中。

（4）角接触球轴承

图 4-3(g) 所示，单个角接触球轴承可同时承受径向和一个方向的轴向载荷，极限转速较高，单独承受径向载荷时，会引起轴向分力，轴向承载能力随接触角 α 的增大而增大。接触角 α 有 15°、25°、40°、60° 等。15° 用于轴向载荷较小处，60° 主要用于承受轴向载荷，如滚珠丝杠。这种轴承常成组使用，承受双向轴向力。一对背靠背角接触球轴承，能承受集中力偶。一对面对面角接触球轴承，近似于球面支承。两个角接触球轴承串联，两个轴承大口方向相同，能承受较大单向轴向载荷。

（5）陶瓷滚动轴承

陶瓷滚动轴承的材料为氮化硅（Si_3N_4），密度为 $3.2 \times 10^3 kg/m^3$，仅为钢（$7.8 \times 10^3 kg/m^3$）的 40%，线胀系数为 $3 \times 10^{-6} ℃^{-1}$，比轴承钢小得多（$12.5 \times 10^{-6} ℃^{-1}$），弹性模量为 $315000 N/mm^2$，比轴承钢大。在高速下，陶瓷滚动轴承与钢制滚动轴承相比，重量轻，作用在滚动体上的离心力及陀螺力矩较小，从而减小了压力和滑动摩擦；滚动体胀系数小，温升较低，轴承在运转中预紧力变化缓慢，运动平稳；弹性模量大，轴承的刚度大。

常用的陶瓷滚动轴承有三种类型：

① 滚动体用陶瓷材料制成，而内、外圈仍用轴承钢制造；

② 滚动体和内圈用陶瓷材料制成，外圈用轴承钢制造；

③ 全陶瓷轴承，即滚动体、内外圈全都用陶瓷材料制成。

在第①、②类中，陶瓷轴承滚动体和套圈采用不同材料，运转时分子亲和力很小，摩擦因数小，并有一定的自润滑性能，可在供油中断无润滑情况下正常运转，轴承不会发生故障。适用于高速、超高速、精密机床的主轴部件。第③类适用于耐高温、耐蚀、非磁性、电绝缘或要求减轻重量和超高速场合。

陶瓷滚动轴承常用有角接触式和双列短圆柱式。轴承轮廓尺寸一般与钢制轴承完全相同，可以互换。这类轴承的预紧力有轻预紧和中预紧两种。常采用润滑脂或油气润滑。如SKF公司和代号为 CE/HC 角接触式陶瓷球轴承，脂润滑时，$d_m n$ 值可达到 1.4×10^6 mm·r/min；油气润滑时可达到 2.1×10^6 mm·r/min。

（6）磁浮轴承

磁浮轴承也称磁力轴承。它是一种高性能机电一体化轴承，利用磁力来支承运动部件，使其与固定部件脱离接触来实现轴承功能。

磁浮轴承的工作原理如图 4-4 所示，由转子、定子两部分组成。转子由铁磁材料（如硅钢片）制成，压入回转轴承回转筒中，定子也由相同材料制成。定子线圈产生磁场，将转子悬浮起来，通过 4 个位置传感器不断检测转子的位置。如转子位置不在中心位置，位置传感器测得其偏差信号，并将信号输送给控制装置，控制装置调整 4 个定子线圈的励磁功率，使转子精确地回到要求的中心位置。

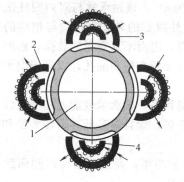

图 4-4　磁浮轴承的工作原理

1—转子；2—定子；3—电磁铁；4—位置传感器

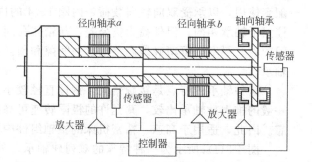

图 4-5　磁浮轴承支承系统结构简图

磁浮轴承的特点是无机械磨损，理论上无速度限制；运转时无噪声，温升低、能耗小；不需要润滑，不污染环境，省掉一套润滑系统和设备；能在超低温和高温下正常工作，也可用于蒸汽腐蚀性环境中。装有磁浮轴承的主轴可以适应控制，通过监测定子线圈的电流，可以灵敏地控制切削力，通过检测切削力微小变化控制机械运动，以提高加工质量。因此磁浮轴承特别适用于高速、超高速加工。国外已有高速铣削磁力轴承主轴头和超高速磨削主轴头，并已标准化。

图 4-5 所示为采用磁浮轴承（径向轴承 a 和 b 及右端一个推力轴承）的支承系统结构简图。主轴可在高转速条件下保持高精度，也可适用于真空及超净技术要求，不会污染环境，可获得预期的动态特性。

4.3.2　主轴滚动轴承的选择

主轴滚动轴承既要有承受径向载荷的径向轴承，又要有承受两个方向轴向载荷的推力轴承。轴承类型及型号主要应根据主轴组件的刚度、承载能力、转速、抗振性及结构等要求合理进行选定。

同样尺寸的轴承，线接触的滚子轴承比点接触的球轴承的刚度要高，但极限转速要低；多个轴承比单个轴承承载能力大；不同轴承承受载荷类型及大小不同；还应考虑结构要求，如中心距特别小的组合机床主轴，可采用滚针轴承。

为提高主轴组件的刚度，通常采用轻系列或特轻系列轴承，因为当轴承外径一定时其孔径（即主轴轴颈）较大。

通常情况下，可按下列条件选用滚动轴承。

① 中高速重载 双列圆柱滚子轴承配双向推力角接触球轴承（如配推力轴承，则极限转速低）。成对圆锥滚子轴承结构简单，但极限转速较低。空心圆锥滚子轴承的极限转速提高，但成本较高。

② 高速轻载 成组角接触球轴承，根据轴向载荷的大小分别选用 25°或 15°接触角。

③ 轴向载荷为主 精度不高时，选用推力轴承配深沟球轴承；精度较高，选用向心推力轴承。

4.3.3 主轴轴承的配置方式

主轴轴承的配置方式应根据刚度、转速、承载能力、抗振性和噪声等要求来选择。常见有如下几种典型的配置方式：速度型、刚度型、刚度速度型，如图 4-6 所示。

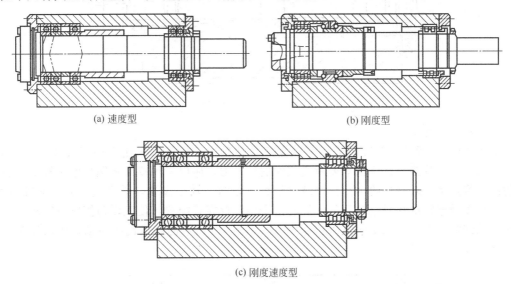

(a) 速度型 (b) 刚度型

(c) 刚度速度型

图 4-6 三种类型的主轴单元

（1）速度型

如图 4-6(a) 所示，主轴前后轴承都采用角接触球轴承（两联或三联）。当轴向切削分力较大时，可选用接触角为 25°的球轴承；轴向切削分力较小时，可选用接触角为 15°的球轴承。在相同的工作条件下，前者的轴向刚度比后者大一倍。角接触球轴承具有良好的高速性能，但它的承载能力较小，因而适用于高速轻载或精密机床，如高速镗削单元、高速 CNC 车床（图 4-7）等。

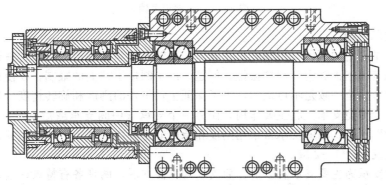

图 4-7 高速 CNC 车床主轴组件

（2）刚度型

如图 4-6(b) 所示，前支承采用双列短圆柱滚子轴承承受径向载荷和 60°角接触双列向心推力球轴承承受轴向载荷，后支承采用双列短圆柱滚子轴承。这种轴承配置的主轴部件，适用于中等转速和切削负载较大，要求刚度高的机床。如图 4-8 所示的数控车床主轴、镗削主轴单元等。

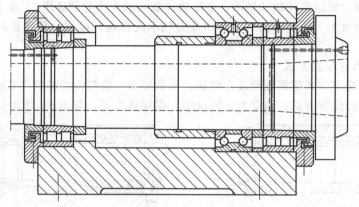

图 4-8 CNC 型车床主轴

（3）刚度速度型

如图 4-6(c) 所示，前轴承采用三联角接触球轴承，后支承采用双列短圆柱滚子轴承。主轴的动力从后端传入，后轴承要承受较大的传动力，所以采用双列短圆柱滚子轴承。前轴承的配置特点是：外侧的两个角接触球轴承大口朝向主轴工作端，承受主要方向的轴向力；第三个角接触球轴承则通过轴套与外侧的两个轴承背靠背配置，使三联角接触球轴承有一个较大支承跨距，以提高承受颠覆力矩的能力。如图 4-9 所示的卧式铣床主轴，要求径向刚度好、并有较高的转速。

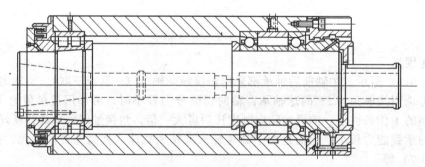

图 4-9 卧式铣床主轴

（4）三支承主轴

有时由于结构上的原因，主轴箱长度较大，主轴支承跨距超过两支承合理跨距很多，则增加中间支承有利于提高刚度和抗振性。但是，由于制造工艺上的限制，要使箱体中三个主轴支承座孔中心完全一致是不可能的，为了保证主轴组件的刚度和旋转精度，通常只有两个支承，其中一个为前支承，起主要作用，而另一个支承（中间支承或后支承）起辅助作用，即处于"浮动"状态。辅助支承常采用刚度和承载能力较小的轴承，并选用其外圈与支承座孔配合比主要支承松 1~2 级。

以前、中支承为主要支承和以前、后支承为主要支承，两者各有特点。当传动力对主轴的作用点较靠近中支承时，以前、中支承为主要支承可以提高主轴组件的刚度和抗振性；当传动力对主轴的作用点靠近后支承时，宜以前、后支承为主要支承；当传动力对主轴的作用点靠近前支承时，可以前、中支承为主要支承，也可以前、后支承为主要支承。

统计结果表明，80％左右的机床采用前、中支承为主要支承。图 4-10 所示为前、中支承为主要支承的三支承主轴组件的典型结构，前、中支承采用一对高精度的双列短圆柱滚子轴承。轴向支承位于前轴承处，承受较大的双向轴向力，后支承采用向心球轴承，允许在箱体孔中滑移，为了提高刚度，使主轴前半段直径（前、中支承间）大于后半段（中、后支承间）直径，主轴后轴承与箱体孔的配合较前、中支承松些。当主轴受热膨胀时，可向后自由伸长。

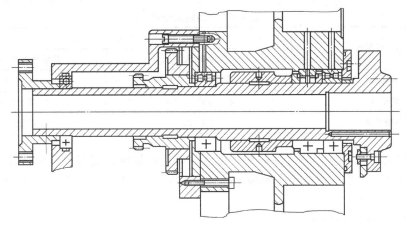

图 4-10　三支承主轴组件的典型结构

以前、后支承为主要支承，则中支承座壁的厚度可小些，箱体内可有较大的空间。当辅助支承远离主要支承时，对辅助支承座孔与主要支承座孔间的同轴度要求可以低些；相反，当辅助支承靠近主要支承时，则对同轴度要求较高。

采用三支承虽然可以提高主轴组件的刚度，但增加了零件，并使箱体支承座孔的加工困难。因此应尽量少用。至于主轴组件刚度的提高，可通过提高前支承刚度、加大主轴直径等办法达到。

4.3.4　滚动轴承精度等级的选择

主轴轴承中，前、后轴承的精度对主轴旋转精度的影响是不同的。如图 4-11（a）所示，前轴承轴心有偏移 δ_a，后轴承偏移量为零，由偏移量 δ_a 引起的主轴端轴心偏移为

$$\delta_{a1} = \frac{L+a}{L}\delta_a$$

图 4-11（b）表示后轴承有偏移 δ_b，前轴承偏移为零时，引起主轴端部的偏移为

$$\delta_{b1} = \frac{a}{L}\delta_b$$

显然，前支承的精度比后支承对主轴部件的旋转精度影响大。因此轴承精度选取时，前轴承的精度要选得高一点，一般比后轴承精度高一级。另外，在安装主轴轴承时，如将前、后轴承的偏移

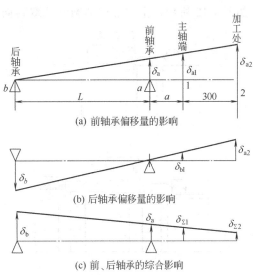

(a) 前轴承偏移量的影响

(b) 后轴承偏移量的影响

(c) 前、后轴承的综合影响

图 4-11　主轴轴承对主轴旋转精度的影响

方向放在同一侧，如图 4-11（c）所示，可以有效地减少主轴端部的偏移。如后轴承的偏移量适当地比前轴承的大，可使主轴端部的偏移量为零。

机床主轴轴承的精度通常采用 P2、P4、P5、P6（相当于旧标准的 B、C、D、E）4 级，此外又规定了 2 种辅助精度级 SP（特殊精密级）和 UP（超精密级）。SP 和 UP 级的旋转精度，分别相当于 P4 和 P2 级，而内、外圈尺寸精度则分别相当于 P5 级和 P4 级。不同精度等级的机床，主轴轴承精度选择可参考表 4-1。数控机床可按精密级或高精密级选择。

表 4-1　主轴轴承精度

机床精度等级	轴承精度等级	
	前轴承	后轴承和推力轴承
普通级	P5 或 P4(SP)	P6 或 P5
精密级	P4(SP) 或 P2(UP)	P5 或 P4(SP)
高精度级	P2(UP)	P4 或 P2(UP)

轴承的精度不但影响主轴组件的旋转精度，而且也影响刚度和抗振性。随着机床向高速、高精度发展，目前普通机床主轴轴承都趋向于取 P4（SP）级，P6（旧 E 级）级轴承在新设计的机床主轴部件中已很少采用。

4.3.5　主轴滚动轴承的预紧

轴承预紧是使轴承滚道预先承受一定的载荷，消除间隙，并使得滚动体与滚道之间发生一定的变形，增大接触面积，轴承受力时变形减小，抵抗变形的能力增大。

因此，对主轴滚动轴承进行预紧和合理选择预紧量，可以提高主轴部件的回转精度、刚度和抗振性，机床主轴部件在装配时要对轴承进行预紧，使用一段时间以后，间隙或过盈有了变化，还需重新调整，所以要求预紧结构应便于调整。滚动轴承间隙的调整或预紧，通常是使轴承内、外圈相对轴向移动来实现的。

轴承预紧可分为径向预紧和轴向预紧两种方式。

4.3.5.1　径向预紧方式

径向预紧是利用轴承内圈膨胀，以消除径向间隙的方法。

如图 4-12 所示，主轴常用的圆锥孔双列向心短圆柱滚子轴承的径向间隙调整，一般是

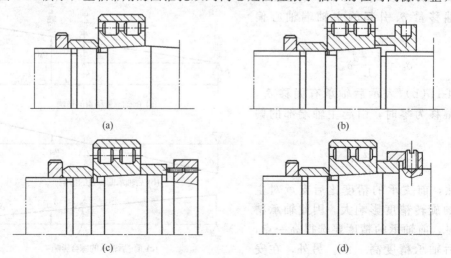

(a)　　　　　　　　　　　　(b)

(c)　　　　　　　　　　　　(d)

图 4-12　双列圆柱滚子轴承的间隙调整

用螺母经中间隔套，轴向移动内圈来实现的。图 4-12(a) 所示为仅从左面压内圈移动，结构简单，但控制调整量困难，当预紧量过大时松卸轴承不方便；图 4-12(b) 所示为用右边螺母来控制调整量，调整方便。但主轴前端要有螺纹，工艺性差；图 4-12(c) 所示为用螺钉代替控制螺母，则在主轴前端需有螺孔，工艺性比图 4-12(b) 所示的好，但当几个螺钉的力不一致时，易将环压偏而影响旋转精度；图 4-12(d) 所示的右边隔套制成两半，可取下来修磨其宽度，以便控制调整量。

4.3.5.2 轴向预紧方式

这类轴承是通过轴承内、外圈之间的相对轴向位移进行预紧的。

图 4-13 所示为角接触球轴承的预紧控制方式。

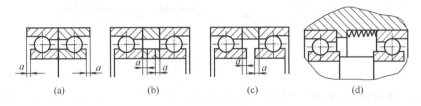

图 4-13 角接触球轴承的预紧控制方式

① 修磨轴承圈 图 4-13(a) 是通过将内圈（背靠背组配）或外圈（面对面组配）相靠的端面各磨去一定量 a，安装时把它们压紧以实现预紧。需要修磨轴承，工艺较复杂，使用中不能调整。

② 内外隔套 图 4-13(b) 是在两个轴承的内、外圈之间，分别安装两个厚度差为 $2a$ 的内、外隔套。隔套加工精度容易保证，但使用中不能调整。

③ 无控制装置 图 4-13(c) 中两个内圈的位移量靠操作者经验控制。可在使用中调整，但难于准确掌握。

④ 弹簧预紧 图 4-13(d) 是靠数个均布弹簧可控制预加载荷基本不变，轴承磨损后能自动补偿间隙，效果较好。

4.4 静压轴承

4.4.1 液体静压轴承

液体静压轴承系统由一套专用供油系统、节流器和轴承三部分组成。静压轴承由供油系统供给一定压力油，输入轴和轴承间隙中，利用油的静压力支承载荷，轴颈始终浮在压力油中。所以，轴承油膜压强与主轴转速无关，承载能力不随转速而变化。静压轴承与动压轴承相比有如下优点：承载能力高；旋转精度高；油膜有均化误差的作用，可提高加工精度；抗振性好；运转平稳；既能在极低转速下工作，也能在极高转速下工作；摩擦小，轴承寿命长。

静压轴承主要的缺点是需要一套专用供油设备，轴承制造工艺复杂、成本较高。

定压式静压轴承的工作原理如图 4-14 所示，在轴承的内圆柱孔上，开有四个对称的油腔 1～4。油腔之间由轴向回油槽隔开，油腔四周有封油面，封油面的周向宽度为 a，轴向宽度为 b。液压泵输出的油压为定值 p_s 的油液，分别流经节流器 T_1、T_2、T_3 和 T_4 进入各个油腔。节流器的作用是使各个油腔的压力随外载荷的变化自动调节，从而平衡外载荷。当无外载荷作用（不考虑自重）时。各油腔的油压相等，即 $p_1 = p_2 = p_3 = p_4$，保持平衡，

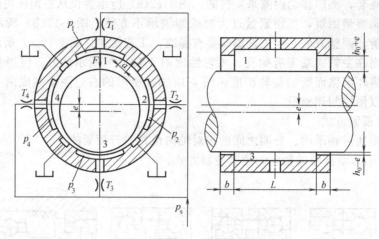

图 4-14 定压式静压轴承

轴在正中央，各油腔封油面与轴颈的间隙相等，即 $h=h_1=h_2=h_3=h_4$，间隙液阻也相等。

当有外载荷 F 向下作用时，轴颈失去平衡，沿载荷方向偏移一个微小位移 e。油腔 3 间隙减小，即 $h_3=h-e$，间隙液阻增大，流量减小，节流器 T_3 的压力降减小，因供油压力 p_s 是定值，故油腔压力 p_3 随着增大。同理，上油腔 1 间隙增大，即 $h_1=h+e$，间隙液阻减小，流量增大，节流器 T_1 的压力降增大，油腔压力 p_1 随着减小。两者的压力差 $\Delta p=p_3-p_1$，将主轴推回中心以平衡外载荷 F。

静压轴承的节流器对轴承的承载能力和刚度有着重要影响。一般可分为固定节流器和可变节流器两大类。固定节流器有小孔节流器和毛细管节流器。可变节流器主要有双向薄膜节流器和滑阀反馈节流器，可根据机床工作条件选用。

4.4.2 气体静压轴承

用空气作为介质的静压轴承称为气体静压轴承，也称为气浮轴承或空气轴承，其工作原理与液体静压轴承相同。由于空气的黏度比液体小得多，摩擦小，功率损耗小，能在极高转速或极低温度下工作，振动、噪声特别小，旋转精度高，（一般 $0.1\mu m$ 以下），寿命长，基本上不需要维护，用于高速、超高速、高精度机床主轴部件中。

目前，具有气体静压轴承的主轴结构形式主要有三种：

① 具有径向圆柱与平面止推型轴承的主轴部件，如图 4-15 所示的 CUPE 高精度数控金刚石车床主轴，采用内装式电子主轴，电动机转子就是车床主轴。

② 采用双半球形气体静压轴承，如图 4-16 所示的大型超精加工车床的主轴部件。此种轴承的特点是气体轴承的两球心连线就是机床主轴的旋转中心线，它可以自动调心，前后轴承的同心性好，采用多孔石墨，可以保证刚性达 $300N/\mu m$ 以上，回转误差在 $0.1\mu m$ 以下。

③ 前端为球形，后端为圆柱形或半球形，如图 4-17 所示。

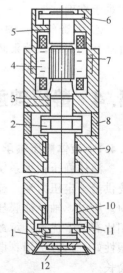

图 4-15 CUPE 高精度
数控金刚石车床
1—低膨胀材料；2—联轴器；3,5,9,10—径向轴承；4—驱动电动机；6,11—止推轴承；7—冷却装置；8—热屏蔽装置；12—金刚石砂轮

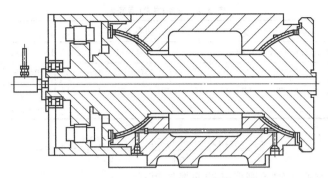

图 4-16　CUPE 的 PG150S 空气静压轴承

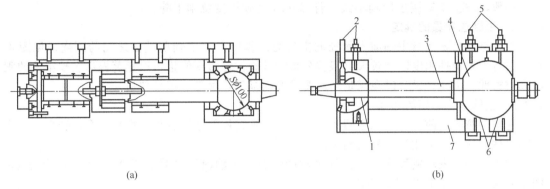

(a)　　　　　　　　　　　　　　　　　　(b)

图 4-17　两种空气静压球轴承

1—径向轴承；2—压缩空气；3—轴；4—球体；5—压缩空气；6—球面轴承；7—球面座

4.5　主轴组件的设计计算

　　根据机床的要求选定主轴组件的结构（包括轴承及其配置）后，应进行计算，以决定主要尺寸。设计和计算的主要步骤如下：

　　① 根据统计资料，初选主轴直径；

　　② 选择主轴的跨距；

　　③ 进行主轴组件的结构设计，根据结构要求修正上述数据；

　　④ 进行验算；

　　⑤ 根据验算结果对设计进行必要的修改。

4.5.1　初选主轴直径

　　主轴直径直接影响主轴部件的刚度。直径越粗，刚度越高，但同时与它相配的轴承等零件的尺寸也越大。故设计之初，只能根据统计资料选择主轴直径。

　　车床、铣床、镗床、加工中心等机床因装配的需要，主轴直径常是自前往后逐步减小的。前轴颈直径 D_1 大于后轴颈直径 D_2。对于车、铣床，一般 $D_2 = (0.7 \sim 0.9)D_1$。几种常见的通用机床钢质主轴前轴颈 D_1 可参考表 4-2 选取。

　　多数机床主轴中心有孔，主要用来通过棒料或安装工具。主轴内孔直径在一定范围内对主轴刚度影响很小，若超出此范围则能使主轴刚度急剧下降。由材料力学可知，刚度 K 正比于截面惯性矩 I，它与直径之间有下列关系：

表 4-2　主轴前轴颈直径　　　　　　　　　　　　　　　　　　　　mm

机床	功率 P/kW								
	1.47~2.5	2.6~3.6	3.7~5.5	5.6~7.3	7.4~11	11~14.7	14.8~18.4	18.5~22	22~29.5
车床	60~80	70~90	70~105	95~130	110~145	140~165	150~190	220	230
升降台铣床	50~90	60~90	60~95	75~100	90~105	100~115	—	—	—
外圆磨床	—	50~60	55~70	70~80	75~90	75~100	90~100	105	105

$$\frac{K_0}{K}=\frac{I_0}{I}=\frac{\pi(D^4-d^4)/64}{\pi D^4/64}=1-\left(\frac{d}{D}\right)^4=1-\varepsilon^4$$

式中　K_0，I_0——空心主轴的刚度和截面惯性矩；

　　　　K，I——实心主轴的刚度和截面惯性矩。

一般，$\varepsilon\leqslant0.7$ 对刚度影响不大；若 $\varepsilon>0.7$ 将使刚度急剧下降。

4.5.2　主轴悬伸量的确定

主轴悬伸量 a 是指主轴前支承径向支反力的作用点到主轴前端面之间的距离，见图 4-18。它对主轴组件刚度影响较大。根据分析和试验，缩短悬伸量可以显著提高主轴组件的刚度和抗振性。因此，设计时在满足结构要求的前提下，尽量缩短悬伸量 a。

4.5.3　主轴最佳跨距的选择

主轴的跨距（前、后支承之间的距离）对主轴组件的性能有很大影响，合理选择跨距是主轴组件设计中一个相当重要的问题。

图 4-18(a) 表示刚性支承、弹性主轴的情况。主轴前端受载荷 F_c 后产生的挠度为 y_s。图 4-19 是主轴最佳跨距计算简图。

$$y_s=\frac{F_c a^3}{3EI}\left(\frac{l}{a}+1\right) \tag{4-1}$$

主轴的柔度即为

$$\frac{y_s}{F_c}=\frac{a^3}{3EI}\left(\frac{l}{a}+1\right)$$

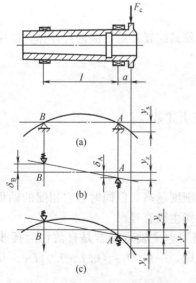

图 4-18　主轴端部受力后的变形

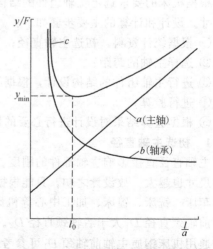

图 4-19　主轴最佳跨距计算简图

主轴柔度 y_s/F_c 与 l/a 的关系如图 4-19 中的曲线 a，呈线性关系。l/a 愈大，柔度也愈大。

图 4-18（b）表示刚性主轴、弹性支承的情况。由于支承变形很小，近似地认为支承受力后作线性变形。设前、后支承的支反力分别为 R_A 和 R_B，刚度为 K_A 和 K_B，则前后支承的变形 δ_A 和 δ_B 分别为

$$\delta_A=\frac{R_A}{K_A}\qquad\qquad \delta_B=\frac{R_B}{K_B} \tag{4-2}$$

由于支承变形而导致主轴前端位移

$$y_z=\delta_A\left(1+\frac{a}{l}\right)+\delta_B\frac{a}{l} \tag{4-3}$$

由于

$$R_A=F_c\left(1+\frac{a}{l}\right)\qquad\qquad R_B=F_c\frac{a}{l} \tag{4-4}$$

所以

$$y_Z=\frac{F_c}{K_A}\left[\left(1+\frac{K_A}{K_B}\right)\frac{a^2}{l^2}+\frac{2a}{l}+1\right] \tag{4-5}$$

相应的主轴柔度

$$\frac{y_z}{F_c}=\frac{1}{K_A}\left[\left(1+\frac{K_A}{K_B}\right)\frac{a^2}{l^2}+\frac{2a}{l}+1\right]$$

柔度 y_z/F_c 与 l/a 的关系如图 4-19 中曲线 b 所示。即当 l/a 很小时，柔度 y_z/F_c 随 l/a 的增大而急剧下降，即刚度急剧增高；当 l/a 较大时，再增大 l/a，则柔度降低缓慢，刚度提高也很缓慢。

图 4-18（c）表示的是实际情况，即主轴前端受力后，支承和主轴都有变形，故应综合以上两种情况，得出主轴端的总挠度。

$$y=y_s+y_z=\frac{F_ca^3}{3EI}\left(\frac{l}{a}+1\right)+\frac{F_c}{K_A}\left[\left(1+\frac{K_A}{K_B}\right)\frac{a^2}{l^2}+\frac{2a}{l}+1\right] \tag{4-6}$$

故主轴端部总柔度

$$\frac{y}{F_c}=\frac{a^3}{3EI}\left(\frac{l}{a}+1\right)+\frac{1}{K_A}\left[\left(1+\frac{K_A}{K_B}\right)\frac{a^2}{l^2}+\frac{2a}{l}+1\right] \tag{4-7}$$

总柔度 y/F_c 与 l/a 的关系见图 4-19 中的曲线 c。显然存在一个最佳的 l/a 值。这时，柔度 y/F_c 最小，也就是刚度最大。当 a 值已定时，则存在一个最佳跨距 l_0。通常 $l/a=2\sim3.5$。从线图上可看出，在 l/a 的最佳值附近，柔度变化不大。当 $l>l_0$ 时，柔度的增加比 $l<l_0$ 时慢。因此，设计时应争取满足最佳跨距。若结构不允许，则可使跨距略大于最佳值。下面讨论最佳跨距 l_0 的确定方法。

最小挠度的条件为 $\mathrm{d}y/\mathrm{d}l=0$，这时的 l 应为最佳跨距 l_0。计算式为

$$\frac{\mathrm{d}y}{\mathrm{d}l}=\frac{F_ca^3}{3EI}\times\frac{1}{a}+\frac{F_c}{K_A}\left[\left(1+\frac{K_A}{K_B}\right)\left(-\frac{2a^2}{l_0^3}\right)-\frac{2a}{l_0^2}\right]=0$$

整理后得

$$l_0^3-\frac{6EI}{K_Aa}l_0-\frac{6EI}{K_A}\left(1+\frac{K_A}{K_B}\right)=0 \tag{4-8}$$

可以证明，这个三次方程只存在唯一的正实根。解此方程较麻烦，因此可用计算线图求解。

令综合变量 $\eta=\dfrac{EI}{K_Aa^3}$，代入式(4-8)，并解出

$$\eta=\left(\frac{l_0}{a}\right)^3\frac{1}{6\left(\dfrac{l_0}{a}+\dfrac{K_A}{K_B}+1\right)} \tag{4-9}$$

η 是无量纲的量，是 l_0/a 和 K_A/K_B 的函数。故可用 K_A/K_B 为参变量，以 l_0/a 为变量，作出 η 的计算线图，如图 4-20 所示，长度单位均为 cm，力的单位为 N，弹性模量单位为 Pa，刚度单位为 N/cm。

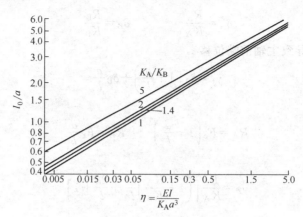

图 4-20 主轴最佳跨距计算线图

【**例 4-1**】 有一 400mm 车床，电动机功率 7.5kW，主轴内孔直径为 48mm，主轴前后均为 3182100 系列双列圆柱滚子轴承。主轴计算转速为 50r/min。试初选主轴轴径和跨距。

解：根据表 4-2，前轴颈 D_1 应为 110～145mm，初定 $D_1=120$mm。

后轴颈 $D_2=0.75D_1=90$mm，根据结构，定悬伸长 $a=120$mm。

① 求轴承刚度 主轴最大输出转矩 （暂不考虑效率）

$$M_n=9550\times\frac{P}{n}=9550\times\frac{7.5}{50}=1432.5 \ (\text{N}\cdot\text{m})$$

托板上的最大加工直径约为最大回转直径的 60%，即 240mm，故半径为 0.12m。

$$F_z=\frac{1432.5}{0.12}=11938 \ (\text{N})$$

$$F_y=0.5F_z=5969 \ (\text{N})$$

故总切削力为

$$F=\sqrt{F_z^2+F_y^2}=13347 \ (\text{N})$$

估算时，先暂取初值 $l_0/a=3$，即暂取 l_0 的初值为 （3×120=)360mm。前后支承支反力 R_A 和 R_B 分别为

$$R_A=F\frac{l_0+a}{l_0}=13347\times\frac{360+120}{360}\approx17796 \ (\text{N})$$

$$R_B=F\frac{a}{l_0}=13347\times\frac{120}{360}\approx4449 \ (\text{N})$$

取前、后支承的刚度为 $K_A=1530$N/μm，$K_B=1030$N/μm。

② 求最佳跨距。

$$\frac{K_A}{K_B}=\frac{1530}{1030}=1.49$$

初算时可假设主轴的当量外径 D （与实际主轴具有相同抗弯刚度的等直径轴的直径）为前、后轴颈的平均值，即

$$D=(120+90)/2=105 \ (\text{mm})$$

故惯性矩为

$$I=0.05\times(0.105^4-0.048^4)=581\times10^{-8}\ (\text{m}^4)$$

则

$$\eta=\frac{EI}{K_A a^3}=\frac{2.1\times10^{11}\times581\times10^{-8}}{1530\times10^6\times0.12^3}=0.46$$

查图 4-20 得

$$l_0/a=2.34$$

故

$$l_0=2.34\times120=281\ (\text{mm})$$

l_0/a 值与原假设值不符。可根据现在计算的 l_0/a 及 l_0 之值，再计算支反力和支承刚度，再求最佳跨距。如此反复进行，直到所得结果与设定值接近为止。这是一个迭代过程。由于支承刚度变化不大，l_0/a 会很快地收敛于正确值。

计算主轴时通常不考虑传动力。这当然与实际使用情况有所出入。但是，只要计算条件是统一的，都按轴端受一集中载荷计算，在同一条件下对比，则计算结果仍能用以评判主轴组件。

主轴组件初步确定后，通常还需对主轴组件进行刚度验算；对于高速主轴组件还需对其临界转速进行验算。有关主轴组件的验算可参考有关手册。

4.6　数控机床主轴组件的结构形式

数控机床的主轴部件，既要满足精加工时精度较高的要求，又要具备粗加工时高效切削的能力。因此在旋转精度、刚度、抗振性和热变形等方面，都有很高的要求。在局部结构上，一般数控机床的主轴部件与其他高效、精密自动化机床没有多大区别。但对于具有自动换刀功能的数控机床，其主轴部件除主轴、主轴轴承和传动件等一般组成部分外，还有刀具自动装卸及吹屑装置、主轴准停装置等。

4.6.1　主轴的支承与润滑

数控机床主轴的支承可以有多种配置形式。图 4-21 所示为 TND360 型数控车床主轴部件。因为主轴在切削时承受较大的切削力，所以轴径设计得比较大。前轴承为三个推力角接触球轴承，前面两个轴承开口朝向主轴前端，接触角为 25°，用以承受轴向切削力；第三个轴承开口朝里，接触角为 14°。三个轴承的内外圈轴向由轴肩和箱体孔的台阶固定，以承受轴向负荷。后支承由一对背对背的推力角接触球轴承组成，只承受径向载荷，并由后压套进行预紧。轴承预紧量预先配好，直接装配即可，不需修磨。主轴为空心主轴，通过棒料的直径可达 60mm。

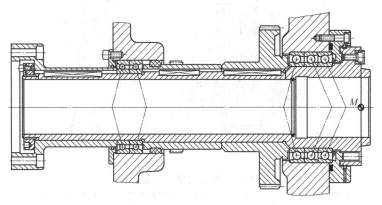

图 4-21　TND360 型数控车床主轴部件

数控车床主轴轴承有的采用油脂润滑，迷宫式密封；有的采用集中强制润滑。为了保证润滑的可靠性，常以压力继电器作为失压报警装置。

4.6.2　刀具自动装卸及切屑清除装置

在某些带有刀具库的数控机床中，主轴组件除具有较高的精度和刚度外，还带有刀具自动装卸装置和主轴孔内的切屑清除装置。如图 4-22 所示，主轴前端有 7：24 的锥孔，用于装夹锥柄刀具。端面键 13 既做刀具定位用，又可通过它传递扭矩。为了实现刀具的自动装卸，主轴内设有刀具自动夹紧装置。从图中可以看出，该机床是由拉紧机构拉紧锥柄刀夹尾端的轴颈来实现刀夹的定位及夹紧的。夹紧刀夹时，液压缸上腔接通回油，弹簧 11 推活塞 6 上移，处于图示位置，拉杆 4 在碟形弹簧 5 的作用下向上移动。由于此时装在拉杆前端径向孔中的四个钢球 12 进入主轴孔中直径较小的 d_2 处 [图 4-22(b)]，被迫径向收拢而卡进拉钉 2 的环形凹槽内，因而刀杆被拉杆拉紧，依靠摩擦力紧固在主轴上。换刀前需将刀夹松开时，压力油进入液压缸上腔，活塞 6 推动拉杆 4 向下移动，碟形弹簧被压缩；当钢球 12 随拉杆一起下移至进入主轴孔中直径较大的 d_1 处时，它就不再能约束拉钉的头部，紧接着拉杆前端内孔的台肩端面碰到拉钉，把刀夹顶松。此时行程开关 10 发出信号，换刀机械手随即将刀夹取下。与此同时，压缩空气由管接头 9 经活塞和拉杆的中心通孔吹入主轴装刀孔

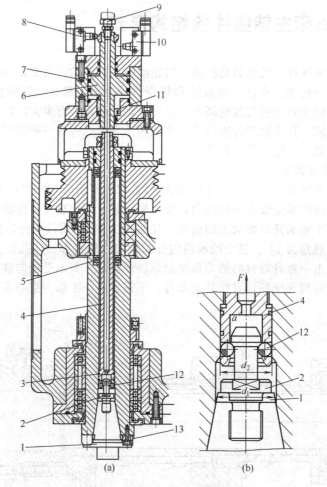

(a)　　　　(b)

图 4-22　数控铣镗床主轴部件

1—刀架；2—拉钉；3—主轴；4—拉杆；5—碟形弹簧；6—活塞；7—液压缸；
8，10—行程开关；9—管接头；11—弹簧；12—钢球；13—端面键

内，把切屑或脏物清除干净，以保证刀具的装夹精度。机械手把新刀装上主轴后，液压缸 7 接通回油，碟形弹簧又拉紧刀夹。刀夹拉紧后，行程开关 8 发出信号。

自动清除主轴孔中的切屑和尘埃是换刀操作中的一个不容忽视的问题。如果在主轴锥孔中掉进了切屑或其他污物，在拉紧刀杆时，主轴锥孔表面和刀杆的锥柄就会被划伤，使刀杆发生偏斜，破坏刀具的正确定位，影响加工零件的精度，甚至使零件报废。为了保证主轴锥孔的清洁，应常用压缩空气吹屑。图 4-22(a) 中活塞 6 的心部钻有压缩空气通道，当活塞向下移动时，压缩空气经拉杆 4 吹出，将锥孔清理干净。喷气小孔设计有合理的喷射角度，并均匀分布，以提高吹屑效果。

4.6.3 主轴准停装置

自动换刀数控机床主轴组件设有准停装置，其作用是使主轴每次都准确地停止在固定的周向位置上，以保证换刀时主轴上的端面键能对准刀夹上的键槽，同时使每次装刀时刀夹与主轴的相对位置不变，提高刀具的重复安装精度，从而提高孔加工时孔径的一致性。图 4-22 所示主轴组件采用的是电气准停装置，其工作原理见图 4-23。在带动主轴旋转的多楔带轮 1 的端面上装有一个垫片 4，垫片上装有一个体积很小的永久磁铁 3。在主轴箱箱体对应于主轴准停的位置上，装有磁传感器 2。当机床需要停车换刀时，数控系统发出主轴停转的指令，主轴电动机立即降速，当永久磁铁 3 对准磁传感器 2 时，后者发出准停信号。

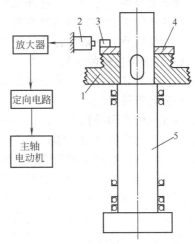

图 4-23 JCS-018 主轴准停装置的工作原理
1—多楔带轮；2—磁传感器；3—永久磁铁；
4—垫片；5—主轴

此信号经放大后，由定向电路控制主轴电动机准确地停止在规定的周向位置上。这种装置可保证主轴准停的重复精度在 ±1° 范围内。

4.7 高速主轴单元

机床的高速化是机床的发展趋势。目前的高速机床和虚拟轴机床均为机床突破性的重大变革，进入 20 世纪 90 年代以来，高速加工技术已进入工业应用阶段，并已取得了显著的技术经济效益。

超高速加工具有如下优点：

① 随着切削速度的提高，切削力下降，切除单位材料的能耗低，加工时间大幅度缩短，所以，切削效率高。

② 加工表面质量好，精度高，可作为机械加工的最终工序。

③ 零件变形小，切削产生的切削热绝大部分被切屑带走，基本不产生热量，减小温升。

④ 刀具寿命长，刀具磨损的增长速度低于切削效率提高速度。

⑤ 在高速加工范围内，机床的激振频率范围远离工艺系统的固有频率范围，振动小，避免了共振。

⑥ 由于直接传动，省去了电动机至主轴间的传动链，消除了传动误差。

高速、超高速加工的关键技术及其相关技术的研究，已成为国内外重要的研究领域之一。其相关技术主要包括机床、刀具、工件、工艺等，如刀具的材料、结构、刀刃形状；工件的材料、定位夹紧、装卸等；工艺中的 CAD/CAM、NC 编程、加工参数等；机床的基本结构、高速主轴、刀杆与安装、CNC 控制、换刀装置，温控系统、润滑与冷却系统和安全防护。这诸多相关技术中，关键技术是机床中的高速主轴组件的设计。本节主要讨论高速主轴组件设计的要点。

高速主轴单元是高速切削机床最重要的部件，也是实现高速和超高速加工的最关键技术之一。要求动平衡性高，刚性好，回转精度高，有良好的热稳定性，能传递足够的力矩和功率，能承受高的离心力，带有准确的测温装置和高效的冷却装置。

高速主轴单元的类型主要有电主轴和气动主轴。气动主轴目前的研究主要是应用于精密加工，功率较小，其最高转速 150000r/min，输出功率仅 30W 左右。

4.7.1 高速电主轴的结构

高速主轴在结构上几乎全部是交流伺服电动机直接驱动的集成化结构，取消齿轮变速机构，并配备有强力的冷却和润滑设计。集成电动机主轴的特点是振动小、噪声低，体积紧凑。集成主轴有两种构成方式：一种是通过联轴器把电动机与主轴直接连接，另一种则是把电动机转子与主轴制成一体，即将无壳电动机的空心转子用压配合的形式直接装在机床主轴上，带有冷却套的定子则安装在主轴单元的壳体中，形成内装式电动机主轴。这种电动机与机床主轴"合二为一"的传动结构形式，把机床主传动链的长度缩短为零，实现了机床的"零传动"，具有结构紧凑、易于平衡、传动效率高等特点，其主轴转速已可以达到每分几万转到几十万转，正在逐渐向高速大功率方向发展。

图 4-24 所示为用于立式加工中心的高速电主轴的组成。由于高速电主轴对轴上零件的动平衡要求很高，因此，轴承的定位元件与主轴不宜采用螺纹连接，电动机转子与主轴也不宜采用键连接，而普遍采用可拆的阶梯过盈连接。

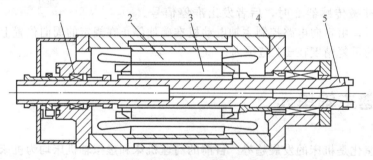

图 4-24 高速电主轴的组成
1—后轴承；2—电动机定子；3—电动机转子；4—前轴承；5—主轴

电主轴的基本参数和主要规格包括套筒直径、最高转速、输出功率、转矩和刀具接口等，其中，套筒直径为电主轴的主要参数。目前，国内外专业的电主轴制造厂已可供应几百种规格的电主轴。其套筒直径从 32～320mm、转速从 10000～150000r/min、功率从 0.5～80kW、转矩从 0.1～300N·m。

国外高速主轴单元的发展较快，中等规格的加工中心的主轴转速已普遍达到 10000r/min，甚至更高。美国福特汽车公司推出的 HVM800 型卧式加工中心主轴单元采用液体动静压轴承最高转速为 15000r/min；德国 GMN 公司的磁浮轴承主轴单元的转速最高达100000r/min 以上；瑞士 Mikron 公司采用的电主轴具有先进的矢量式闭环控制、动平衡较好的主轴结构、油雾润滑的混合陶瓷轴承，可以随室温调整的温度控制系统，以确保主轴在全部工作时间内温度恒定。现在国内 10000～15000r/min 的立式加工中心和 18000r/min 的卧式加工中心已开发成功并投放市场，生产的高速数字化仿形铣床最高转速达到了40000r/min。

4.7.2 高性能的 CNC 控制系统

用于高速加工的 CNC 控制系统必须具有很高的运算速度和运算精度,以及快速响应的伺服控制,以满足高速及复杂型腔的加工要求。为此,许多高速切削机床的 CNC 控制系统采用多个 32 位甚至 64 位 CPU,同时配置功能强大的计算处理软件,如几何补偿软件已被应用于高速 CNC 系统。当前的 CNC 系统具有加速预插补、前馈控制、钟形加减速、精确矢量补偿和最佳拐角减速控制等功能,使工件加工质量在高速切削时得到明显改善。相应地,伺服系统则发展为数字化、智能化和软件化,使伺服系统与 CNC 系统在 A/D-D/A 转换中不会有丢失或延迟现象。尤其是全数字交流伺服电动机和控制技术已得到广泛应用,该控制技术的主要特点为具有优异的动力学特征,无漂移,有极高的轮廓精度,从而保证了高进给速度加工的要求。

4.7.3 冷却润滑技术的研究

过去加工中心机床主轴轴承大都采用油脂润滑方式,为了适应主轴转速向更高速化发展的需要,新的润滑冷却方式相继开发出来,下面介绍为减小轴承温升,进而减小轴承内外圈的温差,以及为解决高速主轴轴承滚道处进油困难所开发的几种润滑冷却方式。

(1) 油气润滑方式

这种润滑方式不同于油雾润滑方式,油气润滑是用压缩空气把小油滴送进轴承空隙中,油量大小可达最佳值,压缩空气有散热作用,润滑油可回收,不污染周围空气。图 4-25 是油气润滑原理图。

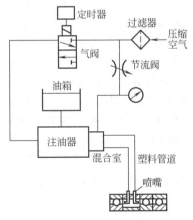

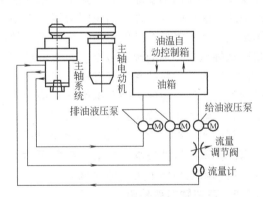

图 4-25 油气润滑原理图　　　　图 4-26 喷注润滑系统工作原理

根据轴承供油量的要求,定时器的循环时间可从 1~99min 定时,二位二通气阀每定时开通一次,压缩空气进入注油器,把少量油带入混合室,经节流阀的压缩空气,经混合室,把油带进塑料管道内,油液沿管道壁被风吹进轴承内,此时,油成小油滴状。

(2) 喷注润滑方式

这是最近开始采用的新型润滑方式,其工作原理如图 4-26 所示。它用较大流量的恒温油(每个轴承 3~4L/min)喷注到主轴轴承,以达到冷却润滑的目的。回油则不是自然回流,而是用两台排油液压泵强制排油。

4.7.4 高速精密轴承

高速精密轴承是支承主轴转速高速化的关键技术,其性能好坏将直接影响主轴单元的工作性能。随着速度的提高,轴承的温度升高,振动和噪声增大,寿命减少。因此,提高主轴转速的前提是需要性能优异的高速主轴轴承。

目前高速主轴支承用的高速轴承有接触式和非接触式轴承两大类。接触式轴承由于存在金属摩擦，因此摩擦因数大，允许最高转速低。保持接触式轴承长期高速运转的技术措施是预加载荷的自动补偿和良好润滑。目前，实施预加载荷自动补偿的方法之一是采用液压补偿系统，通过检测高速主轴运动特性的变化可确定预加载荷的大小，并通过后轴承的轴向移动保持预加载荷的最佳值。目前用于支承高速主轴的接触式轴承有精密角接触球轴承。非接触式的流体轴承，其摩擦仅与流体本身的摩擦因数有关。由于流体摩擦因数很小，因而可达到最高的允许转速。目前用于支承高速主轴的非接触轴承有空气轴承、液体动、静压轴承和磁悬浮轴承。

磁悬浮轴承高速性能好、精度高、易实现实时诊断和在线监控，转速可达 45000r/min，功率达 20kW，可进行电子控制，回转精度高达 $0.2\mu m$，是超高速电主轴理想的支承元件。但其价格较高，控制系统复杂，制造成本高，发热问题难以解决，因而还无法在高速主轴单元上推广应用。

液体动静压轴承采用流体动、静力相结合的办法，使主轴在油膜支承中旋转，具有径向和轴向跳动小、刚性好、阻尼特性好、寿命长的优点，功率达 37.5kW，转速可达 20000r/min，主要用在低速重载场合。但其无通用性，维护保养较困难。

空气轴承径向刚度低并有冲击，但高速性能好，一般用于超高速、轻载、精密主轴。空气轴承主轴也已经能够在 18.8kW 的功率下达到 10000～22000r/min 的转速，在 9.1kW 的功率下达到 30000～55000r/min 的转速。

角接触球轴承在 dn 值 2.0×10^6 以下的高速主轴单元中应用，无论是速度极限、承载能力、刚度、精度等各方面均能很好地满足要求，其标准化程度高，价格低廉。影响角接触球轴承高速性能的主要原因是高速下作用在滚珠上的离心力和陀螺力矩增大。离心力增大会增加滚珠与滚道间的摩擦，而陀螺力矩增大则会使滚珠与滚道间产生滑动摩擦，使轴承摩擦发热加剧，因而降低轴承的寿命。为了提高轴承的高速性能，还可通过合理润滑、采用角接触陶瓷球轴承、合理的预紧力控制、对轴承滚道进行涂层处理等方法来提高性能。由于氮化硅（Si_3N_4）陶瓷材料的密度只有轴承钢的 40%，线胀系数只有轴承钢的 25%，弹性模量是轴承钢的 1.5 倍，硬度为轴承钢的 2.3 倍，并且耐高温、不导电、不导磁、热导率低。因此，用 Si_3N_4 陶瓷作为滚珠材料的小直径密珠轴承，与同规格同一精度等级的钢质滚珠轴承相比，其速度可提高 60%，温升可降低 35%～60%，寿命可提高 3～6 倍，可不用润滑或用油脂润滑。采用这种轴承的主轴，功率可达 80kW，转速高达 150000r/min，目前国外绝大多数高速机床主轴均采用这种轴承。

4.7.5 电主轴的动平衡

由于不平衡质量是以主轴转速的二次方影响主轴动态性能的，所以主轴的转速越高，主轴不平衡质量引起的动态问题越严重。对电主轴来说，由于电动机转子直接过盈固定在主轴上，增加了主轴的转动质量，使主轴的极限频率下降，因此，超高速电主轴的动平衡精度应严格要求，一般应达到 G1～G0.4 级（$G=e\omega$，e 为偏心量，ω 为角速度）。为此，必须进行电主轴装配后的整体精确动平衡，甚至还要设计专门的自动平衡系统来实现电主轴的在线动平衡。

在电主轴的动平衡中，刀具的定位夹紧及平衡也是主要的影响因素之一。回转刀具的刀头距回转中心的偏差，是主轴高速回转时产生振动的原因，同时导致刀具寿命缩短。因此，必须对包括刀具和刀夹的旋转总成充分地进行平衡，以消除有害的动态不平衡力，避免高速下颤振和振动。

4.7.6 刀具的夹紧

分析与实验表明高速主轴的前端由于离心力的作用会使主轴膨胀，如 $30^\#$ 锥度的主轴前端在 30000r/min 时，膨胀量为 4～5μm，然而标准的 7/24 圆锥实心刀柄不会有这样大的膨胀量，这样，就明显地减少了主轴与刀具的接触面积，从而降低了刀柄与主轴锥孔的接触刚度，而且刀具的轴向位置也会发生变化，很不安全。于是传统的长锥柄刀夹已不适用于超高速加工。解决这个问题的办法有两种：一种是采用主轴锥孔与主轴端部同时接触的双定位刀夹，使端面定位面具有很大的摩擦，以防止主轴膨胀，这是一种有效的措施。为使刀具在刀柄上夹紧，可采用流体压力夹紧的方式。这样既可提高夹紧刚度，又可保证刀柄和刀具高度的同心度。

利用短锥（1：10 刀锥柄），且锥柄部分采用薄壁结构，刀柄利用短锥和端面同时实现轴向定位。这种结构对主轴和刀柄连接处的公差带要求特别严格，仅为 $2\sim6\mu m$，由于短锥严格的公差和具有弹性的薄壁，在拉杆轴向拉力的作用下，短锥会产生一定的收缩，所以刀柄的短锥和法兰端面较容易与主轴相应的结合面紧密接触，实现锥面与端面同时定位，因而具有很高的连接精度和刚度。当主轴高速旋转时，尽管主轴轴端会产生一定程度的扩张，使短锥的收缩得到部分伸张，但是短锥与主轴锥孔仍保持较好的接触，主轴转速对连接性能影响很小。

另一种是直接夹紧刀具的方式，即通过采用主轴锥孔内用拉杆操作的弹簧夹头而省去刀夹。直接夹紧最适合于直径小于 10mm，且需要较小功率的刀柄直径的超高速切削加工。

4.7.7 轴上零件的连接

在超高速电主轴上，由于转速的提高，所以对轴上零件的动平衡要求非常高。轴承的定位元件与主轴不宜采用螺纹连接，电动机转子与主轴也不宜采用键连接，而普遍采用可拆的阶梯过盈连接。一般用热套法进行安装，用注入压力油的方法进行拆卸。

在确定阶梯套基本过盈量时，除了根据所受载荷计算需要过盈量外，还需考虑以下因素对过盈连接强度的影响：①配合表面的粗糙度；②连接件的工作温度与装配温度之差，以及主轴与过盈套材料线胀系数之差；③主轴高速旋转时，过盈套所受到的离心力会引起过盈套内孔的扩张，导致过盈量减少，当主轴材料和过盈套的材料泊松比、弹性模量和密度相差不大时，过盈量的修正值与主轴转速的平方成正比；④重复装卸会引起过盈量减小；⑤结合面形位公差对过盈量的影响等。

阶梯过盈套过盈量的实现有两种方式：①利用公差配合来实现，根据基本过盈量的计算值和配合面的公称尺寸，查有关手册图表，得出相应的过盈配合；②利用阶梯配合面的公称尺寸的差值来实现，并选用 H4/h4 的过渡配合，这种方法容易控制和保证配合的实际过盈量，适用于高精度的零件配合和进行标准化和系列化生产。

4.8 提高主轴组件性能的措施

4.8.1 提高旋转精度

提高主轴组件的旋转精度，首先是要保证主轴和轴承具有一定的精度，此外还可采取一些工艺措施。

（1）选配法

轴承及其精度选定之后，还可以通过选配安装进一步提高主轴的旋转精度。如图 4-27 所示，主轴端部锥孔中心 O 相对于主轴轴颈中心 O_1 的偏心量为 δ_1。安装在轴颈上的轴承内圈内孔中心也是 O_1，内圈滚道中心 O_2 相对于 O_1 的偏心量为 δ_2。装配后主轴部件的旋转中心为 O_2。显然，若两个偏心的偏移方向相同 [图 4-27(a)]，则主轴锥孔中心的偏心量为 $\delta=\delta_1+\delta_2$；若方向相反 [图 4-27(b)]，则偏差为 $\delta=|\delta_1-\delta_2|$。这表明后者的主轴组件旋转精度较高。

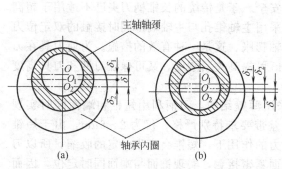

图 4-27　径向跳动量的合成

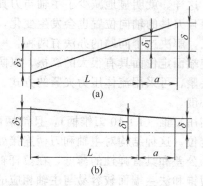

图 4-28　轴承径向跳动对主轴端部的影响

前、后轴承选配合理时，可以减小主轴端部径向跳动量。如图 4-28 所示，设前、后轴承的径向跳动量为 δ_1、δ_2，主轴端部的径向跳动量为 δ，利用相似三角形关系，可得

$$\frac{\delta_1+\delta_2}{L}=\frac{\delta+\delta_2}{L+a}$$

即

$$\delta=\delta_1\left(1+\frac{a}{L}\right)+\delta_2\frac{a}{L}$$

可见，$\delta>\delta_1$，轴端的径向跳动增大。

若 δ_1、δ_2 位于主轴轴线的同侧［图 4-28(b)］，则根据相同的原理，计算得：

$$\frac{\delta_2-\delta_1}{L}=\frac{\delta_2-\delta}{L+a}$$

即

$$\delta=\delta_1\left(1+\frac{a}{L}\right)-\delta_2\frac{a}{L}$$

可见，当 $\delta_2>\delta_1$ 时，$\delta<\delta_1$，轴端的径向跳动减少。如能选择 $\delta_1/\delta_2=a/(L+a)$，则可使 $\delta=0$，即通过轴承的选配，可以使低精度等级的轴承装配出高旋转精度的主轴组件。

（2）装配后精加工

由于有些特别精密的主轴组件对旋转精度要求很高，如果只靠主要零件的加工精度来保证，几乎是不可能的。例如坐标镗床主轴组件，主轴锥孔的跳动允差只有 $1\sim2\mu m$，如果只靠主轴轴承精度来保证是做不到的。这时可以先将主轴组件装配好，再以主轴两端锥孔为基准，在精密外圆磨床上精磨主轴套筒的外圆。再以此外圆为基准，精磨主轴锥孔。精磨完毕，拆卸清洗，重新组装，获得成品。

当主轴以工作转速运转时，主轴轴心会在一定范围内漂移。这个误差称为运动误差。为提高运动精度，除适当提高轴承的精度外，对于滚动轴承还可采取下列措施：①消除间隙并适当预紧，使各滚动体受力均匀；②控制轴颈和轴承座孔的圆度误差；③适当加长外圈的长度，使外圈与箱体孔的配合可以略松，以免箱体孔的圆度误差影响外圈滚道；④采用 NNU4900K 系列轴承（挡边开在外圈上，内圈可以分离的 3182100 系列轴承），可将内圈装在主轴上后再精磨滚道；⑤内圈与轴颈、外圈与座孔配合不能太紧。

如果主轴用滑动轴承，则轴颈和轴瓦的形状误差对运动精度影响很大。由于动压轴承的动压效应，油膜压强随转速而变。因此，单油楔轴承轴颈中心将随转速的变化而变动。多油楔轴承的这个变化要小得多。静压轴承由于油膜较厚，均化作用明显，运动精度要更高一些。

4.8.2　改善动态特性

主轴组件应有较高的动刚度和较大的阻尼，使得主轴组件在一定幅值的周期性激振力作用下，受迫振动的振幅较小。通常，主轴组件的固有频率是很高的，远远高于主轴的最高转速，故不必考虑共振问题，按静态处理。但是对于高速主轴，特别是带内装式电动机的高速主轴（电动机转子是一个集中质量，将使固有频率下降），则要考虑共振问题。改善动态特性的主要措施如下。

① 使主轴组件的固有频率避开激振力的频率。通常应使固有频率高于激振力频率 30%以上。如果发生共振的那阶模态属于主轴的刚体振动（平移或摇摆振型），则可设法提高轴承刚度；当属于主轴的弯曲振动，则需提高主轴的刚度，如适当加大主轴直径、缩短悬伸等。激振力可能由于主轴组件不平衡（固有频率等于主轴转速）或断续的切削力（固有频率等于主轴转速乘刀齿数）等而产生。

② 主轴轴承的阻尼对主轴组件的抗振性影响很大，特别是前轴承。如果加工表面的 Ra值要求很小，又是卧式主轴，可用滑动轴承。例如外圆磨床和卧轴平面磨床。滚动轴承中，圆锥滚子轴承的端面有滑动摩擦，其阻尼要比球轴承和圆柱滚子轴承高一些。适当预紧可以增大阻尼，但过大的预紧反而使阻尼减小。故选择预紧时还应考虑阻尼的因素。

③ 采用三支承结构时，其中辅助支承的作用在很大程度上是为提高抗振性。

④ 采用消振装置。

4.8.3 控制主轴组件温升

主轴运转时滚动轴承的滚动体在滚道中摩擦、搅油，滑动轴承承载油膜受到剪切内摩擦，均会产生热量，使轴承温度上升。轴承直径越大，转速越高，发热量就越大。故轴承是主轴组件的主要热源。前后轴承温度的升高不一致，使主轴组件产生热变形，从而影响轴承的正常工作，导致机床加工精度降低。故对于高精度和高效自动化机床，如高精度磨床、坐标镗床和自动交换刀具的数控机床（即加工中心），控制主轴组件温升和热变形，提高其热稳定性是十分必要的。主要措施有以下两项。

① 减少轴承发热量　合理选择轴承类型和精度，保证支承的制造和装配质量，采用适当的润滑方式，均有利于减少轴承发热。

② 采用散热装置　通常采用热源隔离法、热源冷却法和热平衡法，能够有效地降低轴承温升，减少主轴组件热变形。机床实行箱外强制循环润滑，不仅带走了部分热量，而且使油箱扩大了散热面积。对于高精度机床主轴组件，油液还用专门的冷却器冷却，降低润滑油温度。有的采用恒温装置，降低轴承温升，使主轴热变形小而均匀。

习题与思考题

1. 主轴组件应满足哪些基本要求？
2. 简述主轴常用滚动轴承的类型及其特点。
3. 主轴轴承的配置形式主要有哪几种？各适用于什么场合？
4. 简述双列短圆柱滚子轴承的间隙调整方法。
5. 主轴滚动轴承必须预紧的原因是什么？常用的预紧方式有哪些？
6. 试述主轴静压轴承的工作原理。
7. 采用什么方法可使用较低精度等级的滚动轴承装配出较高旋转精度的机床主轴组件？
8. 画出主轴轴端各项位移与跨距 L 的关系曲线，并简要分析。
9. 主轴为何需要"准停"？如何实现"准停"？
10. 简述高速加工的主要特点。

第 5 章 伺服进给传动系统设计

5.1 伺服进给传动系统概述

数控机床的进给伺服系统由伺服驱动电路、伺服驱动装置、机械传动机构及执行部件组成。它的作用是接收数控系统发出的进给速度和位移指令信号，由伺服驱动电路进行转换和放大后，经伺服驱动装置（直流、交流伺服电动机、功率步进电动机、电液脉冲马达等）和机械传动机构，驱动机床的工作台、主轴头架等执行部件实现工作进给和快速运动。数控机床的进给伺服系统与一般机床的进给系统有本质上的差别，它能根据指令信号精确地控制执行部件的运动速度与位置，以及几个执行部件按一定规律运动所合成的运动轨迹。

5.1.1 伺服进给系统分类

数控进给伺服系统按有无位置检测和反馈进行分类，有以下两种。

（1）开环伺服系统

图 5-1 是开环伺服系统的工作原理图，它由步进电动机及其驱动线路等组成。其功能是每输入一个指令脉冲，步进电动机就旋转一定角度，步进电动机的旋转速度取决于指令脉冲的频率。

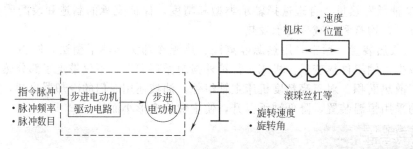

图 5-1　开环伺服系统的工作原理图

旋转角的大小由指令脉冲数所决定。由于系统中没有位置检测器与反馈线路，因此开环系统的精度较差，但结构简单、易于调整，在精度不太高的场合中仍得到较广泛的应用，如机床改造等。这种系统的定位精度一般可达到 ±0.02mm，脉冲当量（一个指令脉冲下工作台所移动的距离）为 0.01mm，最高进给速度一般在 6m/min 以下。

（2）闭环伺服系统

图 5-2 是典型的闭环伺服系统的工作原理图，它由伺服电动机、检测装置、比较电路、伺服放大系统等部分组成。闭环伺服系统根据来自检测装置的反馈信号与指令信号比较的结果进行速度和位置的控制。对部分数控机床来说，其检测反馈信号是从伺服电动机轴或滚珠丝杠上取得的。对高精度或大型机床，直接从安装在工作台等移动部件上的检测装置中取得反馈信号。为区别两者，前者称为半闭环系统。

闭环系统通过直接测量工作台等移动部件的位移从而实现精度高的反馈控制。但这种测量装置的安装与调整都比较复杂且不易保养。相比之下，半闭环系统中的转角测量就比较容

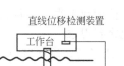

图 5-2　闭环伺服系统的工作原理图

易实现,但由于后继传动链传动误差的影响,测量补偿精度比闭环系统差。半闭环系统由于系统简单而且调整方便,现在已广泛地应用在数控机床上。

5.1.2　伺服进给系统的基本要求

伺服驱动系统的选用,在实际中必须根据机床的要求来确定。各种数控机床所完成的加工任务不同,所以它们对进给驱动的要求也不尽相同,但大致可概括为以下几个方面。

（1）精度要求

伺服系统必须保证机床的定位精度和加工精度。对于低档数控系统,驱动控制精度一般为 $0.01mm$;而对于高性能数控系统,驱动控制精度为 $1\mu m$,甚至为 $0.1\mu m$。

（2）响应速度

为了保证轮廓切削形状精度和低的加工表面粗糙度,除了要求有较高的定位精度外,还要有良好的快速响应特性,即要求跟踪指令信号的响应要快。

（3）调速范围

调速范围 R_n 是指生产机械要求电动机能提供的最高转速 n_{max} 和最低转速 n_{min} 之比。在各种数控机床中,由于加工用刀具、被加工工件材质以及零件加工要求的不同,为保证在任何情况下都能得到最佳切削条件,就要求进给驱动系统必须具有足够宽的调速范围。

（4）低速、大转矩

根据机床的加工特点,经常在低速下进行重切削,即在低速下进给驱动系统必须有大的转矩输出。

5.2　直线运动机构——滚珠丝杠螺母机构

5.2.1　工作原理及其特点

滚珠丝杠螺母机构是回转运动与直线运动相互转换的传动装置,是数控机床伺服进给系统中使用最为广泛的传动装置。如图 5-3 所示,在丝杠和螺母上分别加工出圆弧形螺旋槽,这两个圆弧形槽合起来便形成了螺旋滚道,在滚道内装入滚珠。当丝杠相对螺母旋转时,滚珠在螺旋滚道内滚动,迫使二者发生轴向相对位移。为了防止滚珠从螺母中滚出来,在螺母的螺旋槽两端设有回程引导装置,使滚珠能返回丝杠、螺母之间构成一个闭合回路。由于滚珠的存在,丝杠与螺母之间是滚动摩擦,仅在滚珠之间存在滑动摩擦。滚珠丝杠螺母机构具有下列特点:

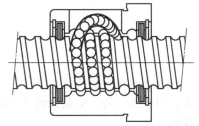

图 5-3　滚珠丝杠螺母机构

① 摩擦损失小、传动效率高。滚珠丝杠螺母机构的传动效率可达 $0.92\sim0.96$,是普通滑动丝杠螺母机构的 3～4 倍,而驱动转矩仅为滑动丝杠螺母机构的 1/4。

② 运动平稳、摩擦力小、灵敏度高、低速时无爬行。由于主要存在的是滚动摩擦,不

仅动、静摩擦因数都很小,且其差值很小,因而启动转矩小,动作灵敏,即使在低速情况下也不会出现爬行现象。

③ 轴向刚度高、反向定位精度高。由于可以完全消除丝杠与螺母之间的间隙并可实现滚珠的预紧,因而轴向刚度高,反向时无空行程,定位精度高。

④ 磨损小、寿命长、维护简单。使用寿命是普通滑动丝杠螺母机构的4～10倍。

⑤ 传动具有可逆性、不能自锁。由于摩擦因数小,不能自锁,因而使该机构的传动具有可逆性,即不仅可以把旋转运动转化为直线运动,而且还可以把直线运动转化为旋转运动。由于不能自锁,在某些场合,如传动垂直运动时必须附加制动装置或防止逆转的装置,以免工作台等因自重下降。

⑥ 同步性好。用几套相同的滚珠丝杠螺母机构同时传动几个相同的部件或装置时,可获得较好的同步性。

⑦ 有专业厂生产,选用配套方便。

目前滚珠丝杠螺母机构不仅广泛用于数控机床,而且越来越多地代替普通滑动丝杠螺母机构,用于各种精密机床和精密装置。

5.2.2 结构类型

滚珠丝杠螺母机构的类型很多,主要表现在滚珠循环方式和轴向间隙的调整预紧方式两个方面。

5.2.2.1 滚珠循环方式

滚珠的循环方式可分为内循环和外循环两大类型。

（1）内循环

滚珠在循环过程中与丝杠始终保持接触的称为内循环,如图5-4所示。在滚珠螺母3和4上装有回珠器（又称反向器）2,迫使滚珠在完成接近一圈的滚动后,越过丝杠外径返回前一个相邻的滚道,形成滚珠的单圈循环。为了保证承载能力,一个滚珠螺母中要保证有3～4圈滚珠工作。

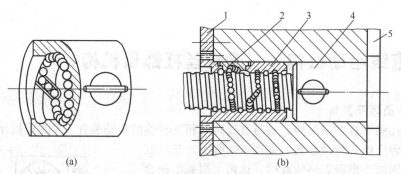

(a) (b)

图 5-4　内循环滚珠丝杠
1,5—内齿轮圈；2—反向器；3,4—滚珠螺母

内循环滚珠的回路短,滚珠数目少,流畅性好,摩擦损失小,传动效率高,且径向尺寸紧凑,轴向刚度高。但此种循环方式不能用于多头螺纹传动,回珠器槽形复杂,需用三坐标数控铣床加工。

（2）外循环

滚珠在循环回路中与丝杠脱离接触的称为外循环。根据滚珠循环回路结构形式的不同可分为螺旋槽式、插管式和盖板式等。螺旋槽式如图5-5所示。在螺母外圆上铣有回珠槽a,两个挡珠器1分别位于回珠槽与滚珠螺母的螺旋滚道的连接处,利用挡珠器一端修磨的圆弧引导滚珠离开螺旋滚道进入回珠槽以及引导滚珠由回珠槽返回螺旋滚道,形成外循环回路。

螺旋槽式滚珠循环回路转折平缓,便于滚珠循环,同时结构简单、加工方便,因此在数控机床中应用较为广泛。

插管式滚珠丝杠如图 5-6 所示,它由丝杠、滚珠、回珠管(外滚道)1 和螺母组成。利用插入螺母的管道作为回珠槽,加工方便,应用也较广泛,但管道突出于螺母外面,径向尺寸较大。

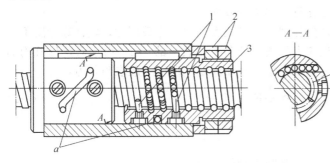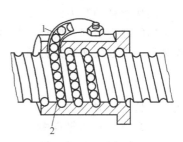

图 5-5　螺旋槽式外循环滚珠丝杠

1—挡珠器;2—螺母;3—滚珠螺母;a—回珠槽

图 5-6　插管式外循环滚珠丝杠

1—外滚道;2—内滚道

5.2.2.2　轴向间隙的调整和预紧方法

现代数控机床广泛采用施加预紧力来消除间隙、提高传动刚度,这是伺服进给系统机械传动机构设计中突出的一点。滚珠丝杠螺母轴向间隙调整和预紧方法的原理与普通丝杠螺母相同,即通过调整双滚珠螺母(双螺母机构)的轴向相对位置,使两个螺母的滚珠分别压向螺旋滚道的两侧面,如图 5-7 所示。但滚珠丝杠螺母机构间隙调整的精度要求高,要求能作微调以获得准确的间隙或预紧量。常用的方法有下列几种。

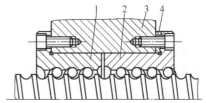

图 5-7　垫片调隙式滚珠丝杠螺母

1,2—螺母;3—螺母座;4—垫片

(1) 垫片调隙式

垫片调隙式滚珠丝杠螺母如图 5-7 所示,用螺钉连接双螺母的凸缘,在凸缘和螺母座 3 之间加一垫片 4,垫片一般为剖分式,通过修磨改变垫片 4 的厚度,从而使两个滚珠丝杆螺母产生少许轴向相对位移。这种方法结构简单、刚性好、装卸方便,但调整时常需对垫片反复修磨,工作中不能进行随时调整,因此适于一般精度的机构。

(2) 螺纹调隙式

如图 5-5 所示,一个滚珠螺母的外端有凸缘,而另一个的外端没有凸缘而制有螺纹,用 2 个螺母 2 对 2 个滚珠螺母进行轴向位置的调整和固定。旋转前面螺母可使双螺母产生轴向相对位移,达到调整轴向间隙的目的,用后面螺母进行锁紧。这种方法结构简单、调整方便,因此应用广泛。其缺点是调整量难以精确控制。

(3) 齿差调隙式

如图 5-4 所示,两个滚珠螺母 3、4 的凸缘上各制有圆柱齿轮,其齿数分别为 Z_1 和 Z_2,$Z_2 - Z_1 = 1$,这两个圆柱齿轮分别插入两个内齿轮圈 1、5 中而被锁紧。调整时,先取下两个内齿圈,然后使两个圆柱齿轮沿相同方向转过 k 个齿,再装入内齿圈 1、5,锁紧两圆柱齿轮。因此,两个滚珠螺母产生了相对角位移,进而产生轴向相对位移达到调整轴向间隙的目的。两个滚珠螺母的轴向相对位移量 Δ 可表示为:

$$\Delta = \frac{k}{Z_1}S - \frac{k}{Z_2}S = k\left(\frac{1}{Z_1} - \frac{1}{Z_2}\right)S = \frac{kS}{Z_1 Z_2} \tag{5-1}$$

若齿数 $Z_1 = 99$,$Z_2 = 100$,滚珠丝杠导程 $S = 8mm$,则 $\Delta = 0.8k\mu m$。

此种调整方法精确可靠，但结构复杂，因此多用于对调整准确度要求较高的场合，在数控机床中应用比较广泛。

在订购滚珠丝杠副时，可根据丝杠受力情况通知厂家所需预紧力的大小，以便厂家按照给定的预紧力预紧。若预紧力选择得当，滚珠丝杠就可以处于最佳工作状态。如果预紧力增加，钢珠与滚道之间的接触刚度增加，传动精度也会提高，但是，过大的预紧力将导致钢珠与滚道之间接触应力增大，从而降低工作寿命和传动效率。

滚珠丝杠预紧力的大小应使得滚珠丝杠副在承受最大轴向工作载荷时，丝杠螺母副不出现轴向间隙为最好，要求预紧力的数值应大于最大轴向工作载荷的1/3。由于双螺母机构加预载后会引起附加摩擦力矩，因此还要考虑效率与寿命问题。所以一般取预紧力：

$$F_0 \approx \frac{1}{3} F_t \tag{5-2}$$

式中　F_0——预紧力，N；

　　　F_t——最大轴向载荷，N。

这时滚珠丝杠与螺母的接触变形量为无预紧力时的一半。

5.2.3　滚珠丝杠的安装

数控机床的进给系统要求获得较高的传动刚度，除了加强滚珠丝杠螺母机构本身的刚度外，滚珠丝杠的正确安装及其支承的结构刚度也是不可忽视的因素。滚珠丝杠螺母机构安装不正确以及支承刚度不足，还会使滚珠丝杠的使用寿命大大下降。常见的丝杠安装有以下几种形式。

（1）一端固定，一端自由

如图 5-8(a) 所示。这种支承形式结构简单，丝杠的轴向刚度比两端固定低，丝杠的压杆稳定性和临界转速都较低，设计时尽量使丝杠受拉伸。对于行程小、转速较低的短丝杠和竖直的丝杠可采用悬臂支承结构。

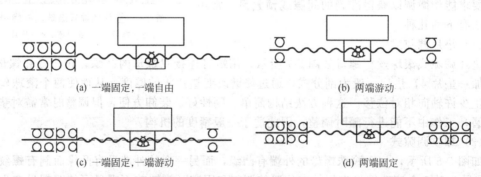

(a) 一端固定,一端自由　　　　　　(b) 两端游动

(c) 一端固定,一端游动　　　　　　(d) 两端固定

图 5-8　丝杠支承的四种方式

（2）两端游动

如图 5-8(b) 所示，两端支持的安装方法属于一般的安装方法，适合于中等转速的场合。

（3）一端固定，一端游动

对于高精度、中等转速的较长的卧式安装丝杠，为了防止热变形造成丝杠伸长的影响，常采用一端轴向固定的支承方式，如图 5-8(c) 所示。

这种支承形式的特点：安装时需保持螺母与两端支承同轴，故结构较复杂，工艺较困难；丝杠的轴向刚度和图 5-8(a) 所示支承形式相同但压杆稳定性和临界转速更高；丝杠有热膨胀的余地，即丝杠固定端承受径向力和两个方向的轴向力，而另一端只承受径向力，并能做微量轴向浮动。

（4）两端固定

对于高精度、高速旋转的滚珠丝杠应该采用两端固定的安装方式，如图 5-8(d) 所示。为了给丝杠施加预紧拉力，可采用两端固定方式，并可在丝杠一端安装碟形弹簧和调整螺母，既能对丝杠施加预紧力，又能让弹簧来补偿丝杠的热变形，保持预紧力近乎不变。

这种支承形式的刚度最高，只要轴承无间隙，丝杠的轴向刚度为一端固定形式的 4 倍。安装时需保持螺母与两端支承同轴，故结构较复杂，工艺较困难；丝杠一般不会受压，无压杆稳定问题，固有频率比一端固定形式要高；可以预拉伸，预拉伸后可减少丝杠自重的下垂和补偿热膨胀，但需一套预拉伸机构，结构及工艺都比较复杂；要进行预拉伸的丝杠，其目标行程应略小于公称行程，减少量等于拉伸量。因此这种形式适用于对刚度和位移精度要求高的场合。

丝杠的支承轴承应采用滚珠丝杠专用轴承，这是一种特殊的向心推力球轴承，其接触角增大到 60°，增加了滚珠数目并相应减小了滚珠直径，使轴向刚度增大到普通向心推力球轴承的 2 倍。该轴承一般是成套出售，出厂时已调好预紧力，使用极为方便。若选用通用轴承，可采用向心推力球轴承或向心球轴承同推力球轴承的组合，一般会增加轴承支座的结构尺寸，增加轴承的摩擦力和发热。

丝杠两端轴承座孔与滚珠丝杠螺母座孔应保证严格的同轴度，同时要保证滚珠丝杠螺母与座孔的配合良好以及孔对端面的垂直度，保证轴承支座和螺母支座的整体刚度、局部刚度和接触刚度等。

5.2.4　滚珠丝杠螺母副的计算和选用

滚珠丝杠螺母副的承载能力用额定负荷表示，其动、静载强度计算原则与滚动轴承相类似。一般根据额定动负荷选用滚珠丝杠螺母副，只有当 $n \leqslant 10 \text{r/min}$ 时，按额定静负荷选用。对于细长承受压缩的滚珠丝杠螺母副需作压杆稳定性计算；对于高速、支承距大的滚珠丝杠螺母副需要作临界转速的校核；对于精度要求高的传动要进行刚度验算、转动惯量校核，对闭环控制系统还要进行谐振频率的验算。

在选择数控机床滚珠丝杠螺母副的过程中，一般首先根据动载强度计算或静载强度计算来确定其尺寸规格，然后对其刚度和稳定性进行校核计算。

（1）动载强度计算

额定动负荷 F_r 是指当一批规格相同的滚珠丝杠螺母副，在一负荷力的测试运转下，能通过 10^6 转运动，而有 90% 不产生疲劳损伤时所能承受的最大轴向载荷。

当转速 $n > 10 \text{r/min}$ 时，滚珠丝杠螺母副的主要破坏形式是工作表面的疲劳点蚀，因此要进行动载强度计算，其计算动载荷 C_c 应小于或等于滚珠丝杠螺母副的额定动负荷，即：

$$C_c = \sqrt[3]{T'} f_d f_H F_{eq} \leqslant F_r \tag{5-3}$$

式中　f_d——动载荷系数，见表 5-1；

　　　f_H——硬度影响系数，见表 5-2；

　　　F_{eq}——当量动负荷，N；

　　　F_r——滚珠丝杠螺母副的额定动负荷，N；

　　　T'——寿命，以 10^6 转为单位。

表 5-1　动载荷系数 f_d

载荷性质	f_d
平稳、轻微冲击	1.0～1.2
中等冲击	1.2～1.5
较大冲击和振动	1.5～2.5

$$T' = \frac{60 n_{eq} T}{10^6} = N \times 10^{-6} \tag{5-4}$$

式中　T——使用寿命，h；

　　　N——循环次数；

　　　n_{eq}——滚珠丝杠的当量转速，r/min。

$$F_{eq} = \sqrt[3]{\frac{F_1^3 n_1 t_1 + F_2^3 n_2 t_2 + \cdots}{n_1 t_1 + n_2 t_2 + \cdots}} \tag{5-5}$$

$$n_{eq} = \frac{n_1 t_1 + n_2 t_2 + \cdots}{t_1 + t_2 + \cdots} \tag{5-6}$$

式中　F_1，$F_2 \cdots$——滚珠丝杠螺母副所承受的轴向工作载荷，N；

　　　n_1，$n_2 \cdots$——与 F_1、F_2 相对应的转速，r/min；

　　　t_1，$t_2 \cdots$——与 n_1、$n_2 \cdots$ 相对应的工作时间，min。

当工作载荷单调连续或周期性单调连续变化时，则

$$F_{eq} \approx \frac{2F_{max} + F_{min}}{3} \tag{5-7}$$

式中　F_{max}，F_{min}——最大和最小工作载荷，N。

(2) 静载强度计算

当转速 $n \leqslant 10 r/min$ 时，滚珠丝杠螺母副的主要破坏形式为滚珠接触面上产生较大塑性变形，影响正常工作。为此应进行静载强度计算，最大计算静载荷 F_{0c} 为：

$$F_{0c} = f_d f'_H F_{max} \leqslant F_{0r} \tag{5-8}$$

式中　f'_H——硬度影响系数，见表 5-2；

　　　F_{0r}——滚珠丝杠螺母副的额定静负荷，N。

表 5-2　硬度影响系数 f_H、f'_H

硬度（HRC）	$\geqslant 58$	55	52.5	50	47.5	45	40
f_H	1.0	1.11	1.35	1.56	1.92	2.40	3.85
f'_H	1.0	1.11	1.40	1.67	2.10	2.64	4.50

(3) 压杆稳定性

细长丝杠在受压缩载荷时，不会发生失稳的最大压缩载荷为临界载荷 F_{er}。

$$F_{er} = 3.4 \times 10^{10} \frac{f_1 d_2^4}{L_0^2} \tag{5-9}$$

$$d_2 = d_0 - 1.2 D_W$$

式中　d_0——丝杠公称直径，m；

　　　D_W——滚珠丝杠直径，m；

　　　L_0——丝杠最大受压长度，m；

　　　f_1——丝杠支承方式系数，当一端固定，一端自由时，$f_1 = 0.25$；当一端固定，一端游动时，$f_1 = 2.0$；两端固定时，$f_1 = 4.0$。

(4) 临界转速

对于高速长丝杠有可能发生共振，需验算其临界转速，不会发生共振的最高转速为临界转速 n_c。

$$n_c = 9910 \frac{f_2^2 d_2}{L_c^2} \tag{5-10}$$

$$d_2 = d_0 - 1.2 D_W$$

式中　L_c——临界转速计算长度，m；

f_2——丝杠支承方式系数，当一端固定，一端自由时，$f_2 = 1.875$；当一端固定，一端游动时，$f_2 = 3.927$；两端固定时，$f_2 = 4.730$。

5.3　数控机床消隙机构及其常用的连接方式

数控机床的进给运动是由数控装置经伺服系统控制，数控机床的进给传动属伺服进给传动。伺服就是要迅速而又准确地跟踪控制指令。为了加工出符合精度要求的零件，机床工作台或刀架等执行部件不仅要保证合理的进给速度，而且要保证准确定位或保证刀具与工件之间具有严格的相对运动关系。因此数控机床的进给传动不但要满足调速范围宽、动态响应速度快和稳定性好的要求，还要满足传动精度高的要求。

从机械结构方面考虑，进给传动系统的传动精度和刚度主要取决于丝杠螺母副、传动齿轮副的传动精度及其支承结构的刚度。加大丝杠直径，对丝杠螺母副、支承部件、丝杠本身施加预紧力，是提高传动刚度的有效措施。传动间隙主要来自于传动齿轮副、丝杠螺母副及其支承部件之间，因此进给传动系统中广泛采用施加预紧力或其他消除间隙（缩短传动链及采用高精度的传动装置）的措施来提高传动精度。

5.3.1　进给系统传动齿轮间隙消除

在数控机床进给系统中，当考虑惯量、转矩或脉冲当量的要求，必须进行减速的情况下，采用齿轮传动。减速齿轮的齿侧间隙使换向后的运动滞后于指令信号，造成开环或半闭环伺服进给系统的死区误差，影响定位精度。对闭环伺服进给系统，由于齿侧间隙引入的滞环非线性特性，影响系统的稳定性。为了消除齿隙并增强刚性，应采用各种具有消隙或预紧措施的齿轮副。

按照调整后齿侧间隙是否能够自动补偿可分为刚性调整法和柔性调整法。

5.3.1.1　刚性调整法

刚性调整法是指调整后的齿侧间隙不能自动补偿的调整方法。这种方法的结构比较简单，传动刚度较高，但要求严格控制齿轮的齿厚及齿距公差，否则将影响运动的灵活性。常见的刚性结构调整法有以下几种。

（1）偏心轴套调整法

这种调整法结构简单，常用于电动机与丝杠之间齿轮传动，如图 5-9 所示。电动机是通过偏心轴套 2 安装在齿轮箱体上，偏心轴套可以在一定程度上消除因齿厚误差和中心距误差引起的齿侧间隙，但不能补偿齿轮偏心误差引起的齿侧间隙。

（2）变齿厚圆柱齿轮调整法

如图 5-10 所示，加工齿轮 1、2 时，将假想的分度圆柱面修正为带有小锥度的圆锥面，使其齿厚在轴向稍有变化，装配时改变垫片 3 的厚度，调整齿轮对的轴向相对位置，从而消除齿侧间隙。圆锥面的角度不能大，以免恶化啮合条件。

（3）斜齿轮轴向垫片调整法

如图 5-11 所示，将一个斜齿轮制成两片，并在其中加一垫片，将三者装成一体，加工出齿形。装配时改变垫片的厚度，使两片薄齿轮的螺旋线错位，使其左右齿面分别与宽齿轮齿槽的左右齿面贴紧，达到消除侧隙的目的。

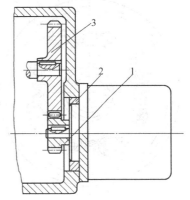

图 5-9　偏心轴套调整法
1,3—齿轮；2—偏心轴套

垫片厚度的变动量δ与齿侧间隙量Δ和齿轮螺旋角β之间的关系由下式决定：

$$\delta = \Delta \cot\beta \tag{5-11}$$

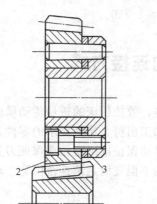

图 5-10 变齿厚圆柱齿轮调整法

1，2—齿轮；3—垫片

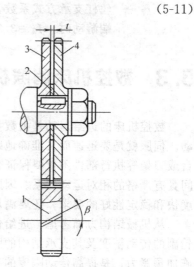

图 5-11 斜齿轮轴向垫片调整法

1—宽齿轮；2—垫片；3，4—薄齿轮

此法结构简单，但调整时必须多次修磨调整垫片，进行试调，比较麻烦，又由于只有一片薄齿轮承载，承载能力有所下降。

5.3.1.2 柔性调整法

柔性调整法是指调整后的齿侧间隙可以自动补偿的调整方法。在齿轮的齿厚和周节有差异的情况下，仍可始终保持无间隙啮合。但这种调整方法结构比较复杂，传动刚度低，会影响传动的平稳性。柔性调整的结构主要有下列几种。

（1）双片直齿轮错齿调整法

如图 5-12 所示，两薄齿轮 3、4 套装在一起，同另一宽齿轮（图中未画出）相啮合，薄齿轮 3、4 的端面分别装有凸耳 1、2，并用拉簧 8 连接，其中薄齿轮 4 上的凸耳 1 从薄齿轮 3 上的通孔中穿过。弹簧力使两薄齿轮 3、4 产生相对转动，即错齿，使两薄齿轮的左、右齿面分别贴紧在宽齿轮齿槽的左右齿面上，消除齿侧间隙。弹簧预紧力的大小可通过螺钉 5 上的螺母 6 来调节，用螺母 7 锁紧。

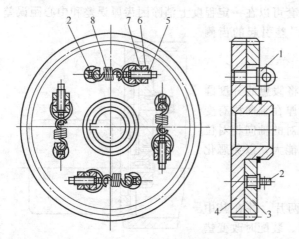

图 5-12 双片直齿轮错齿调整法

1，2—凸耳；3，4—薄齿轮；5—螺钉；6，7—螺母；8—拉簧

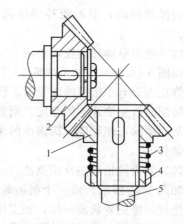

图 5-13 轴向弹簧调整法

1，2—锥齿轮；3—压簧；4—螺母；5—传动轴

（2）轴向弹簧调整法

如图 5-13 所示，两个啮合着的锥齿轮 1 和 2，其中在装锥齿轮 1 的传动轴 5 上装有压簧 3，锥齿轮 1 在弹簧力的作用下可稍做轴向移动，从而消除间隙。弹簧力的大小由螺母 4 调节，弹簧力必须合适，过大会加剧齿轮磨损。

（3）锥齿轮双齿圈错齿调整法

如图 5-14 所示，锥齿轮圈 1、2 套装在一起同锥齿轮 3 啮合。锥齿轮圈 2 的下端面上有三个凸爪 4，插在锥齿轮圈 1 上端面的 3 个圆弧槽中，槽中的弹簧 6 的两端分别顶在凸爪 4 和槽内的镶块 7 上，靠弹簧力使锥齿轮圈 1、2 产生错齿来消除齿侧间隙。图中的螺钉 5 是为方便安装而设置的，用于将锥齿轮圈 1、2 连成一体，安装完毕，将螺钉拧出。由于这种埋入式周向压簧的尺寸受到限制，因此这种结构仅用于轻载齿轮。

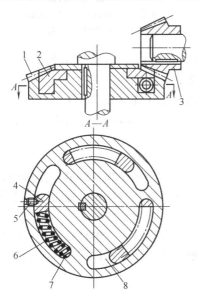

图 5-14　锥齿轮双齿圈错齿调整法
1,2—锥齿轮圈；3—锥齿轮；4—凸爪；5—螺
钉；6—弹簧；7—镶块；8—圆弧槽

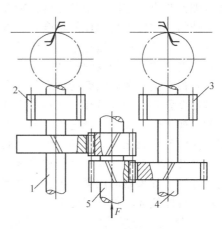

图 5-15　双齿轮弹簧预紧调整法
1,4,5—轴；2,3—齿轮
F—弹簧预紧力

（4）双齿轮弹簧预紧调整法

对于工作行程较大的大型数控机床，通常采用齿轮齿条机构代替滚珠丝杠螺母机构来实现进给运动，可采用双齿轮弹簧预紧机构来消除齿轮和齿条间的齿侧间隙，如图 5-15 所示。进给运动由轴 5 输入，经过两对斜齿轮分别将运动传给轴 1 和轴 4，由齿轮 2、3 传动齿条实现进给运动。借助弹簧，在轴 5 上施加一个轴向预紧力 F，使轴 5 产生微量轴向移动，经过两对斜齿轮，分别使轴 1 和轴 4 产生微量转动，使齿轮 2、3 的轮齿分别同齿条的左右齿面贴紧，消除齿侧间隙。

5.3.2　数控机床常用的连接方式

5.3.2.1　挠性联轴器

图 5-16 为采用锥形夹紧环（简称锥环）的消隙联轴器，可使动力传递没有反向间隙。主动轴 1 和从动轴 3 分别插入轴套 6 的两端。轴套和主、从动轴之间装有成对（一对或数对）布置的锥形夹紧环 5，夹紧环的内外锥面互相贴合，螺钉 2 通过压盖 4 施加轴向力时，由于锥形夹紧环之间的楔紧作用，内外环分别产生径向弹性变形，使内环内径变小箍紧轴，外环外径变大撑紧轴套，消除配合间隙，并产生接触压力，将主、从动轴与轴套连成一体，依靠摩擦力传递转矩。

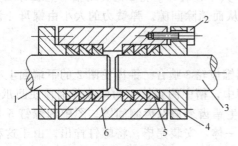

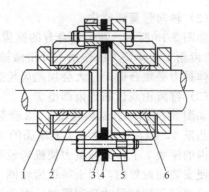

图 5-16　消隙联轴器

1—主动轴；2—螺钉；3—从动轴；4—压
盖；5—锥形夹紧环；6—轴套

图 5-17　挠性联轴器

1—压盖；2—联轴套；3,5—球面
垫圈；4—柔性片；6—锥环

为了能补偿同轴度及垂直度误差引起的憋劲现象，可采用图 5-17 所示的挠性联轴器。挠性联轴器具有一定的补偿被连两轴轴线相对偏移的能力，最大补偿量随型号不同而异。凡被连两轴的同轴度不易保证的场合，可选用挠性联轴器。柔性片 4 分别用螺钉和球面垫圈与两边的联轴套 2 相连，通过柔性片传递转矩。柔性片每片厚 0.25mm，材料为不锈钢。两端的位置偏差由柔性片的变形抵消。

（1）锥形夹紧环联结套的计算与选用

锥形夹紧环（简称锥环，又称胀紧套）的主要用途是代替单键和花键的连接作用，以实现机件（如齿轮、飞轮、带轮等）与轴的连接，用以传递负荷。它使用时通过高强度螺栓的作用，使内环与轴之间、外环与轮毂之间产生巨大抱紧力；当承受负荷时，靠锥环与机件的结合压力及相伴产生的摩擦力传递转矩、轴向力或二者的复合载荷。锥环联轴结构的设计必须进行计算。如果轴向压紧力太大，可能超过许用接触应力，造成零件的损坏；但如果压紧力太小，可能造成联轴的不可靠。

① 按照负荷选择锥环，锥环应满足以下条件。

a. 传递转矩：$M_t \geqslant M$

b. 承受轴向力：$F_t \geqslant F_x$

c. 传递力：

$$F_r \geqslant \sqrt{F_x^2 + \left(M\frac{d}{2} \times 10^{-3} \right)^2} \tag{5-12}$$

d. 承受径向力：

$$P_f \geqslant \frac{F_r}{dB} \times 10^3 \tag{5-13}$$

式中　M——需传递的转矩，kN·m；

　　　F_x——需承受的轴向力，kN；

　　　F_r——需承受的径向力，kN；

　　　M_t——锥环的额定转矩，kN·m；

　　　F_t——锥环的额定轴向力，kN；

　　d, B——锥环内径和内径宽度，mm；

　　　P_f——锥环与轴结合面上的压力，kN/mm²。

② 一个连接采用数个锥环时的额定负荷

一个锥环的额定负荷小于需传递的负荷时，可用两个以上的锥环串联使用，其总额定负荷为：

$$M_{tn} = mM_t \tag{5-14}$$

式中　M_{tn}——n 个锥环总额定负荷；

　　　m——负荷系数。

表 5-3 为武汉正通传动器材有限责任公司的锥环系列 Z_1、Z_2、Z_3、Z_4、Z_5 型锥环的负荷系数。

表 5-3　负荷系数 m

连接中胀套的数量 n	m	
	Z_1 型锥环	Z_2、Z_3、Z_4、Z_5 型锥环
1	1.00	1.0
2	1.56	1.8
3	1.86	2.7
4	2.03	—

(2) 锥环压紧方法及轮毂结构设计

锥环的压紧方法可采用螺钉压盖式结构（图 5-16、图 5-17）和螺母背紧式结构（图 5-18）。为了产生所需要的接触压力，轴向施加力应足够大，但此力不得过大，否则锥环超过弹性变形的允许范围时，拆卸时不易松脱。

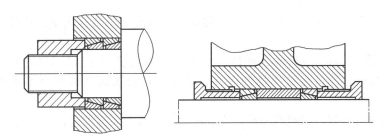

图 5-18　螺母背紧式结构

锥环压紧时，轮毂相当于受内压力的厚壁筒；轴如空心轴，相当于受外压力的厚壁筒。为了限制其最大应力，应使轮毂外圆 D_e 和空心轴中空内径 d_i 满足下列条件：

$$D_e \geqslant D \sqrt{\frac{\sigma'_s}{\sigma'_s - 2C_1 p'}} \tag{5-15}$$

$$d_i \leqslant d \sqrt{\frac{\sigma'_s - 2C_1 p'}{\sigma'_s}} \tag{5-16}$$

$$p' = \frac{d}{D} p \tag{5-17}$$

式中　σ'_s——轮毂或轴材料的屈服极限，kgf/mm^2；

　　　p'——轮毂内壁的接触压力，kgf/mm^2；

　　　p——内环内壁上的接触压力，kgf/mm^2；

　　　d——轴直径（内环名义内径），mm；

　　　D——外环外径，mm；

　　　C_1——与接触长度有关的系数，见表 5-4。

锥环材料为弹簧钢，如 65Mn、60Si2MnA，热处理 42HRC。

锥环连接具有独特的优点：

① 使用锥环可以使主机零件制造和安装简单。安装锥环的轴和孔的加工不像过盈配合

表 5-4　接触长度系数 C_1

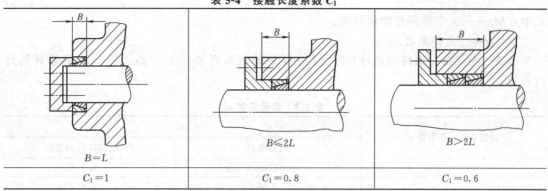

$B=L$	$B \leqslant 2L$	$B > 2L$
$C_1 = 1$	$C_1 = 0.8$	$C_1 = 0.6$

注：L 为锥环名义宽度。

那样要求高精度的制造公差。锥环安装时无需加热、冷却或加压设备，只需将螺栓按要求的力矩拧紧即可，且调整方便，可以将轮毂在轴上方便地调整到所需位置。锥环也可用来连接焊接性差的零件。

② 锥环的使用寿命长，强度高。它依靠摩擦传动，对被连接件没有键槽削弱，也无相对运动，工作中不会产生磨损。锥环在超载时，将失去连接作用，因此可以保护设备不受损害。

③ 锥环连接可以承受多重负荷，其结构多样。根据安装负荷大小，还可以多个锥环串联使用。

④ 拆卸方便，且具有良好的互换性。由于锥环能把较大配合间隙的轴、毂结合起来，拆卸时将螺栓拧松，即可将被连接件拆开。胀紧时，接触面紧密贴合不易锈蚀，也便于拆开。

⑤ 锥环连接定心好，承载能力高，没有应力集中源，装拆方便，又有密封和保护作用，是目前在数控机床进给系统中常用的联轴器。

5.3.2.2　刚性联轴器

刚性联轴器不具有补偿被连接两轴轴线相对偏移的能力，也不具有缓冲减震性能。刚性联轴器由刚性元件组成，适用于两轴线许用相对位移量甚微的场合。该类联轴器结构简单，体积小，成本低。只有在载荷平稳，转速稳定，能保证被连接两轴轴线相对偏移极小的情况下，才可选用刚性联轴器。套筒联轴器属于刚性联轴器，其结构如图 5-19 所示。它通过套筒将主、从动轴直接刚性连接，结构简单，尺寸小，转动惯量小。但要求主、从动轴之间同轴度高。图 5-19(c) 使用十字滑块 9，接头槽口通过配研消除间隙。这种结构可以消除主、从动轴间的同轴度误差的影响，在精密传动中应用较多。负载较小的传动可采用图 5-19(a) 和（b）所示的结构。

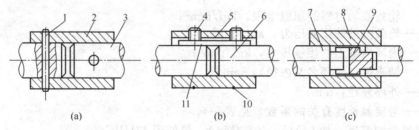

图 5-19　套筒联轴器

1—销；2,5,8—套筒；3,6—传动轴；4—螺钉；7—主动轴；
9—十字滑块；10—防松螺钉；11—键

由于刚性联轴器对两轴同轴度要求极高，因此挠性联轴器被广泛地采用。

5.4 伺服电动机及其调速

5.4.1 步进电动机

功率步进电动机一般用于开环系统，在一些普通机床的数控改造，以及对精度要求较低的场合。设计步进电动机开环进给系统，要解决以下几个问题：传动计算、进给指令的给定和步进电动机的驱动电路。

5.4.1.1 步进电动机的工作原理、结构及特性

（1）步进电动机的工作原理

步进电动机的种类很多，但其工作原理都是通过被励磁的定子电磁力吸引转子偏转输出转矩。因此，它理论依据就是电磁作用原理。现以三相反应式步进电动机为例加以说明。

图 5-20 是反应式三相步进电动机的工作原理图。定子上有 6 个磁极，分成 A、B、C 三相，每个磁极上绕有励磁绕组，并且电流产生的磁场方向一致。转子无绕组，它是由带齿的铁芯做成的。当定子绕组按顺序轮流通电时，A、B 和 C 三对磁极依次产生磁场，并每次对转子的某一对齿产生电磁转矩，使它转动。每当转子的某一对齿的中心线与定子磁极的中心对齐时，磁阻最小，转矩为零。按一定方式切换定子绕组各相电流，使转子按一定方向一步步转动。步进电动机每步转过的角度称为步距角。

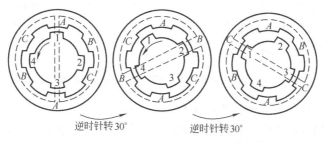

逆时针转 30°　　　逆时针转 30°

图 5-20　反应式三相步进电动机的工作原理图

在图 5-20 中，设 A 相通电，则转子的 1、3 两齿被磁极 A 产生的电磁转矩吸引转动，当 1、3 齿与 A 对齐时，转动停止；此时，B 相通电，A 相断电，磁极 B 又把距它最近的一对齿 2、4 吸引转动，转子按逆时针方向转过 30°；接着 C 相通电，B 相断电，转子按逆时针旋转 30°。依此类推，定子按 A—B—C—A…顺序通电，转子就一步步地按逆时针方向转动，每步转 30°。若改变通电顺序，则按 A—C—B—A…顺序通电，步进电动机就按顺时针方向转动，同样每步转 30°。这种控制方式称为单三拍方式。由于每次只有一相绕组通电，在切换瞬间电动机失去自锁转矩，容易失步；此外，只有一相绕组通电吸引转子，易在平衡位置附近产生振荡。因此实际中不采用单三拍控制方式，而采用双三拍控制方式，即通电顺序按 AB—BC—CA—AB…（逆时针方向）或 AC—CB—BA—AC…（顺时针方向）进行。由于双三拍控制方式每次有两相绕组通电，而且切换时总保持一相绕组通电，所以工作较稳定。如果通电顺序按 A—AB—B—BC—C—CA—A…进行，就是三相六拍控制方式，每切换一次，步进电动机按逆时针方向转过 15°。同样，若按 A—AC—C—CB—B—BA—A…顺序通电，步进电动机每步按顺时针方向转 15°。三相六拍控制方式比单三拍控制方式步距角小，同样在切换时保持一相绕组通电，工作稳定；与双三拍相比增大了稳定区，故在实践中常采用这种控制方式。

步进电动机的旋转方向和转速，由定子绕组的脉冲电流决定，即由指令脉冲决定。指令脉冲数就是电动机的转动步数，即角位移的大小。指令脉冲频率决定它的旋转速度，只要改变指令脉冲频率，就可以使步进电动机的旋转速度在很宽范围内连续调节。改变绕组的通电顺序，可以改变它的转向。由此可见，步进电动机的控制是十分方便的。

采用步进电动机驱动的缺点是效率低，驱动惯量负载能力差，高速运动时容易失步。

（2）步进电动机的结构

步进电动机的类型很多，这里只就其中的反应式步进电动机的结构作简要说明。

图 5-21 是一种典型的单定子径向分相的三相反应式步进电动机的结构原理图。定子上有 6 个均布的磁极，在直径相对的两个极上的线圈串联，构成一相控制绕组。极与极之间的夹角为 60°，每个定子磁极上均布 5 个齿，齿间夹角为 9°。转子上无绕组，只均布 40 个齿，齿间夹角也为 9°。三相（A、B、C）定子磁极和转子上相应的齿依次错开 1/3 齿距。这样，若按三相六拍方式给定子绕组通电，即可控制步进电动机以 1.5° 的步距角做正向或反向旋转。

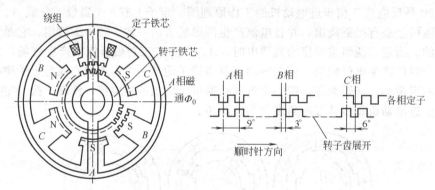

图 5-21　单定子径向分相的三相反应式步进电动机的结构原理图

反应式步进电动机的另一种结构形式是多定子轴向分相式。图 5-22 所示为一个五定子、轴向分相的反应式伺服步进电动机的结构原理图。与径向分相式不同，它的各相磁极是沿轴向排列的，定子和转子都分成五段，每一段都形成独立的一相定子铁心、定子绕组和转子，图 5-22 中右图所示的是其中的一段。各段依次排列为 A、B、C、D、E，每相是独立的。各段定子铁芯形如内齿轮，由硅钢片叠成，转子形如外齿轮，由整块硅钢制成。定、转子各相有相同的齿形槽，按圆周均布。各段定子上的齿的相对位置彼此径向错开 1/5 齿距，其转子齿彼此不错位。当设置在定子铁芯环形槽内的定子绕组通电时，形成一相环形绕组，构成图示磁回路。其控制方式与径向分相式相同。

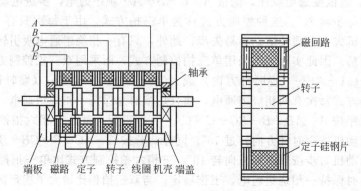

图 5-22　五定子、轴向分相的反应式伺服步进电动机的结构原理图

与径向分相式相比，轴向分相式结构的制造工艺比较复杂，目前大多数反应式步进电动机采用径向分相式结构。但是，当相数较多时，也有采用径向和轴向分相相结合的混合式结构。

综上所述，可以得到如下结论。

① 步进电动机定子绕组的通电状态每改变一次，它的转子便转过一个确定的角度，即步进电动机的步距角；

② 改变步进电动机定子绕组的通电顺序，转子的旋转方向随之改变；

③步进电动机定子绕组通电状态的改变速度越快，其转子旋转的速度越快，即通电状态的变化频率越高，转子的转速越高；

④ 步进电动机步距角与定子绕组的相数、转子的齿数、通电方式有关。

（3）步进电动机的主要特性

① 步距角和静态步距误差。步进电动机每步的转角称为步距角，是步进电动机定子绕组的通电状态每改变一次，转子转过的角度。步距角是决定步进伺服系统脉冲当量的重要参数。它取决于电动机结构和控制方式，步距角 α 可按下式计算：

$$\alpha = \frac{360°}{mZQ} \tag{5-18}$$

式中 m——定子相数；

Z——转子齿数；

Q——由控制方式确定的拍数与相数的比例系数，三相六拍控制方式，$Q=2$；三相三拍控制方式，$Q=1$。

对于图 5-20 所示的单定子、径向分相的反应式伺服步进电动机，当它以三相三拍通电方式工作时，其步距角为：

$$\alpha = \frac{360°}{mZQ} = \frac{360°}{3 \times 40 \times 1} = 3°$$

若按三相六拍通电方式工作，则步距角为：

$$\alpha = \frac{360°}{mZQ} = \frac{360°}{3 \times 40 \times 2} = 1.5°$$

步进电动机每走一步的步距角 α，按理论设计是圆周 360° 的等分值。但是，实际的步距角与理论值有误差。在一周内各步误差的最大值，被定为步距误差。它的大小是由制造精度、齿槽的分布和气隙等决定的。步进电动机的静态步距误差一般在 $10'$ 以内。

数控机床中常见的反应式步进电动机的步距角一般为 $0.5°\sim3°$。步距角越小，数控机床的控制精度越高。

② 矩角特性、最大静态转矩 M_{jmax} 和启动转矩 M_q。输出转矩是指与步进电动机的各种转速相对应的输出转矩，若施加超过输出转矩的负载转矩时，则步进电动机就会停转。因此，电动机的负载转矩必须小于输出转矩。

矩角特性是步进电动机的一个重要特性，它是指步进电动机产生的静态转矩 M_j 与失调角 θ 的变化规律。

空载时，若步进电动机某相绕组通电，根据步进电动机的工作原理，电磁力矩会使得转子齿槽与该相定子齿槽对齐，这时，转子上没有力矩输出。如果在电动机轴上加一逆时针方向的负载转矩 M，则步进电动机转子就要逆时针方向转过一个角度 θ 才能重新稳定下来，这时转子上受到的电磁转矩 M_j 和负载转矩 M 相等。称 M_j 为静态转矩，θ 为失调角。不断改变 M 值，对应的就有不同的 M_j 值及 θ 角，得到 M_j 与 θ 的函数曲线，如图 5-23 所示。称 $M_j = f(\theta)$ 曲线为转矩-失调角特性曲线，或称为矩角特性。

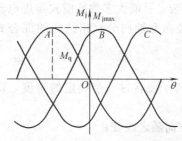

图 5-23　M_j 与 θ 的函数曲数

图 5-23 中画出了三相步进电动机按照 $A—B—C—A\cdots$ 方式通电时，A、B、C 各相的矩角特性曲线，三相矩角特性曲线在相位上互差 1/3 周期。曲线上峰值所对应的转矩叫做最大静态转矩，用 M_{jmax} 表示，它表示步进电动机承受负载的能力。M_{jmax} 愈大，自锁力矩愈大，静态误差愈小。换句话说，最大静态转矩 M_{jmax} 愈大，电动机带负载的能力愈强，运行的快速性和稳定性愈好。

图 5-23 中曲线 A 和曲线 B 的交点所对应的力矩 M_q 是电动机运行状态的最大启动转矩。当负载力矩 M_f 小于 M_q 时，电动机才能正常启动运行。否则，将造成失步，电动机也不能正常启动。一般地，随着电动机相数的增加，由于矩角特性曲线变密，相邻两矩角特性曲线的交点上移，会使 M_q 增加；改变 m 相 m 拍通电方式为 m 相 $2m$ 拍通电方式，同样会使 M_q 提高。

③ 最高启动、停止脉冲频率。步进电动机所能接受的正确启、停的指令脉冲系列的最高频率，称为最高启动、停止脉冲频率。它随加在电动机轴上的负载惯量及负载转矩的大小而变化。

空载时，步进电动机由静止突然启动，并进入不丢步的正常运行所允许的最高频率，称为启动频率或突跳频率。若启动时频率大于突跳频率，步进电动机就不能正常启动。空载启动时，步进电动机定子绕组通电状态变化的频率不能高于该突跳频率。

④ 连续运行的最高工作频率。步进电动机连续运行时，所能接受的保证不丢步运行的最高极限控制频率称为最高连续工作频率或最高工作频率。最高工作频率远大于启动频率，这是由于启动时有较大的惯性转矩并须有一定的加速时间，同样在大于启动频率的状态下工作的电动机要停止亦须有一定的减速时间。它是决定定子绕组通电状态最高变化频率的参数，它决定了步进电动机的最高转速。

⑤ 加减速特性。步进电动机的加减速特性是描述步进电动机由静止到工作频率和由工作频率到静止的加减速过程中，定子绕组通电状态的变化频率与时间的关系。

当要求步进电动机启动到大于突跳频率的工作频率时，变化速度必须逐渐上升；同样，从最高工作频率或高于突跳频率的工作频率停止时，变化速度必须逐渐下降。逐渐上升和下降的加速时间、减速时间不能过小，否则会出现失步或超步。用加速时间常数 T_a 和减速时间常数 T_d 来描述步进电动机的升速和降速特性，如图 5-24 所示。

除以上介绍的几种特性外，矩频特性、惯频特性和动态特性等也都是步进电动机很重要

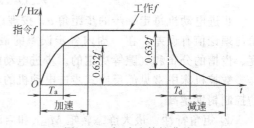

图 5-24　加减速特性曲线

的特性。其中动态特性描述了步进电动机各相定子绕组通断电时的动态过程，它决定了步进电动机的动态精度；惯频特性描述了步进电动机带动纯惯性负载时启动频率和负载转动惯量之间的关系，矩频特性描述了步进电动机控制频率与电磁力矩之间的关系。

5.4.1.2　步进电动机开环进给的传动计算及电动机选用

（1）传动计算

如图 5-25(a) 所示的直线进给系统，进给系统的脉冲当量为 $\delta\text{(mm)}$，步进电动机的步距角为 α，齿轮传动链的传动比为 i，滚珠丝杠的导程为 $t\text{(mm)}$，它们之间的关系如下：

$$\frac{\alpha}{360°}it=\delta \tag{5-19}$$

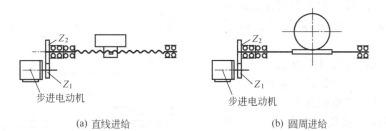

(a) 直线进给   (b) 圆周进给

图 5-25 步进电动机驱动系统

$$i = \frac{360°}{\alpha t}\delta \tag{5-20}$$

脉冲当量 δ 定义为：数控系统发出一个指令脉冲，工作台所移动的距离。它决定了数控机床的加工精度和驱动系统的最高工作频率。

对于图 5-25(b) 所示的圆周进给系统（如数控转台等），设脉冲当量为 δ，蜗杆为 Z_K 头，蜗轮为 Z_W 齿，则有：

$$\alpha \frac{Z_1}{Z_2} \times \frac{Z_K}{Z_W} = \delta \tag{5-21}$$

步进电动机开环进给系统的脉冲当量一般取为 0.01mm 或 0.001°，也有选用 0.005～0.002mm 或者 0.005°～0.002°的，这时脉冲位移的分辨率和精度较高，但是由于进给速度 $v = 60f\delta$（mm/min）或 $\omega = 60f\delta(°)/\text{min}$，在同样的最高工作频率 f 时 δ 越小则最大进给速度之值也越小。步进电动机的进给系统使用齿轮传动，不仅是为了求得必需的脉冲当量，而且还有满足结构要求和增大转矩的作用。

（2）步进电动机的选用

首先，必须保证步进电动机的输出转矩大于负载所需的转矩。所以应先计算机械系统的负载转矩，并使所选电动机的输出转矩有一定余量，以保证可靠运行。通常 $M/M_{jmax} = 0.2～0.5$，其中 M_{jmax} 为步进电动机最大静态转矩，M 为负载转矩。

其次，应使步进电动机的步距角 α 与机械系统匹配，以得到机床所需的脉冲当量。

最后，应使被选电动机与机械系统的负载惯量及机床要求的启动频率相匹配，并有一定余量；还应使其最高工作频率能满足机床移动部件快速移动的要求。

5.4.1.3 提高步进电动机伺服系统精度的措施

步进电动机驱动的开环伺服系统，进给运动是由驱动元件通过齿轮、丝杠带动机床移动部件来实现的。各传动元件尽管制造精度很高，装配亦很好，但总不可避免地存在着间隙等缺陷，对此，必须在系统中加以补偿，以期提高其传动精度。

（1）间隙补偿

机械系统传动链中的传动间隙，可以按脉冲当量换算为指令脉冲数。例如，传动间隙相当于 N 个脉冲当量，则每当变换指令动作方向时，在给出进给的脉冲指令前，先给出 N 个额外的脉冲指令，以补偿间隙误差。这种方法比较简单，对于点位和轮廓控制系统都适用；但对于大型机床，其间隙大小随工件的重量而改变，或间隙随位置的改变而改变，这时就会出现补偿不完全的情况。在这种情况下，要直接测量机床进给位置进行反馈补偿才能实现完全补偿。

对于间隙补偿，必须注意判别补偿的条件，主要是在换向时进行。所以，在电路设计时要有进给方向判别，补偿脉冲数 N 一般应由实际测定，通常为 1～15 个脉冲。

（2）螺距误差补偿

具有开环系统的数控机床，其定位精度主要取决于丝杠的精度，所以在数控机床上采用了高精度的滚珠丝杠。但为获得比滚珠丝杠更高的精度，可采用螺距误差补偿方法。

一种是机械样板的补偿方法；另一种是在螺距误差达到一个脉冲当量的地方装上挡块，用位置开关检测并发出补偿脉冲的方法。螺距误差补偿原理如图 5-26 所示。通过对丝杠的螺距进行实测，得到丝杠全程的误差分布曲线。误差有正有负，当误差为正时，表明实际的移动距离大于理论的移动距离，应该采用扣除进给脉冲指令的方式进行误差的补偿，使步进电动机少走一步；当误差为负时，表明实际的移动距离小于理论的移动距离，应该采取增加进给脉冲指令的方式进行误差的补偿，使步进电动机多走一步。具体的做法是：

① 安置两个补偿杆分别负责正误差和负误差的补偿；

② 在两个补偿杆上，根据丝杠全程的误差分布情况及螺距误差的补偿原理，设置补偿开关或挡块；

③ 当机床工作台移动时，安装在机床上的微动开关每与挡块接触一次，就发出一个误差补偿信号，对螺距误差进行补偿，以消除螺距的累积误差。

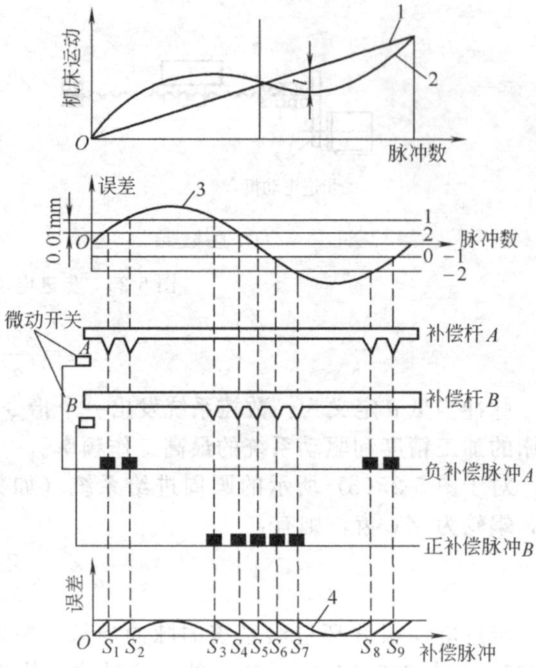

图 5-26　螺距误差补偿原理
1—理想的移动（没有螺距误差）；
2—实际的移动（有螺距误差）；
3—补偿前的误差曲线；
4—补偿后的误差曲线

在进行螺距补偿时，可以认为螺距误差数值与运动方向无关。

（3）反馈补偿

这种方法一方面是把检测器直接装在机床移动部件上用以检测移动部件的移动量，另一方面，在指令脉冲通过偏差设定器后，能测出电动机输出轴的旋转角（换算为脉冲），把两者进行比较，就能测出整个机械系统的误差。这种机械系统的误差包括上述的间隙、螺距误差以及由于重量或温度变化所引起的一切变化。因此，检测出这种误差后，立即发出补偿脉冲，按细分电路来补偿电动机旋转角的误差，从而能按检测器的精度来进行定位。这样，对于步进电动机驱动系统既有开环系统的稳定性，又兼有闭环系统的高精度的优点。

5.4.2　直流伺服电动机及其调速系统

（1）直流伺服电动机的结构、原理与调速

直流伺服电动机具有良好的启动、制动和调速特性，可以方便地在宽范围内实现平滑无级调速，故多用在对伺服电动机调速性能要求较高的生产设备中。

如图 5-27 所示，直流伺服电动机的结构主要包括以下三大部分。

① 定子　定子磁极磁场由定子的磁极产生。根据产生磁场的方式，直流伺服电动机可分为永磁式和他励式。永磁式磁极由永磁材料制成，他励式磁极由冲压硅钢片叠压而成，外绕线圈通以直流电流便产生恒定磁场。

② 转子　又称为电枢，由硅钢片叠压而成，表面嵌有线圈，通以直流电时，在定子磁场作用下产生带动负载旋转的电磁转矩。

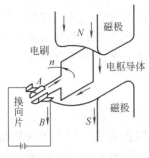

图 5-27　直流伺服电动机

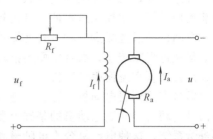

图 5-28　他励直流电动机的工作原理

③ 电刷与换向片　为使所产生的电磁转矩保持恒定方向，转子能沿固定方向均匀地连续旋转，电刷与外加直流电源相接，换向片与电枢导体相接。

直流伺服电动机的工作原理与一般直流电动机的工作原理完全相同，如图 5-28 所示。他励直流电动机转子上的载流导体（即电枢绕组），在定子磁场中受到电磁转矩 M 的作用，使电动机转子旋转。由直流电动机的基本原理分析得到：

$$n=(u-I_aR_a)/k_e \tag{5-22}$$

式中　n——电枢的转速，r/min；

u——电枢电压；

I_a——电枢电流；

R_a——电枢电阻；

k_e——系数。

由式(5-22) 可知，调节电动机的转速有以下三种方法。

① 改变电枢电压 u　调速范围较大，直流伺服电动机常用此方法调速。

② 改变磁通量 Φ（即改变 k_e 的值）　改变励磁回路的电阻 R_f 以改变励磁电流 I_f，可以达到改变磁通量的目的；调磁调速因其调速范围较小而常常作为调速的辅助方法，主要的调速方法是调压调速。若采用调压与调磁两种方法互相配合，可以获得很宽的调速范围，又可充分利用电动机的容量。

③ 在电枢回路中串联调节电阻 R_t　此时有：

$$n=[u-I_a(R_a+R_t)]/k_e \tag{5-23}$$

由式(5-23) 可知，在电枢回路中串联电阻，转速只会调低，而且电阻上的损耗较大，这种方法仅用于较少的场合。

(2) 小惯量直流电动机

小惯量直流电动机是由一般直流电动机发展而来的。其主要特点是：

① 转动惯量小，约为普通直流电动机的 1/10，快速响应性好。

② 由于电枢反应比较小，具有良好的换向性能，电动机时间常数只有几个毫秒。

③ 由于转子无槽，结构均衡性好，使其在低速时稳定而均匀运转，无爬行现象。

④ 最大转矩约为额定值的 10 倍，过载能力强。

小惯量直流电动机的转子与一般直流电动机的区别在于：

① 其转子为光滑无槽的铁芯，用绝缘粘接剂直接把线圈粘在铁芯表面。

② 转子长而直径小，这是因为电动机的转动惯量与转子直径平方成正比，一般直流电动机的电枢由于磁通受到齿截面的限制不能做得很小，但现在小惯量直流电动机电枢没有齿槽，也不存在轭部磁密的限制。这样，对同样磁通量来说，磁路截面即电枢直径与长度乘积就可缩小，所以，从减小惯量出发，细长的电枢可以得到较小的惯量。

小惯量直流电动机的定子结构采用方形，提高了励磁线圈放置的有效面积，但由于无槽结构，气隙较大，励磁和线圈安匝数较大，故损耗大，发热较多。为此，采取措施是在极间安放船型挡风板，增加风压，使之带走较多的热量。并且线圈外不包扎而成赤裸线圈。小惯量直流电动机是通过减少电动机转动惯量来改善工作特性的，但正由于其惯量小，机床惯量大，必须经过齿轮传动，而且电刷磨损较快。

（3）大惯量直流伺服电动机

大惯量直流伺服电动机又称宽调速直流伺服电动机，是 20 世纪 60 年代末、70 年代初在小惯量电动机和力矩电动机的基础上发展起来的。现在数控机床广泛采用这类电动机构成闭环进给系统。这种电动机分为电励磁和永久磁铁励磁（永磁式）两种，占主导地位的是永磁式电动机。永磁式大惯量伺服电动机具有下列特点。

① 高性能的铁氧体具有大的矫顽力和足够的厚度，能承受高的峰值电流以满足快的加减速要求。

② 大惯量的结构使得在长期过载工作时具有大的热容量。

③ 低速高转矩和大惯量结构可以与机床进给丝杠直接连接。

④ 一般没有换向极和补偿绕组，通过选择电刷材料和磁场的结构，使得在较大的加速度状态下有良好的换向性能。

⑤ 绝缘等级高，从而保证电动机在反复过载的情况下仍有较长的寿命。

⑥ 在电动机轴上装有精密的测速发电机、旋转变压器或脉冲编码器，从而可以得到精密的速度和位置检测信号，以反馈到速度控制单元和位置控制单元。

大惯量宽调速直流伺服电动机的控制复杂，快速响应性能不如小惯量电动机，宽调速直流伺服电动机转子由于采用了良好的绝缘，耐温可达 $150\sim200℃$。转子温度高，热量通过转轴传到丝杠，丝杠的变形将影响传动精度，因此，出现了热管形的大惯量电动机，即将电动机轴制成空心，在轴内装氟利昂之类的工作介质，介质在管内反复蒸发和冷却，将热量由高温区传至低温区，最终散发到周围环境中去。

（4）直流伺服电动机的可控硅调速系统

可控硅（晶闸管）直流调速系统中，为实现转速和电流两种反馈分别起作用，系统中设置了两个调节器，分别对转速和电流进行调节，两者之间实现串联。系统主要由电流调节回路（内环）、速度调节回路（外环）和可控硅整流器（主回路）等部分组成，如图 5-29 所示。来自数控装置的速度指令电压 U_p，一般是 $0\sim10V$ 的直流电压，与速度反馈电压 U_G（由测速发电机或脉冲编码器检测并经变换而得）比较后，其偏差值送到速度调节器 ST 的输入端，速度调节器的输出就是电流指令信号 U_i，U_i 与电流反馈信号 U_i'（由霍尔元件检测器测出并经变换而得）比较后，经电流调节器 LT 输出 U_k 送到触发电路，产生主回路中晶闸管的触发脉冲，通过脉冲分配器去触发相应的晶闸管。当速度指令信号增大，U_k 的电压值随之增大，使触发器的触发角 α 减小，即脉冲前移，整流器的输出直流电压提高，电动机

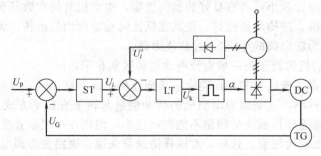

图 5-29 可控硅（晶闸管）直流调速系统

转速上升。反之，输出直流电压减低，电动机转速下降。采用双环调节系统，可以使电动机的启动、制动过程最短，系统具有良好的静态和动态性能。

（5）晶体管脉冲调宽（PWM）调速系统

晶体管脉冲调宽系统（PWM）是近几年出现的一种调速系统。它利用开关频率较高的大功率晶体管作为开关元件，将整流后的恒压直流电源，转换成幅值不变而脉冲宽度（持续时间）可调的高频率矩形波，给伺服电动机的电枢回路供电。通过改变脉冲宽度的方法来改变电枢回路的平均电压，达到电动机调速的目的。

直流伺服电动机的脉冲调宽调速系统的原理如图 5-30 所示，它也是一个双闭环的脉宽调速系统。系统的主电路是晶体管脉宽调制放大器 PWM，此外还有速度控制回路和电流控制回路。电流控制器的输出 U_c 是经变换后的速度指令电压，它与三角波 U_T 经脉宽调制电路 C，调制后得到调宽的脉冲系列，作为控制信号输送到晶体管脉宽调制放大器 PWM 各相关晶体管的基极，使调宽的脉冲系列得到放大，成为直流伺服电动机电枢的输入电压。

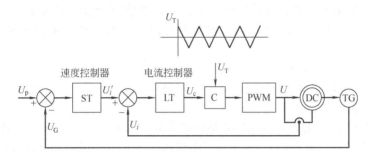

图 5-30　直流伺服电动机脉冲调宽调速系统

PWM 调速系统具有下述特点：

① 开关频率高　其频率可达 2kHz，比机械部件的固有频率高得多，可以避开机械部件的共振点，避免引起共振。

② 纹波系数（波形因素）低　即电流的有效值与平均值之比低，一般为 1.005～1.01，几乎接近于 1。电枢回路的电抗就足以将脉冲滤平，接近纯直流。因此电磁转矩恒定，电动机运行平稳。

③ 频带较宽　即系统能够响应的频率范围较宽。因此系统的动态特性好，有良好的线性度，尤其是接近于零点时。

④ 可在高峰值电流下工作。其峰值限制在额定电流的 2 倍以内，这样的安全峰值电流，可以保护永磁电动机不至于退磁，延长电动机电刷的寿命，减少电动机发热。

5.4.3　交流伺服电动机及其调速

直流电动机存在一些固有的缺点，如电刷和换向器易磨损，需经常维护等。换向器换向时会产生火花，使电动机的最高速度受到限制，也使应用环境受到限制，而且直流电动机结构复杂，制造困难，所用钢铁材料消耗大，制造成本高。交流电动机，特别是笼型感应电动机则没有上述缺点，且转子惯量比直流电动机小，使得动态响应更好。在同样体积下，交流电动机输出功率可比直流电动机提高 10%～70%，此外，交流电动机的容量可比直流电动机造得大，达到更高的输出功率和转速。现代数控机床都倾向于采用交流伺服驱动，交流伺服驱动已有取代直流伺服驱动之势。

（1）交流伺服电动机的分类和特点

① 异步型交流伺服电动机　异步型交流伺服电动机指的是交流感应电动机。它有三相和单相之分，也有笼型和线绕式，通常多用笼型三相感应电动机。其结构简单，与同容量的直流电动机相比，质量小 1/2，价格仅为直流电动机的 1/3。缺点是不能经济地实现范围很

广的平滑调速,必须从电网吸收滞后的励磁电流,因而令电网功率因数变坏。这种笼型转子的异步型交流伺服电动机简称为异步型交流伺服电动机,用 IM 表示。

② 同步型交流伺服电动机 同步型交流伺服电动机比感应电动机复杂,但比直流电动机简单。它的定子与感应电动机一样,都在定子上装有对称三相绕组。而转子却不同,按不同的转子结构又分电磁式及非电磁式两大类。非电磁式又分为磁滞式、永磁式和反应式多种。其中磁滞式和反应式同步电动机存在效率低、功率因数较差、制造容量不大等缺点。数控机床中多用永磁式同步电动机。与电磁式相比,永磁式优点是结构简单、运行可靠、效率较高;缺点是体积大、启动特性欠佳。但永磁式同步电动机采用高剩磁感应强度、高矫顽力的稀土类磁铁后,可比直流电动机外形尺寸约小 1/2,质量减轻 60%,转子惯量减到直流电动机的 1/5。它与异步电动机相比,由于采用了永磁铁励磁,消除了励磁损耗及有关的杂散损耗,所以效率高。又因为没有电磁式同步电动机所需的集电环和电刷等,其机械可靠性与感应(异步)电动机相同,而功率因数却大大高于异步电动机,从而使永磁同步电动机的体积比异步电动机小些。这是因为在低速时,感应(异步)电动机由于功率因数低,输出同样的有功功率时,它的视在功率却要大得多,而电动机主要尺寸是据视在功率而定的。

(2) 永磁交流伺服电动机

即同步型交流伺服电动机(SM),它是一台机组,由永磁同步电动机、转子位置传感器、速度传感器等组成。

① 结构 如图 5-31 所示,永磁同步电动机主要由三部分组成:定子、转子和检测元件(转子位置传感器和测速发电机)。其中定子有齿槽,内有三相绕组,形状与普通感应电动机的定子相同。但其外缘呈多边形,且无外壳,以利于散热,避免电动机发热对机床精度的影响。

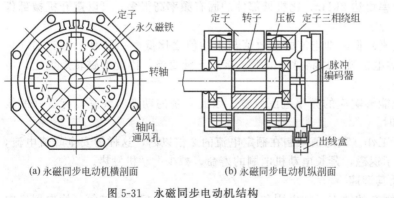
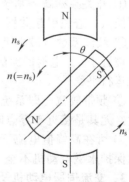

(a) 永磁同步电动机横剖面 (b) 永磁同步电动机纵剖面

图 5-31 永磁同步电动机结构

图 5-32 永磁同步
电动机工作原理

② 工作原理 如图 5-32 所示,一个二极永磁转子,当定子三相绕组通上交流电源后,就产生一个旋转磁场,图中用另一对旋转磁极表示,该旋转磁场将以同步转速 n_s 旋转。由于磁极同性相斥,异性相吸,与转子的永磁磁极互相吸引,并带着转子一起旋转,因此,转子也将以同步转速 n_s 与旋转磁场一起旋转。当转子加上负载转矩之后,转子磁极轴线将落后定子磁场轴线一个 θ 角,随着负载增加,θ 角也随之增大;负载减少时,θ 角也减少。只要不超过一定限度,转子始终跟着定子的旋转磁场以恒定的同步转速 n_s 旋转。

转子速度 $n_r = n_s = 60f/p$,即由电源频率 f 和磁极对数 p 决定。

当负载超过一定极限后,转子不再按同步转速旋转,甚至可能不转,这就是同步电动机的失步现象,此负载的极限称为最大同步转矩。

③ 永磁同步伺服电动机的性能

a. 交流伺服电动机的机械特性比直流伺服电动机的机械特性要硬，其直线更为接近水平线。另外，其断续工作区范围更大，尤其是高速区，这有利于提高电动机的加、减速能力。

b. 高可靠性：用电子逆变器取代了直流电动机换向器和电刷；工作寿命由轴承决定。因无换向器及电刷，也省去了此项目的保养和维护。

c. 主要损耗在定子绕组与铁芯上，故散热容易，便于安装热保护；而直流电动机损耗主要在转子上，散热困难。

d. 转子惯量小，其结构允许高速工作。

e. 体积小，质量小。

（3）交流调速的基本方法

交流电动机的同步转速为

$$n_0 = 60f_1/p \tag{5-24}$$

异步电动机的转速为

$$n = 60f_1(1-s)/p \tag{5-25}$$

式中　f_1——定子供电频率，Hz；

　　　p——电动机定子绕组磁极对数；

　　　s——转差率。

由式（5-24）和式（5-25）可见，要改变电动机转速可采用以下几种方法。

① 改变磁极对数 p　这是一种有级的调速方法，它是通过对定子绕组接线的切换以改变磁极对数而实现调速的。

② 改变转差率　这实际上是对异步电动机转差率进行处理而获得的调速方法。常用的方法是降低定子电压调速、电磁转差离合器调速、线绕式异步电动机转子串电阻调速或串极调速等。

③ 变频调速　变频调速是平滑改变定子供电电压频率 f_1 而使转速平滑变化的调速方法。这是交流电动机的一种理想调速方法。电动机从高速到低速其转差率都很小，因而变频调速的效率和功率因数都很高。

5.4.4　直线电动机

随着加工效率和质量要求的提高以及直线电动机技术的进步，高速数控机床采用一种新型的直线电动机伺服驱动进给方式。它取消了从电动机到工作台间的一切中间传动环节，称为"零传动"。同滚珠丝杠传动方式相比较，直线电动机驱动方式具有进给速度高、加速度大、启动推力大、刚度和定位精度高、行程长度不受限制等优点。自 1993 年德国 Ex-Cell-O 公司第一次将直线电动机用于加工中心以来，这种新型的高速进给单元已引起世界各国的普遍关注。美国、德国、日本、英国等工业发达国家对直线电动机产品进行了深入的研究与开发，采用直线电动机驱动的高速加工中心已成为 21 世纪机床的发展方向之一。

直线电动机是一种能直接将电能转换为直线运行机械能的电力驱动装置。从工作原理上看，它与旋转电动机相似，相当于把旋转电动机的定子和转子按圆柱面展开成平面，如图 5-33 所示。

直线电动机同样可分为直流和交流两种。直流直线电动机的磁极可以是线绕式的，也可以是永磁式的。交流直线电动机的工作原理则与笼型异步电动机相同。

（1）直线电动机的特点

① 简单，不需要将旋转运动转换成直线运动，因而不受齿轮、螺纹、连杆和传动带等构件的影响；

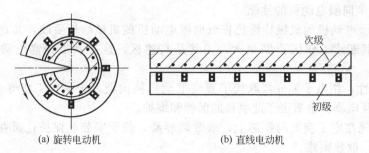

图 5-33　直线电动机与旋转电动机的区别

② 无接触地直接驱动，维护简便，可靠性高，适应性强，噪声小；

③ 调压、调速方便；

④ 散热性很好，额定值高，电流密度可取得很大，对启动的限制小。

直线电动机也存在着效率和功率因数、电源放率及低速性能差等缺点。

目前国外在数控绣花机和数控绘图机上广泛采用直线电动机。

（2）直线电动机工作原理

将旋转电动机沿径向剖开后，拉直展开就形成了直线电动机。它省去了联轴器、滚珠丝杠螺母副等传动环节，直接驱动工作台移动。

目前应用较多的是交流直线电动机（永磁、同步和感应异步式两种），原来的定子称为"初级"，原来的转子称为"次级"，如图 5-34 所示。将"初级"和"次级"分别安装在机床的运动部件和固定部件上，初级的三相绕组通电时即可实现部件间的相对运动。由于采用短的初级（定子），有利于降低成本和运行费用，因此交流直线电动机一般都采用"短初级（定子绕组）"与移动部件连接，"长次级（转子）"与固定部件连接，如图 5-35 所示。从励磁方式看，交流直线电动机又有永磁（同步）式和感应（异步）式两种：永磁式直线电动机的次级

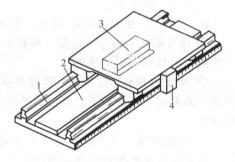

图 5-34　直线电动机工作原理
1—导轨；2—次级；3—初级；4—检测系统

（转子）是永久磁钢，固定在机床床身上，沿导轨的全长方向铺设有永久磁钢，而"初级（定子）"三相通电绕组固定在移动的工作台上。感应式直线电动机的初级和永磁式直线电动机相同，但次级是用自行短路的电栅条（相当于感应式旋转电动机的"鼠笼"沿其圆周展开）来代替永磁式直线电动机的永久磁钢。

永磁式直线电动机在单位面积推力、效率、功率因数、可控性、进给平稳性等方面均优于感应式直线电动机，但其磁路特性和外形尺寸等在很大程度上取决于所采用的永磁材料。如采用高性能的新型稀土永磁合金，虽可大大提高永久磁钢的矫顽力、磁能积和磁感应强度，但其成本很高，工艺复杂。而且长条的永久磁钢，对机床的装配、使用和维护带来诸多不便。

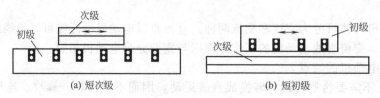

(a) 短次级　　　　　　　　　(b) 短初级

图 5-35　直线电动机

感应式直线电动机在不通电时是没有磁性的，因此，它在机床的安装、使用和维护等方面都比较方便。目前感应式直线电动机的工作性能已接近永磁直线电动机，因此，在机床行业，它将越来越受到重视。

应该特别指出的是，在数控机床向高速化发展的今天，采用直线电动机直接驱动工作台几乎成为当前的唯一选择。因为直线电动机实际可用的最高速度可达 150～180m/min，加速度可达 60～100m/s²；而滚珠丝杠传动的进给速度一般不超过 20～30m/min，最大加速度仅能达到 1～3m/s²。

（3）直线电动机进给系统设计中应解决的其他问题

在设计过程中，还要考虑直线电动机的防磁、散热和防护等问题。

① 防磁问题　旋转电动机的磁场封闭在电动机的内部，不会对外界造成任何影响。而直线电动机的磁场是敞开的，因而采用直线电动机驱动的进给系统对环境的要求比较严格。尤其是使用永磁式直线电动机时，在机床床身上要安装一排磁力强大的永久磁铁，因此必须采取隔磁措施，否则电动机将会吸住加工中的切屑、金属工具和工件等。若这些微粒被吸入直线电动机的定子与动子间的气隙中，电动机将不能正常工作，因此要把直线电动机的磁场用三维折叠式密封罩防护起来。

② 直线电动机的散热问题　直线电动机安装在工作台和导轨之间，处于机床腹部，散热困难，又加之低速运行时效率低，发热量大，必须采取强有力的冷却措施，把电动机工作时产生的热量迅速散出，否则将会直接影响机床的工作精度，降低直线电动机的推力。

例如，进给单元可以采用冷却板的形式带走电动机的热量。直线电动机的初级通过一块冷却板反装在工作台内顶面，次级也通过一块冷却板安装在底座上。工作时，冷却板中通以一定压力和流量的冷却水，用以吸收和带走电动机线圈中产生的热量。冷却水的压力和流量由电动机初级和次级的热损耗来确定。

③ 工作台的结构设计问题　直线电动机的工作台是高速进给单元的运动部件，其质量和进给单元的最大加速度成反比，要提高进给单元的加速度就必须减轻工作台的质量。可以采用有限元分析和最优化设计的方法，以获得所要求的动、静刚度条件下工作台最小的质量。也可选用高强度的轻质材料，如铝钛合金、纤维增强塑料等。

④ 导轨结构类型的选择　由于直线进给单元运动速度高，机床工作时导轨将承受很大的动载荷和静载荷，并受到多方面的颠覆力矩，导轨的摩擦因数还会影响进给系统的加速度和进给单元的发热等，因而必须选用高精度、高刚度、承载能力强的导轨。如采用"四方等载荷型"高速滚动导轨，其摩擦因数仅为 0.01，而且动、静摩擦因数相差小，采用这种高速精密滚动导轨来引导直线电动机工作台的运动既可避免发热，又可防止爬行。

5.5　典型进给系统结构

图 5-36 是立式加工中心 X 和 Y 两坐标进给系统的机械结构图。伺服电动机 1 与滚珠丝杠 3 通过联轴器 2 直连直接驱动工作台 5。直线运动采用滚动导轨，保证运动的精度和动作的灵敏度。伺服电动机与丝杠直连的进给系统机械结构最为简单。采用这种结构时，编码器往往安装在伺服电动机轴上，成为一个整体单元，安装和调试均比较方便。计算机控制系统协调两个运动坐标的位移和速度完成平面轮廓的切削。

图 5-37 为数控车床进给系统的机械结构图。伺服电动机 5 通过同步齿形带 3 和滚珠丝杠 4 相连。脉冲编码器 1 固定在滚珠丝杠的右端将工作台的实际位移信号反馈给控制系统，属于半闭环控制。同步齿形带连接方式隔离了电动机的振动和发热，使电动机安装位置更加

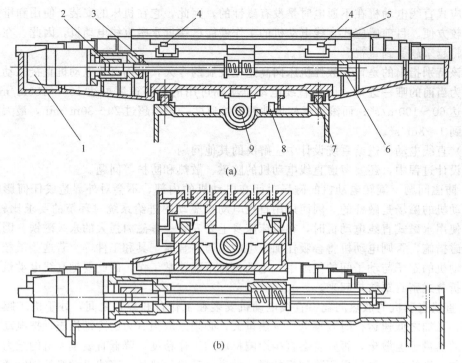

图 5-36　立式加工中心 X 和 Y 两坐标进给系统机械结构图

1—伺服电动机；2—联轴器；3—滚珠丝杠；4—限位开关；

5—工作台；6—轴承；7—导轨；8—磁尺；9—螺母

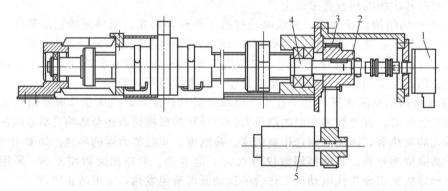

图 5-37　数控车床进给系统的机械结构图

1—脉冲编码器；2—同步齿形带轮；3—同步齿形带；4—滚珠丝杠；5—伺服电动机

机动，但机械结构环节增加了。

采用伺服电动机驱动时，若其转矩不能满足加工要求，则要通过 1～2 对齿轮传动减速后再带动滚珠丝杠。从提高系统的灵敏度和响应速度考虑，应减小齿轮转动惯量的不良影响。消除传动间隙对提高传动精度尤为重要。

5.6　伺服进给系统设计的基本要求

数控机床的进给系统必须保证由数控装置发出的控制指令转换成速度符合要求的相应角位移或直线位移，带动运动部件运动。根据工件加工的需要，在机床上各运动坐标的数字控制可以是相互独立的，也可以是联动的。总之，数控机床对进给系统的要求集中在精度、稳定和快速响应三个方面。为满足这种要求，首先需要高性能的伺服驱动电动机，同时也需要高质量的机械结构与之匹配。提高进给系统机械结构性能的主要措施如下。

（1）提高系统机械结构的传动刚度

传动刚度高对开环数控进给系统的重要性在于开环进给系统需将计算机控制指令忠实可靠地转换成要求的机械位移。由于开环系统不再有检测元件检查运动部件的实际位移，这种转换精度决定了加工的精度。对于闭环数控进给系统，传动刚度高有利于减小进给运动的超调和振荡，有助于改善系统的动态品质。为提高进给系统机械结构传动刚度的措施主要有以下几项。

① 提高传动元件的刚度　传动元件的变形会导致指令脉冲的丢失或传动系统的不稳定，影响加工精度和质量。

② 消除传动元件之间的间隙　传动元件之间的间隙会导致运动反向时指令脉冲的丢失或系统运动不稳定。尽管稳定的系统误差可采取输入补偿脉冲的方法加以补偿，但由于刚度不足和反向间隙造成的误差带有很大的随机性，完全精确补偿是不可能的。

③ 尽可能缩短进给传动运动链的长度　缩短进给传动运动链的长度有助于提高数控机床的传动刚度，然而，进给传动运动链的缩短首先要求伺服电动机调速范围和输出转矩能满足加工精度、生产率和快速运动的需要。目前一般数控机床进给驱动的调速范围为 $0 \sim 24 m/min$，最先进的已达到 $0 \sim 240 m/min$。已经实现了驱动电动机不通过减速环节直接连接丝杠带动运动部件运动的方案。随着直线伺服驱动电动机性能的不断提高，由电动机直接带动工作台运动已成为可能。直接驱动取消了包括丝杠在内的所有机械传动元件，实现了数控机床的"零传动"。

④ 采用预紧措施　预加载荷可以消除滚动摩擦传动副的间隙和提高其传动刚度，也可以提高传动元件的刚度。如丝杠可采用两端轴向固定和预拉伸的方法来提高其传动刚度。

（2）采用低而稳定的摩擦传动副

数控机床进给系统多采用刚度高、摩擦因数小而稳定的滚动摩擦副，如滚珠丝杠螺母副、直线滚动导轨等。聚四氟乙烯导轨和静压导轨由于其摩擦因数小，阻尼大，也为数控机床进给传动所采用。

（3）惯量匹配

最佳惯量（转动惯量）匹配目的是为保证伺服驱动电动机的工作性能和满足传动系统对控制指令的快速响应的要求。由于在通常情况下，传动系统机械结构的惯量总是大于要求的数值，故而在设计时为得到最佳的惯量匹配，总是希望传动系统中元件的质量和惯量要小一些，降速比则要大一些。

（4）提高传动件精度

高质量的机械传动配合与高性能的伺服电动机使现代数控机床进给系统性能有了大幅度提高，随着控制系统分辨率从 0.001mm 提高到 0.0001mm，普通精度级数控机床的定位精度目前已从 0.012mm/300mm 提高到 $\pm(0.005 \sim 0.008)$mm/300mm，精密级的定位精度已从 0.005mm/全行程提高到 $\pm(0.0015 \sim 0.003)$mm/全行程，重复定位精度也已提高到 0.001mm。

由于在提高传动精度和刚度、消除间隙以及在惯量匹配等方面的努力，使数控机床进给传动系统的快速响应能力，即伺服系统的响应能力和机械传动装置的加速能力方面已有了大幅度提高，过渡过程时间已能控制在 200ms 之内，正在向提高到几十毫秒之内发展。随着快速响应能力和系统稳定性提高，进给速度已能达到 24m/min（分辨率 $0.1\mu m$），快速进给速度已能达到 100m/min（分辨率 $0.1\mu m$）。

5.7 伺服进给系统机械传动装置的设计步骤及计算

数控机床进给驱动系统的设计包括：按照需要达到的加工精度要求，选择开环系统、半闭环系统还是闭环系统；传动系统的设计，包括传动方式的选择，根据传动精度要求，确定数控机床的脉冲当量；滚珠丝杠导程及精度等的确定，滚珠丝杠支承选择；伺服电动机的选择；精度验算等过程。

5.7.1 负载转矩的计算

（1）电动机转矩的计算

快速空载启动时电动机所需力矩为

$$M = M_{amax} + M_f + M_o \tag{5-26}$$

最大切削负载时电动机所需力矩：

$$M = M_{at} + M_f + M_o + M_t \tag{5-27}$$

快速进给时电动机所需力矩：

$$M = M_f + M_o \tag{5-28}$$

其中 M_{amax}——空载启动时折算到电动机轴上的加速力矩，N·m；

M_f——折算到电动机轴上的摩擦力矩，N·m；

M_o——由于丝杠预紧引起的折算到电动机轴上的附加摩擦力矩，N·m；

M_{at}——切削时折算到电动机轴上的加速力矩，N·m；

M_t——折算到电动机轴上的切削负载力矩，N·m。

在采用滚珠丝杠传动时，M_a、M_f、M_o、M_t 的计算公式见表 5-5。

表 5-5 丝杠传动时 M_a、M_f、M_o、M_t 计算公式

力矩名称	计算公式	符号代表意义
加速力矩 M_a	$M_a = \dfrac{J_r n}{9.6T}$	J_r——折算到电动机轴上总惯量，kg·m²； T——系统时间常数，s； n——电动机转速，r/min，当 $n = n_{max}$ 时计算 M_{amax}，$n = n_t$ 时计算 M_{at}； n_t——切削时的转速，r/min
摩擦力矩 M_f	$M_f = \dfrac{F_o S}{2\pi\eta i} \times 10^{-3}$	F_o——导轨摩擦力，N； S——丝杠螺距，mm； i——齿轮降速比； η——传动链总效率，一般 $\eta = 0.70 \sim 0.85$
附加摩擦力矩 M_o	$M_o = \dfrac{F_{amax} S}{2\pi\eta i}(1 - \eta_0^2) \times 10^3$	F_{amax}——最大轴向载荷，N； S——丝杠螺距，mm； i——齿轮降速比； η——传动链总效率； η_0——滚珠丝杠未预紧时的效率，一般 $\eta_0 \geqslant 0.90$
切削力矩 M_t	$M_t = \dfrac{F_t S}{2\pi\eta i} \times 10^3$	F_t——进给方向的最大切削力，N； S——丝杠螺距，mm； i——齿轮降速比； η——传动链总效率

对数控机床而言，因为动态性能要求较高，所以电动机力矩主要是用来产生加速度的，而负载力矩占的比重很小，一般都小于电动机力矩的 $10\% \sim 30\%$，所以通常可先按式

(5-26) 选择电动机，要使快速空载启动力矩小于电动机的最大转矩，即 $M \leqslant M_{max}$，M_{max} 为电动机输出转矩的最大值，即峰值转矩。一般

$$M_{max} = \lambda M_r$$

式中　M_r——电动机额定转矩，N·m；

　　　λ——电动机转矩的瞬时过载系数，直流伺服电动机，$\lambda = 2 \sim 2.5$；交流伺服电动机，$\lambda = 1.5 \sim 2$；小惯量直流伺服电动机，$\lambda = 8 \sim 10$；大惯量直流伺服电动机，$\lambda = 5 \sim 10$；液压马达 $\lambda = 1$。

　　除此之外，对直流伺服电动机而言，还应保证快速进给力矩是在马达的连续运行区域内，最大切削负载力矩下的进给时间是在所希望的数值之内。

　　(2) 计算电动机转矩时应考虑的事项

　　① 由于镶条、压板面所产生的摩擦转矩必须充分考虑。通常，根据滑块的重量和摩擦因数计算出的转矩是很小的。但是应认真考虑由于镶条、压板面和导轨表面因摩擦力所产生的摩擦转矩．这种摩擦转矩受加工精度和装配质量的影响。

　　② 由于轴承和滚珠丝杠螺母的预加负载和丝杠的预紧力作用，滚动接触表面的摩擦转矩都不能忽略。特别是小型机床，摩擦转矩对整个转矩有很大影响。

　　③ 摩擦转矩受进给速率的影响。由于速度，工作台支持件（滑动、滚动和静压支承），滑动表面材料以及润滑条件所产生修正值的变化，而引起的摩擦转矩的变化必须研究和测量。

　　④ 通常，在同一台机床上，摩擦转矩是随调整情况、环境温度和润滑条件而变化的。

5.7.2　负载惯量的计算

　　由于负载转矩情况不同，负载惯量只能由计算精确地得到。由电动机驱动的所有运动部件，无论是旋转运动还是直线运动部件，都为电动机的负载惯量。总的负载惯量可以通过计算各个被驱动部件的负载惯量，并以一定规律将其加起来。

　　(1) 圆柱体惯量

　　当圆柱体围绕其中心轴线旋转时（图 5-38），其惯量（滚珠丝杠、齿轮等都可作圆柱体计算）为

$$J = \frac{MD^2}{8} \times 10^{-6} \tag{5-29}$$

　　对于钢材

$$J = 0.77 D^4 L \times 10^{-12} \tag{5-30}$$

式中　J——惯量，kg·m²；

　　　M——质量，kg；

　　　D——圆柱体直径，mm；

　　　L——圆柱体长度，mm。

　　(2) 沿直线轴移动物体的惯量

　　工作台、工件等折算到电动机轴上的惯量为

$$J = \left(\frac{v}{2\pi n}\right)^2 M \times 10^{-6} = \left(\frac{S}{2\pi}\right)^2 M \times 10^{-6} \tag{5-31}$$

式中　M——工作台（包括工件）的质量，kg；

　　　S——丝杠螺距，mm；

　　　v——工作台移动速度，mm/min；

　　　n——丝杠转速，r/min；

（3）相对于电动机轴进行机械变速时的惯量

图 5-39 所示的惯量 J_0（kg·m²）折算到电动机轴的公式为

$$J = \left(\frac{z_1}{z_2}\right)^2 J_0 \tag{5-32}$$

式中 z_1，z_2——齿轮齿数。

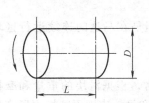

图 5-38　圆柱体围绕其中心
轴线旋转时的惯量

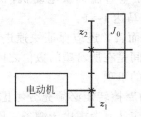

图 5-39　相对于电动机轴进行
机械变速时的惯量

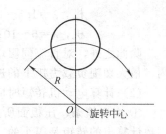

图 5-40　圆柱体围绕旋转
中心、转动时的转动惯量

（4）圆柱体围绕旋转中心转动时的惯量

如图 5-40 所示，其计算公式为

$$J = J_0 + MR^2 \tag{5-33}$$

式中　J_0——圆柱体环绕其中心线的惯量，kg·m²；

　　　M——圆柱体的质量，kg；

　　　R——旋转半径，m。

上述公式常在计算大直径齿轮的转动惯量时使用。因大直径齿轮为了减少惯量和质量，在其离中心线一定距离的圆周上镗有孔。

5.7.3　伺服电动机的选择

数控机床进给系统用伺服电动机是根据负载条件来进行选择的。加在电动机轴上的负载有两种：负载转矩和负载惯量。负载转矩包括切削转矩和摩擦转矩。选择伺服电动机应能满足以下条件。

（1）根据负载转矩选择电动机

负载转矩应等于或小于电动机额定转矩。对于这一点，数控机床和普通机床选择电动机是一样的。最大切削负载转矩，不得超过电动机的额定转矩折算到电动机轴上的最大切削负载转矩。

（2）电动机的转子惯量 J_M 应与负载惯量 J_L 相匹配

通常要求转子惯量 J_M 不小于负载惯量 J_L。但 J_M 也不是越大越好。因 J_M 越大，总的转动惯量 J 就越大，加速性能受影响。为了保证足够的角加速度，以满足系统反应的灵敏度，不得不采用转矩过大的伺服电动机及伺服控制系统。

重型机床的负载惯量很大，如果电动机与丝杠直连，很难满足此条件。常用的办法是电动机通过一对齿轮（或同步齿形带）降速后传动丝杠。

（3）快速移动时，转矩不得超过伺服电动机的最大转矩

当执行部件从静止状态的阶跃指令加速到最大移动（快移）速度时，所需要的转矩最大。

加速时间通常为电动机机械时间常数的 3～4 倍。可见，伺服电动机主参数是输出功率，这是区分其大小的公称值。但选择伺服电动机时，却是按照负载转矩小于额定转矩、电动机转子的转动惯量与负载惯量的合理匹配、执行部件的快移转矩小于电动机的最大转矩这 3 个要求来考虑的。根据负载转矩的计算，切削转矩加上摩擦转矩（即负载转矩），应小于或等

于电动机额定转矩。对于直流伺服电动机应在连续工作区内选取。

（4）加速转矩应等于最大转矩（即由放大器所限制的转矩）减去负载转矩

在空载时，加速转矩应等于最大转矩减去摩擦转矩，其差值等于全部惯量（电动机惯量＋负载惯量）乘以加速度斜率。

5.7.4　电动机惯量与负载惯量的匹配

在设计数控机床进给传动时，在给定最大快速移动速度的前提下，系统惯量要尽可能减小，这就要求选择合适的电动机和进行优化设计。或者说，当伺服电动机选好后，电动机惯量与负载惯量的匹配应与快速移动速度相适应。电动机惯量与负载惯量的匹配应考虑下述两种因素。

① 加速转矩等于加速度乘以总惯量（电动机惯量＋负载惯量），即 $M_a = aJ$，电动机惯量和负载惯量之间的匹配就是要考虑加速时间、加速转矩与总惯量之间的关系。换句话说，加速转矩与加速时间不能任意选择。例如，Siemens 交流伺服电动机最大限流为 2 倍额定电流。在 2 倍额定电流时，加速时间应在 200ms 以内。因此，进给系统的总惯量就限制在一定的范围内。直流伺服电动机过载能力虽然很强，但是最大过载能力也不是在任何情况下都可以使用的。因此，过电流系数必须加以限制。

数控机床进给系统是由伺服电动机通过齿轮传至滚珠丝杠（或其他末端传动元件）带动执行件做往复直线运动，当执行件启动、制动时加到各齿轮轴上的转矩为加速转矩，其数值等于

$$M_{a1} = aJ_1$$

因此，由伺服系统产生的 M_a 一部分被负载惯量吸收，另一部分被电动机转子吸收，其数值为：

$$M_{am} = aJ_m$$

总加速转矩等于两者之和，即

$$M_a = M_{am} + M_{a1}$$

② 数控机床应有良好的快速响应特性。为了保证加速时间，对加速转矩也应有一定的要求。直流伺服电动机的过载能力很强，过电流系数高达 5～10 倍额定电流，在一定的条件下，电动机的最大转矩是不能采用的。关于这一点，可以用基本公式 $M_a = a(J_m + J_1)$ 来进行分析，如果 $J_m = J_1$，则

$$M_a = 2aJ_1$$

假定加速转矩选用 10 倍额定转矩，由负载惯量 J_1 产生的惯性转矩高达 5 倍额定转矩的力量加到电动机轴上的小齿轮上，机械传动链各元件的强度计算在设计中是按负载转矩考虑的，因此，如果负载转矩极大地超过额定转矩，进给传动链各元件的使用寿命及精度将会受到较大影响，特别是安装在电动机轴上的小齿轮的使用寿命。根据这个道理，J_1 与 J_M 之间应有一定的关系，并保证 $M_{a1} = aJ_1$ 小于或等于额定转矩（或者说计算转矩）。这就是电动机惯量与负载惯量的"匹配"。

根据以上分析可以建立如下方程式：

$$KM_0 - BM_0 = \ddot{\theta}(J_M + J_1) \tag{5-34}$$

$$AM_0 - BM_0 = \ddot{\theta} J_1 \tag{5-35}$$

式中　J_M——电动机转子惯量，$kg \cdot m^2$；

　　　J_1——负载惯量并折算到电动机轴上的总和，$kg \cdot m^2$；

　　　$\ddot{\theta}$——电动机轴的角加速度，rad/s^2；

　　　M_0——电动机额定转矩，$N \cdot m$；

K——伺服电动机堵转转矩系数（或称过电流系数）；

A——计算转矩系数；

B——负载转矩系数（$B<A$，空载时为摩擦转矩系数）。

进给传动链各元件进行强度计算时，计算转矩应为最大切削转矩加摩擦转矩，空载时，AM_0 包括摩擦转矩与加速转矩；切削时（精加工或半精加工时），AM_0 应包括切削转矩，摩擦转矩与加速转矩。

假定 $J_1=nJ_M$，并代入式(5-34) 得：

$$KM_0-BM_0=(n+1)\ddot{\theta}\,J_1/n \tag{5-36}$$

解式(5-34)、式(5-36) 并简化得：

$$\frac{J_1}{J_M}=\frac{A-B}{K-A} \tag{5-37}$$

式(5-37) 就是负载惯量与电动机惯量匹配的基本关系式。

关于 K、A、B 几个系数的基本取值如下：

① 对于直流伺服电动机，一般取 $K=2.5\sim3$，如某厂家在计算卡片中取过电流系数 $K=2.5$，即限流为 2.5 倍额定电流，或最大转矩为 2.5 倍额定转矩。

对于交流伺服电动机（如 Siemens 交流伺服电动机），根据电动机特性曲线，负载转矩应按温升 60℃ 区域以内选用。$1\sim1.3$ 倍堵转转矩为温升 100℃ 区域。$1.3\sim2$ 倍堵转转矩的限制时间在 200ms 以内。因此，K 值最大为 2，且限制在 200ms 以内，超过 200ms 时，应限制在 1.3 倍堵转转矩范围以内。

这里必须提出，不同惯量的伺服电动机在保证加速度的前提下，所选取的 K 值差别较大，特别是大惯量伺服电动机，K 值可能选得很大，这就决定了机电惯量比必须很小，同时伺服单元的容量也必须设计得足够大。然而伺服单元所释放的能量大部分被电动机转子吸收，这是不经济的。

② 在一般情况下应取 $A\le1$。如果负载惯量过大，应根据负载惯量与电动机惯量的比值求出 A，然后逐级计算惯性转矩来决定增加传动链各元件的强度，以保证足够的使用寿命。

③ 负载转矩（即摩擦转矩加切削转矩）系数 B 可取 $B=\dfrac{1}{3}\sim\dfrac{1}{2}$，在空载时，根据摩擦转矩可直接计算出 B 值。

将数值代入式(5-36)，将计算结果与推荐数值进行比较，见表 5-6。

表 5-6 负载惯量与电动机惯量匹配的关系推荐数值

电动机类型	过电流系数 K	负载转矩系数 B	计算转矩系数 A	匹配关系
直流伺服电动机	2.5	$1/3\sim1/2$	1	$\dfrac{1}{3}\le\dfrac{J_1}{J_M}\le\dfrac{1}{2.25}$
交流伺服电动机	$1.3\sim2$	$1/3$	1	$\dfrac{2}{3}\le\dfrac{J_1}{J_M}\le2$
小惯量直流伺服电动机	$1.5\sim2$	$1/3$	1	$1.3\le\dfrac{J_1}{J_M}\le\dfrac{2}{3}$
大惯量直流伺服电动机	$3\sim4$	$1/3$	1	$\dfrac{1}{3}\le\dfrac{J_1}{J_M}\le\dfrac{1}{4.5}$

将不同过载系数机电惯量比的推荐数进行比较和对推荐数值与计算数值进行比较，过载系数是决定机电惯量比的主要因素。从机电惯量比这个角度来考虑传动链的设计，很大的过载系数是不宜采用的，否则将使机械设计过于庞大，那是不经济的。

5.8　伺服进给系统的动态响应、稳定性及精度

5.8.1　动态性能指标

动态是指控制系统在输入作用下从一个稳态向新的稳态转变的过渡过程。伺服系统在跟踪加工的连续控制过程中，几乎始终处于动态的过程之中。

动态性能指标分为对给定输入的跟随性能指标和对扰动输入的抗扰性能指标。

5.8.1.1　对给定输入的跟随性能指标

对一个闭环控制系统，通常用输入单位阶跃信号，然后观察它的输出响应过程，从而来评价其动态性能的好坏。图 5-41 为输入 $R(t)$ 和输出 $C(t)$ 的过程曲线。依据动态过程曲线，常用的性能指标有：

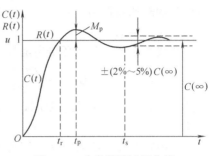

图 5-41　动态跟随过程曲线

（1）飞升时间 t_r

t_r 也称为上升时间，是输出响应曲线第一次上升到稳态值 $C(\infty)$ 所需要的时间。

（2）调节时间 t_s

输出响应 $C(t)$ 与稳态值 $C(\infty)$ 的差值小于或等于稳态值的 $\pm 2\%$ 或 $\pm 5\%$，且不再超出所需要的时间。

（3）超调量 M_p

设系统输出响应在 t_p 时刻达到最大值，其超出稳态值的部分与稳态值的比值称为超调量，通常取百分数形式，即

$$M_p = \frac{C(t_p) - C(\infty)}{C(\infty)} \times 100\% \tag{5-38}$$

（4）振荡次数 N

N 为响应曲线在 t_s 时刻之前发生振荡的次数。

以上指标中，调节时间 t_s 愈小，表明系统快速跟随的性能愈好，超调量 M_p 愈小表明系统在跟随过程中比较平稳，但往往也比较迟钝。显然，快速性要求经常与平稳性要求相矛盾，因此，需按照加工工艺的要求在各项性能指标中作出选择。

5.8.1.2　对扰动输入的抗扰性能指标

抗扰性能是指当系统的给定输入不变时，在受到阶跃扰动后输出克服扰动的影响自行恢复的能力。常用最大动态降落和恢复时间这两个动态指标衡量系统的抗扰能力。图 5-42 给出一个调速系统在突加负载时，转矩 $M(t)$ 和转速 $n(t)$ 的动态响应曲线。现对 Δn_m 和 t_f 简介如下。

（1）最大动态速降 Δn_m

最大动态速降 Δn_m 表明系统在突加负载后及时作出反映的能力，常以稳态转速的百分比表示，即

$$\Delta n_m = \frac{\Delta n_m}{n(\infty)} \times 100\% \tag{5-39}$$

（2）恢复时间 t_f

由扰动作用瞬间至输出量恢复到允许范围内（一般取稳态值的 $\pm 2\%$ 或 $\pm 5\%$）所经历的时间，称为恢

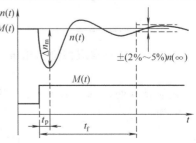

图 5-42　突加负载后
转速的扰动响应曲线

复时间。

从要求系统具有抗扰性能好的角度出发，上述两项指标也应愈小愈好。

5.8.2 系统的稳定性

稳定性是伺服进给系统能够正常工作的最基本条件。稳定的系统，即系统在启动状态或外界干扰作用下，系统的输出经过几次衰减振荡后，能迅速稳定在新的或原有的平衡状态下。

数控机床的伺服系统若在启动状态或在外界干扰作用下，经过短暂的调整过程（有的允许有轻微的超调和振荡）后，应能迅速稳定在新的或原有平衡状态下。

(1) 稳定性的条件

一般线性系统，其闭环传递函数为：

$$G_B(s)=\frac{C(s)}{R(s)}=\frac{b_0 s^m+b_1 s^{m-1}+\cdots+b_{m-1}s+b_m}{a_0 s^n+a_1 s^{n-1}+\cdots+a_{n-1}s+a_n} \tag{5-40}$$

式中，a_0，a_1，$\cdots$，a_n 和 b_0，b_1，$\cdots$，b_m 为常数，且 $m \leqslant n$；分母多项式构成系统的特征方程式。

系统稳定的充分必要条件是该系统特征方程的所有根的实部均为负数。

(2) 稳定性判据

① 劳斯-霍尔维茨（Routh-Hurwize）判据　表 5-7 是根据劳斯-霍尔维茨判据得出的，当特征方程低于五阶时，系统的稳定判据。

② 奈奎斯特（Nyquist）稳定判据　设系统的闭环频率特性为

$$G_B(s)=\frac{G(j\omega)}{1+G(j\omega)H(j\omega)} \tag{5-41}$$

设 $G_k(j\omega)=G(j\omega)H(j\omega)$，即为系统的开环频率特性。显然，若频率 ω 取值使得 $G(j\omega)H(j\omega)=-1$，则 $G_B(s)\to\infty$，输出就会连续振荡或振荡发散。点 $(-1，j_0)$ 称为临界点。

表 5-7　稳定判据

阶次	特征方程	系统稳定的充分条件
1	$a_0 s+a_1=0$	$a_0>0，a_1>0$
2	$a_0 s^2+a_1 s+a_2=0$	$a_0>0，a_1>0，a_2>0$
3	$a_0 s^3+a_1 s^2+a_2 s+a_3=0$	$a_0>0，a_1>0，a_2>0，a_3>0$ $a_1 a_2-a_0 a_3>0$
4	$a_0 s^4+a_1 s^3+a_2 s^2+a_3 s+a_4=0$	$a_0>0，a_1>0，a_2>0，a_3>0$ $a_4>0$ $a_1 a_2 a_3-a_0 a_3^2-a_1^2 a_4>0$
5	$a_0 s^5+a_1 s^4+a_2 s^3+a_3 s^2+a_4 s+a_5=0$	$a_0>0，a_1>0，a_2>0，a_3>0，a_4>0，a_5>0$ $a_1 a_2-a_0 a_3>0$ $a_0 a_1 a_5+a_1 a_2 a_3-a_4 a_1^2-a_0 a_3^2>0$ $(a_1 a_2-a_0 a_3)(a_3 a_4-a_2 a_5)-(a_1 a_4-a_0 a_5)^2>0$

若将 $G_k(j\omega)$ 写成幅值与相角的形式，即

$$G_k(j\omega)=A(\omega)e^{j\varphi(\omega)} \tag{5-42}$$

在临界点处，$G_k(j\omega)=-1$，则 $A(\omega)=1$，$\varphi(\omega)=-180°$。因此，奈奎斯特稳定判据的表达式为

$$\begin{cases} A(\omega)<1 & \varphi(\omega)=-180° \\ A(\omega)=1 & \varphi(\omega)>-180° \end{cases}$$

图形如图 5-43 所示。

（3）稳定裕度

按奈奎斯特稳定判据，一个稳定系统的开环频率特性曲线不包围临界点（$-1, j_0$）。显而易见，开环频率特性曲线离开临界点（$-1, j_0$）越远，则闭环系统越稳定。为此，以相位为 $-180°$ 时的幅值 $A(\omega_1)$ 的倒数 R 表示幅值稳定裕度，以 $A(\omega)=1$ 时的矢量与复平面上 $-180°$ 轴之间夹角 γ 表示相角稳定裕度。

在常用的对数频率特性中，以分贝表示的幅值稳定裕度 R 为

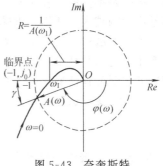

图 5-43　奈奎斯特
稳定判据图形

$$R = 20\lg\frac{1}{A(\omega_1)} = -20\lg A(\omega_1) \qquad (5\text{-}43)$$

式中　ω_1——相角为 $-180°$ 时所对应的频率，称为相位交界频率，见图 5-43。

5.8.3　开环、半闭环伺服进给系统的死区误差及定位精度

开环或半闭环伺服进给系统，由于没有位置检测装置或半闭环中闭环以外的环节，在机械传动装置的输入与输出之间存在着误差。误差，除了有一部分是由传动链的传动误差（如丝杠螺距误差）引起的之外，还有一部分是由于传动系统的动力参数（如传动刚度、移动件惯量、导轨摩擦力、间隙、速度阻力等）产生的。这部分误差在设计开环或半闭环伺服进给系统中必须予以注意，即使在闭环伺服进给系统中也应充分考虑；否则，它将会使传动链产生振荡。由机械传动链所产生的误差主要是死区误差（按最小传动刚度考虑的死区误差）。

5.8.3.1　死区误差

死区误差，即传动系统启动或反向时产生的输入运动与输出运动的差值。

在开环或半闭环中的开环部分数控进给系统中，由于启动或反向位移误差的存在，直接影响了工件与刀具的定位精度。

产生死区误差的主要原因有：

① 机械传动系统中的间隙。

② 为克服导轨摩擦力而产生的摩擦死区。

③ 系统中电气、液压元件的死区（不灵敏度）。

机械传动装置间隙造成的死区 δ_h 等于各传动副的间隙折算到工作台上的间隙量之和。

对于丝杠传动，δ_h 应为：

$$\delta_h = \frac{t}{\pi}\sum_{i=1}^{n}\delta_{hi}\,\frac{1}{m_i z_i i_i} \qquad (5\text{-}44)$$

式中　δ_h——折算到工作台的总间隙；

　　　t——丝杠导程；

　　　δ_{hi}——第 i 对齿轮侧隙；

　　　m_i——第 i 对齿轮模数；

　　　Z_i——第 i 对齿轮主动轮齿数；

　　　i_i——第 i 对齿轮至工作台的降速比（$i \geqslant 1$）。

对于齿条传动：

$$\delta_h = mz\sum_{i=1}^{n}\delta_{hi}\,\frac{1}{m_i z_i i_i} \qquad (5\text{-}45)$$

式中　m——齿条模数；

　　　z——与齿条啮合之齿轮齿数。

为减小死区误差，应力图消除间隙。从式(5-44)、式(5-45)可见，不同位置传动副间

隙的影响是不同的，在不同半径上的间隙的影响也是不同的，越是靠近工作台影响越大，半径越小影响越大，所以，末端环节的间隙应当严格控制。

摩擦死区的影响是由于静摩擦力的存在。在工作台启动或反向时，首先必须在传动系统中产生一定的弹性变形，使其产生足以克服静摩擦力的驱动力，才能使工作台移动。传动系统中的这部分弹性变形称为摩擦死区。

由弹性变形引起的变形量（δ_f）应为：

$$\delta_f = \frac{F_0}{K_0} \tag{5-46}$$

式中　F_0——进给导轨的静摩擦力，N；

　　　K_0——传动系统折算到工作台上的综合拉压刚度，N/μm。

注意：在计算静摩擦力 F_0 时，应将由预载产生的摩擦转矩考虑进去，因制造滚珠丝杠的螺距误差的不同，在不同的位置时，摩擦转矩是不同的。

对于齿条传动，应由扭转刚度转换为沿工作台运动方向的拉压刚度，即

$$K_0 = \frac{K_M}{R^2} \tag{5-47}$$

式中　K_0——沿工作台运动方向的拉压刚度，N/μm；

　　　K_M——扭转刚度，N·μm/rad；

　　　R——与齿条啮合的齿轮分度圆半径，μm。

在传动链中，机械部分的死区误差，主要由间隙和摩擦死区两部分组成：

$$\Delta = \delta_h + 2\delta_f \tag{5-48}$$

$$\delta_f = \frac{2F_0}{K_0} \tag{5-49}$$

式中的间隙可以部分消除或完全消除。然而摩擦死区在滑动导轨的情况下难以完全消除，只能通过减少摩擦、增加传动刚度而控制在一定的数值内。

当采取消除间隙后，死区误差就变为：

$$\Delta = \frac{2F_0}{K_0} = \frac{2mg\mu_0}{m\omega_n^2} = \frac{2\mu_0 g}{\omega_n^2} \times 10^4 \tag{5-50}$$

式中　μ_0——导轨的静摩擦因数；

　　　g——重力加速度，$g = 980$cm/s^2；

　　　ω_n——机械传动装置的固有频率，rad/s；

　　　Δ——死区误差，μm。

式(5-50)表明，死区误差与传动链的固有频率及摩擦因数有关，死区误差 Δ 应小于脉冲当量值。

5.8.3.2　定位精度

数控机床的定位误差包括以下几个方面：

（1）末端元件（如丝杠、齿条、螺母等）的制造累积误差

无论是开环、半闭环，其精度等级都应在 5～6 级以上，闭环末端元件精度等级可以略低。

（2）在滚珠丝杠螺母传动中，由于丝杠预紧拉伸而引起的螺距累积误差

为了消除此项误差，国外有的厂家在制造滚珠丝杠时，使丝杠的实际螺距尺寸略小于丝杠的名义螺距尺寸，以消除因丝杠预紧拉伸引起的误差。

（3）死区误差

开环或半闭环伺服系统机械传动装置的死区误差是影响定位精度的主要因素之一，死区

误差应小于反向位置误差，取 0.5～0.8 倍的反向位置误差。

在设计数控机床传动链时，应充分考虑压板面和导轨面等因摩擦力所产生的摩擦转矩。这种摩擦转矩受加工精度及装配质量的影响，特别是摩擦转矩的变化量，如丝杠螺距的不均匀性，丝杠中心线与导轨面的不平行性，导轨的直线性和平行性等，将会直接影响弹性变形的变化。这种变化量应在可以补偿的范围以内。或者说，运动部件停止时伺服电动机的电流不应过大，停止时的电流变化量不应过大。这在设计传动链的刚度时应充分考虑。

5.8.4 静态误差与伺服刚度

在忽略电气、液压元件不灵敏区的情况下，等速跟踪时的总滞后量 Δ 为：

$$\Delta=\delta_{\mathrm{v}}+\frac{\delta_{\mathrm{R}}}{i}\times\frac{t}{2\pi} \tag{5-51}$$

式中 δ_{v}——跟踪误差，mm；

$$\delta_{\mathrm{v}}=\frac{v}{K_{\mathrm{v}}} \tag{5-52}$$

    v——工作台进给速度，mm/min；

    K_{v}——系统开环增益，s^{-1}；

    δ_{R}——由于扰力矩 T_{D} 引起的静态位置误差（马达的角位移误差），rad；

    i——传动比，$i\geqslant 1$；

    t——丝杠导程，cm。

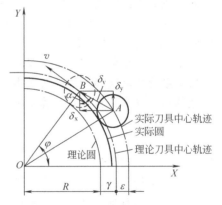

图 5-44   加工圆形轨迹的情况

式(5-51) 表明，总滞后量包括两项误差，第一项 δ_{v} 跟踪误差，此项误差是随着速度的变化而变化的。它的含义是，当需要某一种速度时，就必须送入一个指令值，指令是先发出的，运动是接到指令后才产生的。因此，位移总是滞后指令，一旦 $\delta_{\mathrm{v}}=0$，进给就停止。

图 5-44 所示的是加工圆形轨迹的情况。

当加工半径为 R 的圆形轨迹时，指示刀具位置在 B 点，由于存在跟踪误差，实际在 A 点。给定条件为：R——工件半径，mm；r——刀具半径，mm；v——切削速度，mm/min；K_{x}——X 轴系统开环增益，s^{-1}；K_{y}——Y 轴系统开环增益（s^{-1}）。从图 5-44 可知：

$$\begin{cases} v_{\mathrm{y}}=v\cos\varphi \\ v_{\mathrm{x}}=v\sin\varphi \end{cases}$$

$$\begin{cases} \delta_{\mathrm{x}}=\dfrac{v_{\mathrm{x}}}{K_{\mathrm{x}}}=\dfrac{v\sin\varphi}{K_{\mathrm{x}}} \\ \delta_{\mathrm{y}}=\dfrac{v_{\mathrm{y}}}{K_{\mathrm{y}}}=\dfrac{v\cos\varphi}{K_{\mathrm{y}}} \end{cases}$$

从三角形 AOB 中可得：

$$(R+r+\varepsilon)^2=(R+r)^2+\delta_{\mathrm{v}}^2-2(R+r)\delta_{\mathrm{v}}\cos(90°+\alpha-\varphi)$$

解上式得：

$$\varepsilon\approx\frac{v^2\left[\left(\dfrac{\sin\varphi}{K_{\mathrm{x}}}\right)^2+\left(\dfrac{\cos\varphi}{K_{\mathrm{y}}}\right)^2\right]}{2(R+r)}+\frac{v\sin(2\varphi)}{2}\times\left(\frac{1}{K_{\mathrm{x}}}-\frac{1}{K_{\mathrm{y}}}\right) \tag{5-53}$$

根据上式可得出两种结果：

① 当 $K_{\mathrm{x}}=K_{\mathrm{y}}$ 时，公式简化成：

$$\delta_v = \frac{v^2}{2(R+r)K_s^2} \tag{5-54}$$

$$K_S = K_x = K_y$$

简化后的公式表明，当 X 轴及 Y 轴两坐标的增益相同时，δ_y 与 ε 在同一条直线上，ε 随工件半径 R 的变化而变化，当曲率半径 R 不变时，ε 是一个恒定值，它只影响尺寸偏差，而不影响形状精度。尺寸偏差是可以用编程来消除的，其输入程序尺寸应为：

$$输入程序尺寸 R（曲率半径）= 零件名义尺寸曲率半径 R_{工件} + \frac{尺寸公差}{4} - \varepsilon$$

这时所加工出来的轨迹应与实际尺寸完全相符（在假定曲率半径等于常数的前提下）。

② 当 $K_x \neq K_y$ 时，ε 随 φ 角变化，这个变化量的差值是不能消除的，这个误差就是由速度误差所引起的几何形状误差。

式 $\Delta = \delta_v + \frac{\delta_R}{i} \times \frac{t}{2\pi}$ 第二项 δ_R 是干扰力矩 T_D 引起的静态误差。

$$\delta_R = \frac{T_D}{K_R}$$

其中 K_R 为伺服刚度，δ_R 与摩擦力、惯性力以及切削力有关，并随加工过程切削力等的波动而变化，因此，它直接影响到轮廓的加工精度、表面粗糙度和反向位置误差。

5.8.5 传动链的自然频率

为了保证系统的稳定性，传动链结构的谐振频率是考虑的主要因素之一。当惯量较大时，机械系统传动链各元件就会产生弹性变形，弹性变形愈大，响应时间就愈长。对于机床传动链的自然频率估算，其计算基本公式如下

$$\omega_1 = \sqrt{\frac{K_1}{J_1}} \tag{5-55}$$

式中 ω_1——传动链的谐振频率，rad/s；

K_1——传动链系统的刚度，N/μm；

J_1——折算到电动机轴上的负载惯量，kg·m^2。

K_1 值相当于机床工作台被固定时，在电动机轴端弹性变形 1rad 所需的转矩。K_1 数值可由计算驱动系统传动链各个部分的弹性变形得到。ω_1 的允许数值应根据精度标准内的位置精度和被加工零件的允许误差来确定。

为了在传动链中得到较高的谐振频率，在结构上应采取相应的措施，以提高传动链的刚度和减少负载惯量。

5.8.6 刚度计算

伺服进给系统的传动刚度应该是整个系统折算到工作台上的当量刚度。由于系统最后的传动副一般都是采用具有较大降速比的丝杠螺母、齿轮齿条等机构，因此传动系统的当量刚度主要取决于最后传动件的刚度。

丝杠螺母的传动刚度主要是由丝杠的拉压刚度 K_T、丝杠螺母间的接触刚度 K_N 以及轴承和轴承座组成的支承刚度 K_B 三部分组成。由于丝杠的扭转刚度一般都很大，所以可忽略不计。可分别计算出各部分的刚度，然后再根据轴向固定方式综合计算出丝杠螺母的总传动刚度。

（1）丝杠拉压刚度 K_T

丝杠拉压刚度的计算公式见表 5-8，它与丝杠螺母机构的安装形式有关。在轴向力 F_a 的作用下，弹性位移 δ_s 和刚度分别是螺母至轴向固定处距离的函数。

表 5-8　丝杠拉压刚度 K_T 计算公式

结　构	一端轴向固定	两端轴向固定
简图		
计算公式	$K_T = \dfrac{F_a}{\delta_s} = \dfrac{AE}{a} \times 10^{-6}$	$K_T = \dfrac{F_a}{\delta_s} = \dfrac{AE}{a}\left(\dfrac{L}{L-a}\right) \times 10^{-6}$
符号说明	A——丝杠最小截面积,m^2 E——弹性模量,N/m^2 a——受力点到支承端距离,m n——行程比,$n=a/L$ L——总行程长,m	
最小刚度计算	$K_{T\min} = \dfrac{AE}{L} \times 10^{-6}$ 螺母处于行程最远点时,刚度最低	$K_{T\min} = \dfrac{4AE}{L} \times 10^{-6}$ 螺母处于中间位置时,刚度最低,但仍为单支承时最低刚度的 4 倍

（2）滚珠丝杠螺母副的轴向接触刚度

由滚珠丝杠螺母副的接触变形可以计算出轴向接触刚度 K_N。标准系列的滚珠丝杠副的滚珠螺母接触变形,可查阅机床设计手册或滚珠丝杠副使用样本。

（3）螺母座刚度与轴承座刚度

螺母座刚度与轴承座刚度很难准确计算。它应包括支承座、中间套筒、螺栓等零件本身的刚度及这些零件相互之间的接触刚度和支承座与基体之间的接触刚度。在不考虑接触刚度的情况下,悬臂支承座本身的刚度可近似按下式计算：

$$K_B = \frac{3IE}{L^3} \tag{5-56}$$

式中　K_B——悬臂支承座刚度,N/μm；

　　　I——支承座抗弯断面惯性矩,m^4；

　　　L——支承座中心到支承表面的高度,m；

　　　E——弹性模量,N/m^2。

（4）丝杠传动的综合拉压刚度

丝杠传动的综合拉压刚度 K 与轴向固定形式及轴承是否预紧有关,其计算公式如下

① 一端固定,一端自由　当轴承未预紧时：

$$\frac{1}{K_{\min}} = \frac{1}{K_{T\min}} + \frac{1}{K_B} + \frac{1}{K_N} \tag{5-57}$$

轴承预紧时：

$$\frac{1}{K_{\min}} = \frac{1}{K_{T\min}} + \frac{1}{2K_B} + \frac{1}{K_N} \tag{5-58}$$

注意,此时 $K_{\min}$ 按照 $l = l_{\max}$ 计算；若按 $l = l_{\min}$ 计算得 $K_{\max}$

② 两端固定　轴承未预紧：

$$\frac{1}{K_{\min}} = \frac{1}{4K_{T\min}} + \frac{1}{2K_B} + \frac{1}{K_N} \tag{5-59}$$

轴承预紧时：

$$\frac{1}{K_{\min}} = \frac{1}{4K_{T\min}} + \frac{1}{4K_B} + \frac{1}{K_N} \tag{5-60}$$

通常情况下，在设计上将丝杠本身的拉压刚度 K_T 乘以 1/3 来作为丝杠螺母的传动刚度 K。因为丝杠螺母的传动刚度主要由三个环节串联而成的，见式(5-61)。因此若单纯追求某一项刚度而忽视其他项刚度的做法是不合理的。丝杠的拉压刚度 K_T、丝杠螺母间的接触刚度 K_N 以及轴承和轴承座组成的支承刚度 K_B 三部分各占 1/3 较为合理，并且在两端轴向固定支承是容易实现的。

$$\frac{1}{K} = \frac{1}{K_T} + \frac{1}{K_N} + \frac{1}{K_B} \tag{5-61}$$

式中　K_T——丝杠的拉压刚度，N/μm；

　　　K_N——丝杠螺母间的接触刚度，N/μm；

　　　K_B——轴承和轴承座组成的支承刚度，N/μm。

习题与思考题

1. 数控机床对进给伺服系统的要求是什么？

2. 试说明开环伺服进给系统与闭环伺服进给系统的区别，各有什么特点？

3. 数控机床为什么要采用滚珠丝杠螺母副作为传动元件？它有什么特点？

4. 滚珠丝杠螺母副的滚珠循环方式可分为哪两类？结构有何区别？各应用于哪些场合？

5. 滚珠丝杠螺母副为什么要预紧？具体有哪几种调整间隙的预紧方法？

6. 滚珠丝杠螺母副为什么要预拉伸？试说明预拉伸的具体操作方法。

7. 数控机床消除齿侧间隙的方法有哪些？各用在什么场合？

8. 数控机床的轴连接方式有哪些？试说明各连接方式的特点。

9. 数控机床为什么要采用锥形环连接？如何选用锥形环？

10. 直流电动机调速方式有哪几种？

11. 闭环控制的基本特征是什么？

12. 试说明步进电动机的工作原理，什么是步距角？

13. 常用步进电动机的性能指标有哪些？

第6章　数控机床检测装置

6.1　数控机床测量系统分类与特点

数控机床测量系统是对数控机床执行件的实际位置进行测量，不断地将工作台的位移量检测出来并反馈给数控系统的装置。数控系统利用其本身的插补计算的理论值与实际反馈的位置进行比较，以判断进给定位正确与否，同时辅助伺服系统达到更精确的进给定位，以弥补机械精度之不足。实际反馈位置的采集是由位置检测装置来实现的。常用的位置检测装置有感应同步器、光栅位置检测装置、光电脉冲编码器、旋转编码器、磁尺位置检测装置等。

对于高精度的数控机床而言，其加工精度和定位精度主要取决于检测装置，因此，检测装置的精度及性能是高精度数控机床的重要保证。

数控机床的检测装置应该满足以下要求：

① 工作可靠，抗干扰性强；

② 满足速度和精度的要求；

③ 使用维护方便，适合机床的工作环境；

④ 成本低。

通常，检测装置的检测精度为 $\pm(0.001\sim0.02)\text{mm/m}$，分辨率为 $0.001\sim0.01\text{mm/m}$，运动速度应满足 $0\sim20\text{m/min}$。

6.1.1　检测装置的分类

数控系统中的检测装置分为位移、速度和电流三种类型。根据安装的位置及耦合方式，分为直接测量和间接测量两种；按测量方法分为增量式和绝对式两种；按检测信号的类型分为模拟式和数字式两大类；按运动方式分为回转型和直线型检测装置；按信号转换的原理可分为光电效应、光栅效应、电磁感应原理、压电效应、压阻效应和磁阻效应等类检测装置。数控机床伺服系统中采用的位置检测装置基本分为直线型和旋转型两大类。直线型位置检测装置用来检测运动部件的直线位移量；旋转型位置检测装置用来检测回转部件的转动位移量。位置检测装置分类见表 6-1。

表 6-1　位置检测装置分类

类型	数字式		模拟式	
	增量式	绝对式	增量式	绝对式
回转型	圆光栅	编码盘	旋转变压器 圆感应同步器 圆形磁栅	多极旋转变压器
直线型	计量光栅 激光干涉仪	编码尺	直线感应同步器、 磁栅、容栅	绝对值式磁栅

（1）增量式和绝对式

增量式检测方式只检测位移增量，每移动一个测量单位就发出一个测量信号。其优点是检测装置比较简单，任何一个对中点都可以作为测量起点。但在此系统中，移距是靠对测量信号计数后读出的，一旦计数有误，此后的测量结果将全错。另外在发生故障时（如断电等）不能再找到事故前的正确位置，事故排除后，必须将工作台移至起点重新计数才能找到事故前的正确位置。

绝对值式测量方式可以避免上述缺点，它的被测量的任一点的位置都以一个固定的零点作基准，每一被测点都有一个相应的测量值。采用这种方式，分辨率要求愈高，结构也愈复杂。

（2）数字式和模拟式

数字式检测是将被测量单位量化以后以数字形式表示，它的特点是：

① 被测量量化后转换成脉冲个数，便于显示处理；

② 测量精度取决于测量单位，与量程基本无关；

③ 检测装置比较简单，脉冲信号抗干扰能力强。

模拟式检测是将被测量用连续的变量来表示。在大量程内做精确的模拟式检测在技术上有较高要求，数控机床中模拟式检测主要用于小量程测量。它的主要特点是：

① 直接对被测量进行检测，无须量化；

② 在小量程内可以实现高精度测量；

③ 可用于直接检测和间接检测。

对机床的直线位移采用直线型检测装置测量，称为直接检测。其测量精度主要取决于测量元件的精度，不受机床传动精度的直接影响。但检测装置要与行程等长，这对大型数控机床来说，是一个很大的限制。对机床的直线位移采用回转型检测元件测量，称为间接检测。间接检测可靠方便，无长度限制，缺点是在检测信号中加入了直线转变为旋转运动的传动链误差，从而影响检测精度。因此，为了提高定位精度，常常需要对机床的传动误差进行补偿。

6.1.2 数控测量装置的性能指标及要求

数控测量装置安放在伺服驱动系统中。测量装置所测量的各种物理量是不断变化的，因此传感器的测量输出必须能准确、快速地跟随反映这些被测量的变化。传感器的性能指标应包括静态特性和动态特性。

① 精度 符合输出量与输入量之间特定函数关系的准确程度称为精度，数控用传感器应满足高精度和高速实时测量的要求。

② 分辨率 分辨率应适应机床精度和伺服系统的要求。分辨率的提高，对提高系统性能指标及运行平稳性都很重要。高分辨率传感器已能满足亚微米和角秒级精度设备的要求。

③ 灵敏度 实时测量装置不但要灵敏度高，而且输出、输入关系中各点的灵敏度应该是一致的。

④ 迟滞 对某一输入量，传感器的正行程的输出量与反行程的输出量的不一致，称为迟滞。数控伺服系统的传感器要求迟滞小。

⑤ 测量范围和量程 传感器的测量范围应满足系统的要求，并留有余地。

⑥ 零漂与温漂 传感器的漂移量是其重要的性能标志，它反映了随时间和温度的变化，传感器测量精度的微小变化。

此外，对测量装置还要求工作可靠，抗干扰性强，使用维护方便，成本低等。

6.2 常用测量元件的工作原理及应用

6.2.1 旋转变压器

旋转变压器是一种间接测量装置，由于它具有结构简单、动作灵敏、工作可靠、对环境条件要求低、输出信号幅度大以及抗干扰能力强等特点，在连续控制系统中得到了普遍使用。

（1）结构和工作原理

旋转变压器，又称同步分解器，实际是一种旋转式小型交流发电机，由定子和转子组成。如图 6-1 所示，其定子绕组可视为变压器原边，转子绕组可视为变压器副边，当将一定频率的激磁电压 $U_1 = U_m \sin \omega t$ 加到定子绕组时，通过电磁耦合，可在转子绕组内产生感应电压 E_2，当转子绕组磁轴与定子绕组磁轴垂直时，$\theta = 0°$，不产生感应电动势，感应电压 E_2 为零；当两磁轴平行时，$\theta = 90°$，感应电压幅值最大，即

$$E_2 = n U_m \sin \omega t \tag{6-1}$$

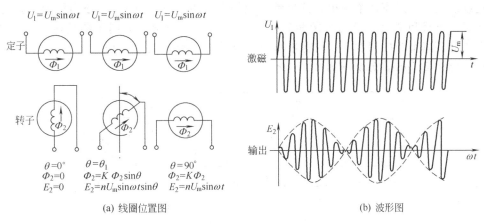

(a) 线圈位置图　　　　　　　　　　(b) 波形图

图 6-1　旋转变压器工作原理

感应电压按两磁轴夹角的余弦规律变化。

实际应用的旋转变压器中，其定子和转子绕组中各有相互垂直的两个绕组，两个激磁电压的相位差为 90°，故称为正弦余弦旋转变压器，其工作原理如图 6-2 所示。应用叠加原理，一个转子绕组（另一绕组短接）的输出电压 u 应为：

$$
\begin{aligned}
u &= n V_1 \sin \theta + n V_2 \cos \theta \\
&= n V_m \sin \omega t \sin \theta + n V_m \cos \omega t \cos \theta = n V_m \cos(\omega t - \theta)
\end{aligned} \tag{6-2}
$$

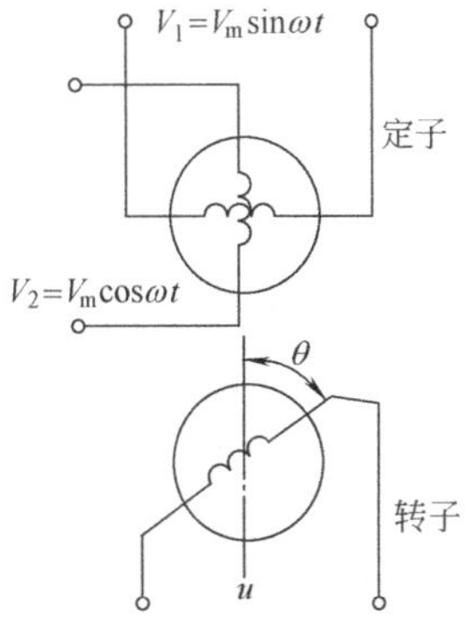

式中　n——变压比；

V_1，V_2——励磁电压；

　　θ——转子绕组的转角，如果转子安装在数控机床的丝杠上，定子安装在机床底座上，则 θ 角代表的是丝杠转过的角度，它间接地反映了机床工作台的位移；

V_m，ω——励磁电压的幅值和角频率。

图 6-2　正弦余弦旋转变压器的工作原理

显然，只要测量出转子绕组中感应电压相位，便可得到转子相对定子的位置，即转角的大小。

（2）应用

在数控机床中，如果将旋转变压器安装在数控机床的丝杠上，当 θ 角从 0° 变化到 360° 时，表示丝杠上的螺母移动了一个螺距，由此可间接地测量出工作台的移动距离。测量工作台的整个行程全长时，可加一个计数器，累计行走的螺距数，即可折算成位移总长度。

另外，还可以通过齿条、齿轮机构间接测量工作台的位移，因此位移测量精度受到限

制。旋转变压器结构简单、抗干扰能力强,因此广泛用于一般精度的数控机床中。

6.2.2 感应同步器

感应同步器的工作原理与旋转变压器相似,也是一种电磁式位移测量装置,按结构可分为直线式和旋转式两种。直线式感应同步器由定尺和滑尺组成,用以测量工作机构的直线位移;旋转式由定子和转子组成,用于角位移的测量。

（1）结构特点

直线式感应同步器由定尺和滑尺组成,相当于一个展开式的多极旋转变压器,其结构如图 6-3 所示。定尺和滑尺的基板由与机床线胀系数相近的钢板制成,钢板上用绝缘粘接剂贴有钢箔,利用照相腐蚀的办法制成图示的印刷线路绕组。感应同步器定尺绕组是一个单向均匀的连续绕组;滑尺有两个绕组,其位置相距绕组节距（2τ）的 $1/4$,分别称为正弦绕组和余弦绕组。定尺和滑尺绕组的节距相等,均为 2τ,这是衡量感应同步器精度的主要参数,工艺上要保证其节距的精度。一块标准型感应同步器定尺长度为 250mm,节距为 2mm,其绝对精度可达 $2.5\mu m$,分辨率为 $0.25\mu m$。

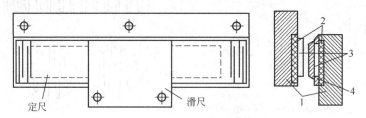

图 6-3　直线式感应同步器的结构
1—基板；2—绝缘层；3—绕组；4—屏蔽层

如图 6-4 所示,定尺和滑尺平行安装,如果把滑尺绕组 A 与定尺绕组对准,则滑尺绕组 B 和定尺绕组相差 $1/4$ 节距,即绕组 A 和绕组 B 在空间上相差 $1/4$ 节距。

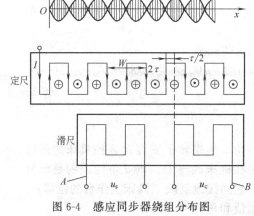

图 6-4　感应同步器绕组分布图
A—正弦绕组,励磁电压 $u_s = U_m \sin\omega t$；
B—余弦绕组,励磁电压 $u_c = U_m \cos\omega t$

感应同步器的定尺通过定尺尺座于机床的固定件上（如床身）；滑尺通过滑尺尺座固定在机床的运动部件上（如工作台）,相对于定尺移动。滑尺和定尺要用防护罩罩住,以防铁屑、油污和切削液撒落其上,影响其正常工作。由于感应同步器的检测精度比较高,因此安装时须保证定尺安装面与机床导轨的平行要求,否则,将引起定尺、滑尺之间间隙变化,从而影响检测灵敏度和检测精度。

（2）工作原理

当滑尺的两个绕组中的任一绕组通入励磁交变电压时，由于电磁效应，定尺绕组上必然产生感应电势。感应电势的大小取决于滑尺相对于定尺的位置。

表 6-2 所示为滑尺绕组相对于定尺绕组处于不同位置时，定尺绕组中感应电势的变化情况。当滑尺绕组与定尺绕组重合时（*A* 点），定尺绕组中的感应电势最大；如果滑尺相对于定尺从 *A* 点向右平行移动，感应电势就随之减小，在两绕组刚好错开 1/4 节距的位置 *B* 点，感应电势减为零；再继续向右移动到 1/2 节距的 *C* 点，感应电势变为与 *A* 点位置的大小相同，但极性相反，到达 3/4 节距的 *D* 点，感应电势再次变为零；当移动了一个节距达到 *E* 点，情况就又与 *A* 点相同了，相当于又回到了 *A* 点。这样，滑尺移动一个节距的过程中，感应同步器定尺绕组的感应电势以余弦函数变化了一个周期。感应同步器就是利用这个感应电压的变化进行位置检测的。

表 6-2 感应同步器工作原理

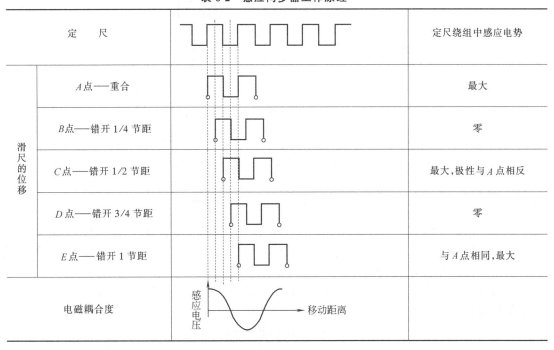

定　尺		定尺绕组中感应电势
滑尺的位移	*A* 点——重合	最大
	B 点——错开 1/4 节距	零
	C 点——错开 1/2 节距	最大，极性与 *A* 点相反
	D 点——错开 3/4 节距	零
	E 点——错开 1 节距	与 *A* 点相同，最大
电磁耦合度		

根据滑尺上两个正交绕组不同的励磁供电方式，感应同步器的测量方法可分为鉴相测量和鉴幅测量两种工作方式。

① 鉴相测量　若供给滑尺的正弦绕组和余弦绕组的励磁电压的幅值和频率完全相同，但相位相差 90°，则它们在定尺上分别产生的感应电压可表示为：

$$u_{2s} = k u_s \cos\theta = k U_m \sin\omega t \cos\theta \tag{6-3}$$

$$u_{2c} = k u_c \cos\left(\theta + \frac{\pi}{2}\right) = -k U_m \cos\omega t \sin\theta \tag{6-4}$$

$$\theta = \frac{x}{2\tau} 2\pi = \frac{\pi}{\tau} x \tag{6-5}$$

式中　u_{2s}，u_{2c}——正、余弦绕组分别在定尺绕组中所产生的感应电压；

u_s，u_c——正、余弦绕组的励磁电压；

U_m，ω——两绕组励磁电压的幅值和角频率；

θ——正弦绕组同定尺绕组的相位角；

x——滑尺相对定尺的位移；

τ——绕组的 1/2 节距；

k——耦合系数。

式中，因为正、余弦绕组相距绕组节距的 1/4，所以余弦绕组同定尺绕组的相位角为：$\theta + \dfrac{\pi}{2}$。定尺上的感应电压 u 可表示为：

$$u = u_{2s} + u_{2c} = kU_m \sin(\omega t - \theta) \tag{6-6}$$

显然，可通过鉴别感应电压的相位来确定滑尺与定尺间的相对位移。

图 6-5 是采用感应同步器，在鉴相式工作方式组成的位置检测系统框图。由数控装置（插补器）发出信号，经过脉冲相位变换器变成相位信号 θ_1 输入到鉴相器，同时把实际位移量的反馈相位角 θ_2 也输入到鉴相器进行比较。

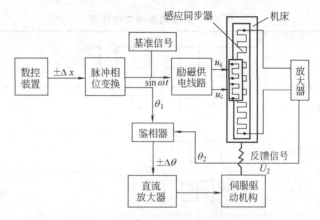

图 6-5　传感器鉴相方式测量系统

当两者相位一致（$\theta_1 = \theta_2$）时，表示实际位置和给定的指令位置一致，当 $\theta_1 \neq \theta_2$ 时，鉴相器输出相位差 $\Delta\theta = \theta_1 - \theta_2$，并将它变成模拟电压，经过放大后驱动伺服系统，使部件做相应的位移，直至到达相位的位置，$\Delta\theta = 0$，从而停止运动。

② 鉴幅测量　与鉴相测量方式不同，此时供给滑尺正、余弦绕组的励磁电压 u_s、u_c 的频率与相位相同，但幅值不同，分别为：

$$u_s = U_m \sin\theta_1 \cos\omega t \tag{6-7}$$

$$u_c = U_m \cos\theta_1 \sin\omega t \tag{6-8}$$

$$\theta_1 = \frac{x_1}{2\tau}2\pi = \frac{\pi}{\tau}x_1 \tag{6-9}$$

式中　x_1——指令位移；

θ_1——与指令位移相对应的相位角。

则定尺上的感应电压 u 可表示为

$$u = kU_m \sin\omega t \sin(\theta_1 - \theta) \tag{6-10}$$

如果设：$\Delta\theta = \theta_1 - \theta = \dfrac{\pi}{\tau}(x_1 - x) = \dfrac{\pi}{\tau}\Delta x$，当 $\Delta\theta$（或 Δx）很小时，则有：

$$\sin(\theta_1 - \theta) = \sin\Delta\theta \approx \Delta\theta = \frac{\pi}{\tau}\Delta x \tag{6-11}$$

$$u = kU_m \frac{\pi}{\tau}\Delta x \sin\omega t \tag{6-12}$$

由此可见定尺的感应电压的幅值与指令位移同实际位移之差成正比。因此在闭环控制系统中，若工作台位置未达到指令要求时，$u \neq 0$，此电压可作为控制伺服系统工作的信号，使工作台移动，直至 $\Delta x = 0$，则 $u = 0$，工作台停止移动。

（3）感应同步器主要特点

感应同步器的特点主要有：

① 测量精度高　感应同步器系直接对机床位移进行测量，中间不经过任何机械转换装置，测量精度只受本身精度限制。由于感应同步器的极对数多，定尺上的感应电压信号是多周期的平均效应，从而减少了制造绕组局部误差的影响，所以测量精度较高，位移精度可达 0.001mm。

② 测量长度不受限制　可拼接成各种需要的长度，根据测量长度的需要，采用多块定尺接长，相邻定尺间隔也可以调整，使拼接后总长度的精度保持（或略低于）单块定尺的精度。

③ 对环境的适应性强　直线式感应同步器金属基板与安装部件（床身）的材料（钢或铸铁）的线胀系数相近，当环境温度变化时，两者的变化规律相同，而不影响测量精度。同时，感应同步器为非接触式电磁耦合器件，可选耐温性能好的非导磁性材料作保护层，加强了其抗温防湿能力，同时在绕组的每个周期内，任何时候都可给出与绝对位置相对应的单值电压信号，不易受温度、磁场等外界环境的干扰。

④ 维护简便，使用寿命长　由于感应同步器定尺与滑尺之间不直接接触，因而没有磨损，所以寿命长；同时不怕油污、灰尘和冲击、振动等，因而维护简便。但是感应同步器大多装在切屑或切削液容易入侵的部位，必须用钢带或折罩覆盖，以免切屑划伤滑尺与定尺的绕组。

⑤ 注意安装间隙　感应同步器安装时要注意定尺与滑尺之间的间隙，一般在 0.02～0.25mm 以内，滑尺移动过程中，由于晃动所引起的间隙变化也必须控制在 0.01mm 之内。如间隙过大，必将影响测量信号的灵敏度。

感应同步器由于具有以上一系列的优点，所以广泛用于位置检测。

6.2.3　光栅

光栅是利用光的透射、衍射现象形成莫尔条纹而制成的光电检测装置，与旋转变压器、感应同步器不同，它是将机械位移或模拟量转变为数字脉冲，因此又称为光电脉冲发生器。常见的有长光栅和圆光栅两大类，分别用于直线位移和转角位移测量。光栅的检测精度较高，一般可达 1μm 以上。光栅测量是一种非接触式测量。

6.2.3.1　光栅的构造

无论是长光栅或圆光栅，主要由标尺光栅和光栅读数头两部分组成。通常，标尺光栅固定在机床活动部件（如工作台或丝杠）上，光栅读数头安装在机床的固定部件（如机床底座）上，两者由于工作台的移动而相对移动。在光栅读数头中，有一个指示光栅，它可以随光栅读数头在标尺光栅上移动，因此，在光栅安装时，必须严格保证标尺光栅和指示光栅的平行度要求以及二者之间的间隙（通常取 0.05mm 或 0.1mm）要求。

（1）光栅尺

标尺光栅和指示光栅，统称光栅尺，是由真空镀膜方法光刻上均匀密集线纹的透明玻璃板或长条形金属镜面。对于长光栅，这些线纹相互平行、距离相等，该间距称为栅距。对于圆光栅，这些线纹是等栅距角的向心条纹。栅距和栅距角是决定光栅光学性质的基本参数。常见的长光栅的线纹密度为 25 条/毫米、50 条/毫米、100 条/毫米、125 条/毫米、250 条/毫米。对于圆光栅，如果直径为 70mm，一周内的刻线为 100～768 条；如果直径为 110mm，一周内的刻线为 600～1024 条。但是对于同一光栅元件，其标尺光栅和指示光栅的线纹密度必须相同。

（2）光栅读数头

机床上常用的垂直入射式光栅读数头，如图 6-6 所示，其主要由光源、透镜、标尺光栅、指示光栅、光敏元件和驱动线路组成。读数头的光源一般采用白炽灯泡。白炽灯泡发出的辐射光线，经过透镜后变成平行光束，照射到标尺光栅和指示光栅上，形成莫尔条纹后由光敏

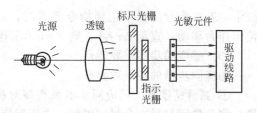

图 6-6　垂直入射式光栅读数头结构

元件（光电池）接受光强信号。光敏元件是一种将光强信号转换为电信号的光电转换元件，它接收透过光栅尺的光强信号，并将其转换成与之成比例的电压信号。由于光敏元件产生的电压信号一般比较微弱，在长距离传递时很容易被各种干扰信号所淹没、覆盖，造成传送失真。为了保证光敏元件输出的信号在传送中不失真，应首先将该电压信号进行功率和电压放大，然后再进行传送。驱动线路就是实现对光敏元件输出信号进行功率和电压放大的线路。

根据不同的要求，读数头内常安装 2 个或 4 个光敏元件。

光栅读数头的结构形式，除垂直入射式之外，按光路分，常见的还有分光读数头、反射读数头和镜像读数头等。图 6-7(a)～(c) 分别给出了它们的结构原理图，图中 Q 表示光源，L 表示透镜，G 表示光栅尺，P 表示光敏元件，P_r 表示棱镜。

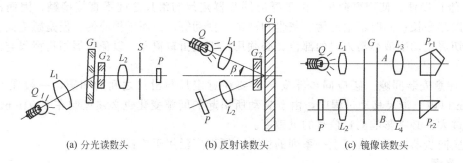

(a) 分光读数头　　　　　(b) 反射读数头　　　　　(c) 镜像读数头

图 6-7　光栅读数头结构原理图

6.2.3.2　工作原理

常见光栅的工作原理都是根据物理上莫尔条纹的形成原理进行工作的。标尺光栅和指示光栅的栅面相互平行、栅距完全相等，但两栅面的线纹有一个很小的夹角 θ，使两组线发生交叉，如图 6-8 所示。当平行光线透过光栅后，交叉点近旁的小区域内由于黑色线纹重叠，因而遮光面积最小，挡光效应最弱，光的累积作用使得这个区域出现亮带。相反，距交叉点较远的区域，因两光栅尺不透明的黑色线纹的重叠部分变得越来越少，不透明区域面积逐渐变大，即遮光面积逐渐变大，使得挡光效应变强，只有较少的光线能通过这个区域透过光栅，使这个区域出现暗带。这些与光栅线纹几乎垂直，相间出现的亮、暗带就是莫尔条纹。

（1）莫尔条纹具有的性质

① 当用平行光束照射光栅时，透过莫尔条纹的光强度分布近似于余弦函数。用多个光电元件（如光电池）接受光强的变化，将其转变为电信号，便可准确测量并显示出被测移动部件的位移大小、方向和速度。

② 放大作用　若用 W 表示莫尔条纹的宽度，d 表示光栅的栅距，θ 表示两光栅尺线纹的夹角，则它们之间的几何关系为

$$W=\frac{d}{\sin\theta} \tag{6-13}$$

当 θ 角很小时，取 $\sin\theta\approx\theta$，上式可近似写成

$$W = \frac{d}{\theta} \tag{6-14}$$

若取 $d=0.01$mm，$\theta=0.01$rad，则由上式可得 $W=1$mm。这说明，不需复杂的光学系统和电子系统，利用光的干涉现象，就能把光栅的栅距转换成放大 100 倍的莫尔条纹的宽度。这种放大作用是光栅的一个重要特点。

③ 平均误差效应　由于莫尔条纹是由若干条光栅线纹共同干涉形成的，所以莫尔条纹对光栅个别线纹之间的栅距误差具有平均效应，能消除光栅栅距不均匀所造成的影响。

④ 莫尔条纹的移动与两光栅尺之间的移动相对应　当光栅尺相对移动一个栅距 d 时，莫尔条纹便相应准确地移动一个莫尔条纹宽度 W，其方向与两光栅尺相对移动的方向垂直；当两光栅尺往相反的方向移动时，莫尔条纹的移动方向也随之改变。

根据上述莫尔条纹的特性，假如我们在莫尔条纹移动的方向上开 4 个观察窗口 A、B、C、D，且使这 4 个窗口两两相距 1/4 莫尔条纹宽度，即 $W/4$。由上述讨论可知，当两光栅尺相对移动时，莫尔条纹随之移动，从 4 个观察窗口 A、B、C、D 可以得到 4 个在相位上依次超前或滞后（取决于两光栅尺相对移动的方向）1/4 周期（即 $\pi/2$）的近似于余弦函数的光强度变化过程，用 L_A、L_B、L_C、L_D 表示，见图 6-8(c)。若采用光敏元件来检测，光敏元件把透过观察窗口的光强度变化 L_A、L_B、L_C、L_D 转换成相应的电压信号，设为 V_A、V_B、V_C、V_D。根据这 4 个电压信号，可以检测出光栅尺的相对移动。

(2) 光栅检测原理

① 位移大小的检测　由于莫尔条纹的移动与两光栅尺之间的相对移动是相对应的，故通过检测 V_A、V_B、V_C、V_D 这 4 个电压信号的变化情况，便可相应地检测出两光栅尺之间的相对移动。V_A、V_B、V_C、V_D 每变化一个周期，即莫尔条纹每变化一个周期，表明两光栅尺相对移动了一个栅距的距离；若两光栅尺之间的相对移动不到一个栅距，因 V_A、V_B、V_C、V_D 是余弦函数，故根据 V_A、V_B、V_C、V_D 之值也可以计算出其相对移动的距离。

② 位移方向的检测　在图 6-8(a) 中，若标尺光栅固定不动，指示光栅沿正方向移动，这时，莫尔条纹相应地沿向下的方向移动，透过观察窗口 A 和 B，光敏元件检测到的光强度变化过程 L_A 和 L_B 及输出的相应的电压信号 V_A 和 V_B 如图 6-9(a) 所示，在这种情况下，V_A 滞后 V_B 的相位为 $\pi/2$；反之，若标尺光栅固定不动，指示光栅沿负方向移动，这时，莫尔条纹则相应地沿向上的方向移动，透过观察窗口 A 和 B，光敏元件检测到的光强度变化过程 L_A 和 L_B 及输出的相应的电压信号 V_A 和 V_B，如图 6-9(b) 所示，在这种情况下，V_A 超前 V_B 的相位为 $\pi/2$。因此，根据 V_A 和 V_B 两信号相互间的超前和滞后关系，便可确定出两光栅尺之间的相对移动方向。

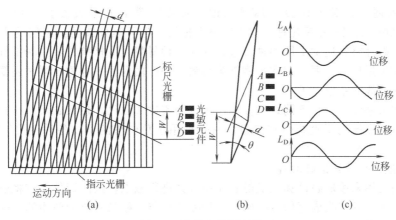

图 6-8　光栅工作原理图

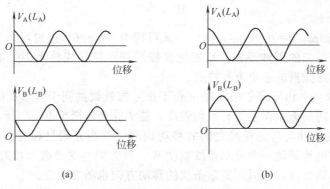

图 6-9 光栅的位移方向检测原理图

③ 速度的检测　两光栅尺的相对移动速度决定着莫尔条纹的移动速度，即决定着透过观察窗口的光强的频率，因此，通过检测 V_A、V_B、V_C、V_D 的变化频率就可以推断出两光栅尺的相对移动速度。

6.2.3.3　光栅检测装置的特点

① 测量精度高：一般长光栅的测量精度可达 $1\mu m$ 以上。

② 精度保持性好：由于两光栅尺之间不直接接触，无磨损。

③ 光栅的制作要求高，调试较困难。

④ 对环境要求高：光栅容易受到外界气温的影响，使用中须防止灰尘、水汽等污物的侵入。

6.2.4　磁栅

磁栅又称磁尺，是一种计算磁波数目的位置检测元件。它是用录磁磁头将具有周期变化的、一定波长的方波或正弦波电信号记录在磁性标尺上，用它作为测量位移量的基准尺。测量时，用拾磁磁头读取记录在磁性标尺上的方波或正弦波电磁信号，通过检测电路将其转化为电信号，根据此电信号，将位移量用数字显示出来或者送到位置控制系统。磁栅检测装置由磁性标尺、拾磁磁头及检测电路三部分组成。磁栅按其结构特点可分为直线式和角位移式，分别用于长度和角度的检测。

6.2.4.1　磁性标尺

磁性标尺是在非导磁材料的基体上，涂敷、化学沉积或电镀一层 $10\sim20\mu m$ 的磁性材料，形成均匀的导磁膜，为防止磁头对磁性膜的磨损，再在磁性薄膜的表面上涂一层大约 $2\mu m$ 的耐磨材料（耐磨塑料保护层），以提高磁性标尺的寿命。磁性膜上有用录磁方法录制的波长为 λ 的磁波。对于长磁性标尺来说，其磁性膜上的磁波波长一般取 $0.005mm$、$0.01mm$、$0.20mm$、$1mm$ 等几种；对于圆磁性标尺，为了等分圆周，录制的磁波波长不一定是整数值。磁性材料通常采用镍钴合金，因为这种材料具有抵抗外界磁场干扰能力强的特点。基体常常采用玻璃、铜、铝或不锈钢等材料，一方面保证不导磁，同时还要保证线胀系数与机床材料的线胀系数接近。

按磁性标尺基体的形状不同，磁性标尺可分为实体式磁尺、带状磁尺、线状磁尺和回转形磁尺。前三种磁栅用于直线位移测量，后一种用于角位移测量。各种磁尺结构形状如图 6-10 所示。

6.2.4.2　拾磁磁头及其拾磁原理

拾磁磁头是用来读取磁性标尺上的磁化信号并进行磁电转换的器件，它将磁性标尺上的磁信号检测出来，并转换成电信号。磁栅的拾磁磁头与一般录音机上使用的单间隙速度响应式磁头（动态拾磁磁头）不同，需要采用磁通响应式磁头（静态拾磁磁头），它能够在速度

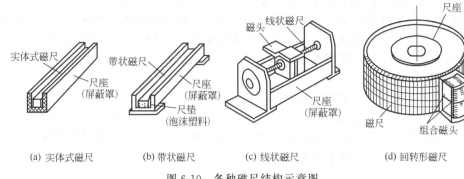

(a) 实体式磁尺　　　(b) 带状磁尺　　　(c) 线状磁尺　　　(d) 回转形磁尺

图 6-10　各种磁尺结构示意图

很低甚至静止时读取信号。这种磁头的结构如图 6-11 所示，它是一个带有可饱和铁芯的磁性调制器。在铁芯上绕有两组串联的励磁绕组和两组串联的拾磁绕组（输出线圈）。当励磁绕组通以 $I_0\sin(\omega t/2)$ 的高频励磁电流时，磁路在励磁电流交变一个周期时，出现两次饱和及非饱和状态（正半周及负半周各一次），即产生两个方向相反的磁通 Φ_1。饱和时，铁芯磁阻很大，阻止标尺上信号磁通 Φ_0 通过；不饱和时，铁芯磁阻很小，信号磁通容易通过，从而将信号磁通调制成交变磁通。因此，Φ_1 与磁性标尺作用于磁头的磁通 Φ_0 叠加后，在拾磁绕组上感应出载波频率为高频励磁电流频率 2 倍频率的调制信号输出，而调制波的幅值为位移 x 的正弦函数。其输出电压为：

$$e=E_0\sin\left(\frac{2\pi x}{\lambda}\right)\sin\omega t \tag{6-15}$$

式中　e——输出电压；

　　　E_0——输出电压的最大幅值，常数；

　　　λ——磁性标尺上磁化信号的节距（波长）；

　　　x——磁头在磁性标尺上的位移量；

　　　ω——载频，为励磁角频率的倍频。

由式(6-15)可见，输出电压与磁头、磁尺间的相对速度无关，而由磁头在磁尺上的位置决定。

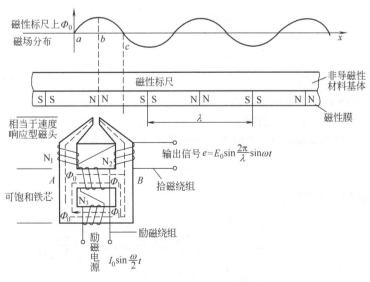

图 6-11　磁通响应式磁头的结构

使用单个磁头读取磁化信息时，由于输出信号电压很小（几毫伏到几十毫伏），抗干扰能力低，所以，在实际应用中，为了降低对磁性标尺上磁化信号的节距误差和波形精度的要求，增加磁头输出电压，提高抗干扰能力，将几个到几十个磁头以一定方式串接起来使用，称为多间隙磁通响应磁头，如图 6-12 所示。

6.2.4.3 磁栅的工作原理

磁栅的检测方式可分为鉴相测量和鉴幅测量两种方式。无论是哪种工作方式都必须设置两组间距为 $(n\pm1/4)\lambda$ 的磁头，如图 6-13 所示，n 为正整数。在鉴幅式工作方式下，设置两组磁头的目的是为了辨别磁头的移动方向，也可提高分辨率；在鉴相式工作方式下，这样设置的目的则完全是为了实现鉴相检测。

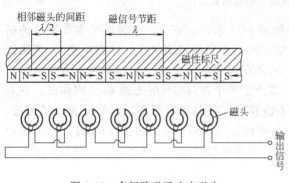

图 6-12　多间隙磁通响应磁头

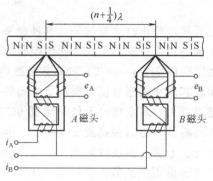

图 6-13　双磁头配置原理图

（1）鉴相式工作状态

对图 6-13 所示的两组磁头的励磁绕组分别通以同频率、同相位、同幅值的励磁电流：

$$i_A = i_B = I_0\sin\left(\frac{\omega}{2}t\right) \tag{6-16}$$

取磁尺上某 N 极点为起点，若 A 磁头离开该 N 极点的距离为 x，则 A、B 磁头上拾磁绕组输出的感应电势分别为：

$$e_A = E_0\sin\omega t\sin\left(\frac{2\pi x}{\lambda}\right) \tag{6-18}$$

$$e_B = E_0\sin\omega t\sin\left\{\frac{2\pi}{\lambda}\left[\left(n+\frac{1}{4}\right)\lambda+x\right]\right\}$$

$$= E_0\sin\omega t\cos\left(\frac{2\pi x}{\lambda}\right) \tag{6-19}$$

式中　I_0——励磁电流幅值；

　　　E_0——磁头输出的感应电势幅值；

　　　ω——励磁电流频率的 2 倍值。

把 A 磁头输出的感应电势 e_A 中的 $E_0\sin\omega t$ 移相 $\pi/2$，则得到 e'_A

$$e'_A = E_0\cos\omega t\sin\left(\frac{2\pi x}{\lambda}\right) \tag{6-20}$$

将 e'_A 与 e_B 相加，于是有：

$$e = e_B + e'_A$$

$$= E_0\sin\omega t\cos\left(\frac{2\pi x}{\lambda}\right) + E_0\cos\omega t\sin\left(\frac{2\pi x}{\lambda}\right)$$

$$= E_0\sin\left(\omega t + \frac{2\pi x}{\lambda}\right) \tag{6-21}$$

上式表明，将 e_A 移相与 e_B 求和后，得到的电压信号的幅值恒定，初相角随磁头相对于磁尺的移动而改变。通过鉴别 e 和 $E_0\sin\omega t$ 之间的相位差（$2\pi x/\lambda$），便可检测出磁头相对于磁尺的位移 x。

（2）鉴幅式工作方式

与鉴相式工作方式一样，对两组磁头的励磁绕组分别通以同频率、同相位、同幅值的励磁电流，即从两磁头输出感应电势：

$$e_A = E_0 \sin\frac{2\pi x}{\lambda}\sin\omega t \tag{6-22}$$

$$e_B = E_0 \cos\frac{2\pi x}{\lambda}\sin\omega t \tag{6-23}$$

这是磁头给出的原始信息。如果用检波器将 e_A 和 e_B 中的高频载波 $\sin\omega t$ 滤掉，便可得到相位差为 $\pi/2$ 的两路交变信号，即

$$e'_A = E_0 \sin\frac{2\pi x}{\lambda} \tag{6-24}$$

$$e'_B = E_0 \cos\frac{2\pi x}{\lambda} \tag{6-25}$$

与光栅测量元件的信息处理方式一样，首先，对两路信号进行放大、整形，将 e'_A 和 e'_A 转换成两路相差 1/4 周期的方波信号。此方波信号与被测位移即磁头相对于磁性标尺的位移有如下对应关系：

① 方波信号每变化一个周期，即 e'_A 或 e'_B 变化一个周期，磁头相对于磁性标尺增加或减少一个波长 λ 的距离。

② 方波信号变化频率越高，即 $\frac{2\pi x}{\lambda}$ 变化越快，表示磁头相对磁性标尺的移动速度越大。

③ 因两磁头在空间上相差且 $\lambda/4$，即 $\frac{1}{4}e'_A$ 或 $\frac{1}{4}e'_B$ 的周期，与光栅读数头中的光敏元件布置方式相同。因此，由 e'_A 和 e'_B 转换而来的两路方波信号的超前滞后关系反映了磁头相对于磁性标尺的移动方向。

这两路方波信号经鉴相倍频之后，就变成了便于应用的正反向数字脉冲信号，这里不再赘述。

6.2.4.4　磁栅的特点

磁栅作为检测元件可用在数控机床和其他测量机上，其特点如下：

① 测量精度高。

② 制作、安装与调整简单，可以在机床上直接录制磁带，录磁、去磁方便，不需安装、调整，避免安装误差。

③ 对使用环境要求低，工作稳定，可以在油污、灰尘较多的工作环境里使用。

6.2.5　脉冲编码器

脉冲编码器是一种光电式转角测量装置。它是通过直接编码进行测量的元件，它将输入给轴的角度量，利用光电转换原理转换成相应的电脉冲或数字量，指示其绝对位置，没有累积误差，具有体积小、精度高、工作可靠、接口数字化等优点。它广泛应用于数控机床、回转台、伺服传动、机器人等需要检测角度的装置和设备中。

6.2.5.1　分类及结构

光电编码器的分辨率取决于光栅盘的刻线和信号输出方式。当输出信号为方波时，其分辨率等于光栅刻盘刻线×4。当输出信号为正弦波时，编码器与外接数字化装置配合使用，分辨率等于光栅刻线数×n（$n=4$、8、10、16、20）。当输出信号为计数脉冲时，分辨率为

每周脉冲数。

从结构上讲,脉冲编码器分光电式、接触式和电磁感应式三种。

接触式编码盘的优点是简单,体积小,输出信号强,不需放大;缺点是存在电刷的磨损问题,故寿命短,转速不能太高(几十转/分),而且精度受到最高位(最内圈上)分段宽度的限制,目前,电刷最小宽度可做到 0.1mm 左右。最高位每段宽度可达 0.25mm,最多可做到 11~12 位二进制数(一般 9 位)。如果要求位数更多,可用两个编码盘构成组合码盘。例如,用两个 6 位编码盘组合起来,其中一个作精测,一个作粗测,精盘转一圈,粗盘最低位刚好移过一格。这样就可得到和 11 位或 12 位相当的编码器。既达到了扩大位数、提高精度的目的,又避免了分段宽度小所造成的困难。

电磁式编码器是在导磁性较好的软铁或坡莫合金圆盘上,用腐蚀的方法做成相应码制的凹凸图形。当有磁通穿过编码盘时,由于圆盘凹下去的地方磁导小,凸起的地方磁导大,其在磁感应线圈上产生的感应电势因此而不同,因而可区分"0"和"1",达到测量转角的目的。电磁式编码器也是一种无接触式的编码器,具有寿命长、转速高等优点。其精度可达到很高(达 20 位左右的二进制数),是一种有发展前途的直接编码式测量元件。

光电编码盘是目前用得较多的一种。该编码盘由透明与不透明区域构成,转动时,由光电元件接收相应的编码信号。其优点是没有接触磨损,编码盘寿命长,允许转速高,而且最内层每片宽度可做得更小,因而精度较高。单个编码盘可做到 18 位二进制数,组合编码盘可达 22 位,缺点是结构复杂,价格高,光源寿命短。由霍耳效应构成的电磁感应或脉冲发生器也有用作速度检测的。光电脉冲编码器按每转发出的脉冲数的多少来分,又有多种型号,但数控机床最常用的 2000P/r、2500P/r、3000P/r。根据机床滚珠丝杠螺距来选用相应的脉冲编码器。在高速、高精度数字伺服系统中,应用高分辨率的脉冲编码器,主要有20000P/r、25000P/r、30000P/r 等,现在已有使用 100000P/r,甚至有每转几百万个脉冲的脉冲编码器,这种编码器装置内部须采用微处理器。

增量式光电脉冲编码器的结构原理见图 6-14,最初的结构就是一种光电盘。在一个圆盘的圆周上分成相等的透明与不透明部分,圆盘与工作轴一起旋转。此外还有一个固定不动的扇形薄片与圆盘平行放置,并制作有辨向狭缝(或狭缝群),当光线通过这两个做相对运动的透光与不透光部分时,使光电元件接收到的光通量也随之时大时小地连续变化(近似于正弦信号),经放大、整形电路的变换后变成脉冲信号。通过计量脉冲的数目和频率即可测出工作轴的转角和转速。

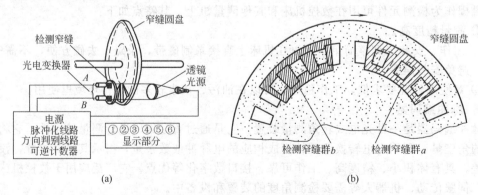

图 6-14 增量式光电脉冲编码器的结构原理

高精度脉冲编码器要求提高光电盘圆周的等分狭缝的密度,实际上变成了圆光栅线纹。它的制作工艺是在一块具有一定直径的玻璃圆盘上,用真空镀膜的方法镀上一层不透光的金属薄膜,再涂上一层均匀的感光材料,然后用精密照相腐蚀工艺,制成沿圆周等距的透光和不透光部分相间的辐射状线纹。一个相邻的透光与不透光线纹构成一个节距 P。在圆盘的里圈不透光圆环上还刻有一条透光条纹，用来产生一转脉冲信号。辨向指示光栅上有两段线纹组 A 和 B，每一组的线纹间的节距与圆光栅相同，而 A 组与 B 组的线纹彼此错开 1/4 节距。指示光栅固定在底座上，与圆光栅的线纹平行放置，两者间保持一个小的间距。当圆光栅旋转时，光线透过这两个光栅的线纹部分，形成明暗相间的条纹，被光电元件接受，并变换成测量脉冲，其分辨率取决于圆光栅的一圈线纹数和测量线路的细分倍数。

该编码器通过十字连接头与伺服电动机连接，它的法兰盘固定在电动机端面上，罩上防护罩，构成完整的驱动部件。

光电脉冲编码器的结构示意图见图 6-15。

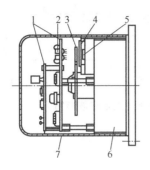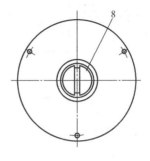

图 6-15 光电脉冲编码器的结构示意图
1—印制电路板；2—光源；3—圆光栅；4—指示光栅；
5—光电池组；6—底座；7—护罩；8—轴

6.2.5.2 工作原理

如上所述，光线透过圆光栅和指示光栅的线纹，在光电元件上形成明暗交替变化的条纹，产生两组近似于正弦波的电流信号 A 与 B，两者的相位相差 90°，经放大、整形电路变成方波，见图 6-16。若 A 相超前于 B 相，对应电动机做正向旋转；若 B 相超前于 A 相，对应电动机做反相旋转。若以该方波的前沿或后沿产生计数脉冲，可以形成代表正向位移和反向位移的脉冲序列。

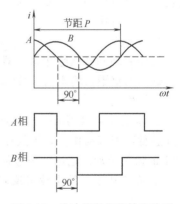

图 6-16 脉冲编码器的输出波形

Z 相是一转脉冲，它是用来产生机床的基准点的。通常，数控机床的机械参考点与各轴的脉冲编码器发 Z 相脉冲的位置是一致的。

在应用时，从脉冲编码器输出的 A 和 $\overline{A}$，B 和 $\overline{B}$ 四个方波被引入位置控制回路，经辨向和乘以倍率后，变成代表位移的测量脉冲。经频率-电压变换器变成正比于频率的电压，作为速度反馈信号，供给速度控制单元进行速度调节。

图 6-17(a) 为光电脉冲编码器的信号处理线路图。其中施密特触发器作为放大整形用。它将相差 90° 的二组正弦波电流信号 A 与 B，放大整形为方波。如图 6-17(b) 右边图形所示，若 A 相超 B 相 90°，则输出正转脉冲列 G；若 A 相落后 B 相 90°，如图 6-17(b) 左边图形，则输出反转脉冲列 F。

脉冲编码器主要技术性能如下。

电　　源：$(5\pm5\%)$V，$\leqslant 0.35$A；

输出信号：A，$\overline{A}$；B，$\overline{B}$；Z，$\overline{Z}$；

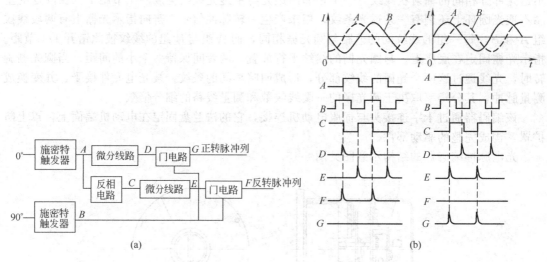

图 6-17　信号处理线路和光电输出波形图

每转脉冲数：2000，2500，（普通型）3000；

最高转速：2000r/min；

温度范围：0～60℃；

轴向窜动：0.02mm；

质量：2.0kg。

6.2.5.3　主轴位置编码器

光电脉冲编码器常用于数控车床的走刀和螺纹加工系统中。它与主轴相连时，主轴每转中发出固定数的脉冲，数控装置将这些脉冲按传动要求加以分频或倍频后分配给进给步进电动机，由此可以得到所要求的主轴每转的走刀量。假如使这个走刀量等于所要加工的螺纹导程，则可进行螺纹加工。

（1）特点

工作原理同光电脉冲编码器，仅其线纹是 1024 条/周，经 4 倍频细分电路为 4096P/r，是二进制的倍数，输出信号波幅为 5V。

（2）作用

① 加工中心换刀时作为主轴准停用。使主轴定向控制准停在某一固定位置上，以便在该处进行换刀等动作，只要数控系统发出 M19 指令，利用装在主轴上的位置编码器（通过 1∶1 的齿轮传动）输出的信号使主轴准停在规定的位置上，见图 6-18。

② 在车床上，按主轴正反转两个方向使工件定位，作为车削螺纹的进刀点和退刀点，

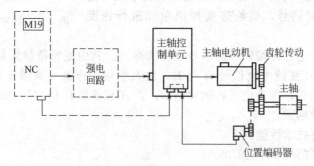

图 6-18　用位置编码器的主轴定向准停图

利用 Z 相脉冲作为起点和终点的基准，保证不乱扣（A、B 相差 90°，Z 相为一圈的基准信号，产生零点脉冲）。

6.2.5.4　手摇脉冲发生器

（1）特点

原理同脉冲编码器，每转产生 1000 个脉冲，常常是每个脉冲移动 $1\mu m$ 的距离，信号波幅为 +5V。

（2）作用

① 慢速对刀用。

② 手动调整机床用。

综上所述，直线感应同步器、长光栅、长磁栅和编码尺用于直线位移的测量，旋转变压器、圆感应同步器、圆光栅、圆形磁栅和编码器用于角度位移的测量。由于旋转变压器具有抗干扰性强、结构简单等优点，一般精度的数控机床上常采用它作为测量元件。光栅的测量精度比较高，一般用于高精度的数控机床上。编码盘和编码尺目前也常用于高精度的数控机床上，这主要是因为它的分辨率相对要低一些。磁栅的检测精度很高，目前很少用于数控机床上，但这种装置是很有发展前途的。容栅是一种根据电容变化来进行位移检测的测量元件，有些国家在数控机床上已开始应用容栅作为测量元件。除光栅、磁栅和编码器输出的是数字量外，其他几种检测装置的输出都是模拟量。磁栅的输出也可以是模拟量。

习题与思考题

1. 数控机床对位置检测装置的要求是什么？
2. 试简述位置检测装置的分类方法。
3. 试分析旋转变压器与感应同步器的结构特点，说明其工作原理及其应用场合。
4. 简述莫尔条纹用于测量位移量的工作原理，并说明莫尔条纹的特点。
5. 光栅位移检测装置由哪些部件组成？它的工作原理是什么？
6. 增量式位置检测与绝对式位置检测各有什么特点？分别说出 2~3 种常用的增量式位置检测装置和绝对式位置检测装置。
7. 在磁栅检测装置中，为什么一定要采用静态磁头？静态磁头的结构如何？
8. 简述脉冲编码器的结构特点及工作原理。

第7章 数控机床本体设计

数控机床本体主要包括机床床身、机床支承件以及导轨等部分。

7.1 支承件设计

7.1.1 数控机床支承件的功用和应满足的要求

支承件是机床的基本构件，主要是指床身底座、立柱、横梁、工作台、箱体和升降台等大件。这些大件的主要功能首先是支承作用，即支承其他零部件，在机床切削时，承受着一定的重力、切削力、摩擦力、夹紧力；其次是基准作用，即保证机床在使用中或长期使用后，仍能保证各部件之间正确的相互位置关系和相对运动轨迹。

机床中的支承件有的互相固连在一起，有的在导轨上做相对运动。导轨常与支承件制成一体，也有采用装配、镶嵌或粘接方法与支承件相连接。支承件受力受热后的变形和振动将直接影响机床的加工精度和表面质量。因此，正确设计支承件结构、尺寸及布局具有十分重要的意义。

支承件的种类很多，它们的形状、尺寸、材料多种多样，但是它们都应该满足以下要求。

(1) 刚度

支承件的刚度是指支承件在恒定载荷或交变载荷作用下抵抗变形的能力。前者称为静刚度，后者称为动刚度。在切削力、机床部件和工件等重力的作用下，支承件本身、支承件与其他部件的接触面就会产生变形，机床原有的几何精度就会被破坏，从而给加工带来误差；如果机床支承件刚度不足，不仅会产生变形，还会产生振动和爬行，从而影响机床的定位精度及其他性能。因此，支承件要有足够大的刚度，即在额定载荷作用下，变形不得超过允许值。

一般所说的刚度往往指静刚度。静刚度包括与材料性质、形状及尺寸有关的结构刚度，以及与接触材料、几何尺寸、硬度、接触面的表面粗糙度、几何精度、加工方法等有关的接触刚度。

(2) 抗振性

支承件的抗振性是指支承件抵抗受迫振动和自激振动的能力。抵抗受迫振动的能力是指受迫振动的振幅不超过许用值，即要求有足够的静刚度。抵抗自激振动的能力是指在给定的切削条件下，能保证切削的稳定性。

(3) 热变形

机床工作时，电动机、传动系统的机械摩擦及切削过程等都会发热，机床周围环境温度的变化也会引起支承件温度变化，产生热变形，从而影响机床的工作精度和几何精度，这一点对精密机床尤为重要。因此应对支承件的热变形及热应力加以控制。一般通过控制发热或使热量均匀分布及改善支承件散热条件等措施来减小热变形及其对精度的影响。

① 散热和隔热 适当加大散热面积，加设与气流方向一致的散热片，也可用风扇、冷却器来加快散热。将主要热源如电动机、液压油箱、变速箱移到与机床隔离的地基上，或把

电动机等热源放在箱体最上部，使之易于散热。也可在液压马达、油缸等热源外面加隔热罩，以减少热源热量的辐射。某些高精度机床要求温度变化极小，这可将其安装在恒温室内，对润滑、液压、冷却油进行恒温控制。

② 均衡温度场　影响机床精度的不仅仅是温升，更重要的是温度不均的影响。支承件的热量主要来自某几个热源。热源处温度最高，离开热源越远则温度越低。这样就形成了温度场。均衡温度场有利于减小变形。例如将机床床身内油箱温度高的油流到导轨处油沟，一方面使油箱的油供给导轨润滑，另一方面使温度场均匀。又如大型平面磨床上所采取的措施，由于工作台运动速度高，因而导轨摩擦发热量较大，使导轨中凸，因此使导轨用过的润滑油经油箱再流经床身底部的油沟，使床身底部温度有所提高，减少了上下温差，使导轨变形减少。

③ 对称温度场　采用热对称结构，在热变形后，其对称中心线的位置基本不变，因而有可能减少对工作精度的影响。如床身用对称的双山形导轨，可减少车床溜板在水平面内的位移和倾斜。又如使牛头刨床滑枕的导轨位于滑枕断面对称线上，可减少因导轨摩擦发热而引起滑枕的热弯曲变形。值得注意的是，对称结构不仅要使大件相对热源的结构尺寸对称，而且要使该大件与其他大件的定位夹紧条件也对称。

另外，在发生热伸长的主要部位采用线胀系数小的材料。如铟钢的线胀系数为铸铁的1/10，含镍30％的铟瓦铸铁的线胀系数为铸铁的 1/5～1/4。采用双层壁结构对减少热变形也是有利的。

（4）内应力

支承件在铸造、焊接及粗加工的过程中，材料内部会产生内应力，导致变形。在使用中，由于内应力的重新分布和逐渐消失会使变形增大，超出许用的误差范围。支承件的设计应从结构上和材料上保证其内应力要小，例如，对于铸造床身、立柱等大件，各处的金属分布应均匀，尽可能避免壁厚突然转换的过渡面，并应在焊、铸等工序后进行时效处理。

（5）其他

支承件还应使排屑通畅，操作方便，吊运安全，切削液及润滑油的回收，加工及装配工艺性好等。支承件的性能对整台机床的性能影响很大，其重量约为机床总重量的80％以上，同时支承件的性能对机床的性能影响很大，所以应正确地对支承件进行结构设计，并对主要支承件进行必要的验证和试验，使其能够满足对它的基本要求，并在此前提下减轻重量，节省材料。

7.1.2　支承件的静刚度

7.1.2.1　受力和变形分析

为了保证支承件具有足够的刚度，必须进行受力分析，即分析其受载情况、产生的变形及由此引起的加工误差，从而有效地进行结构设计，使其变形控制在允许的范围之内，机床工作时，支承件上承受切削力、重力（包括本身自重和工件重量）和运动部件的惯性力等。对这些力的性质、大小、作用位置和对加工精度影响的分析，是设计合理的支承件结构的依据。

下面通过车床床身受力分析来说明支承件受力和变形情况。机床工作时，工件被支承在主轴箱与尾架之间，图 7-1(a) 所示为作用在工件上的力，切削力分解成三个分力 P_X、P_Y 和 P_Z。它们通过刀架作用于床身上。

在垂直 X-Z 平面里，切削力的主分力 P_Z 作用于床身后，其反作用力 P_1 和 P_2（$P_Z = P_1 + P_2$）经工件分别作用于主轴和尾架，通过主轴和尾架作用在床身上，使床身产生弯曲变形，将床身看作两端固定的"梁"，由于 P_Z 的作用将引起床身在垂直平面内产生弯矩为 M_{wz}。由于 P_Z 的作用点距离主轴的中心线 $d/2$，因此 P_Z 作用在床身上还有一个转矩 $M_{nz} = P_Z d/2$。

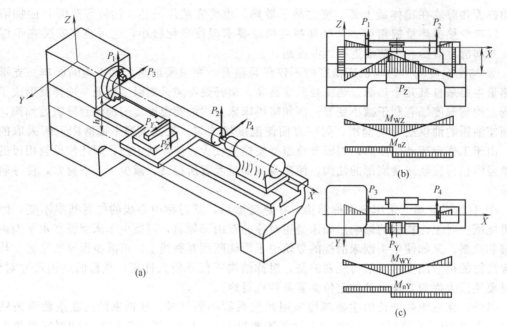

图 7-1　车床床身的受力分析

在水平面 X-Y 平面内，见图 7-1(c)，P_Y 经刀架作用于床身，其反作用力 P_3 和 P_4 经工件作用于主轴箱和尾架，由 P_Y 引起床身在水平方向的弯矩 M_{WY}。由于 P_Y 的作用点距床身中性轴为 h，故在床身上还作用有扭矩 $M_{nY} = P_Y h$。

轴向切削分力 P_X 与床身平行，使床身拉伸变形，影响较小，可忽略不计。因此，床身变形的主要形式是在垂直面和水平面内的弯曲，以及由 M_{nZ} 和 M_{nY} 联合作用下的扭转。

在弯曲变形中，水平面的弯曲对加工精度影响较大，因此设计床身时要注意加强水平面内的弯曲刚度。对于长床身，扭转变形造成前后导轨不平行，失去原始精度，切削加工时，刀架沿着变了形的导轨移动，会使刀尖与工件间产生相当大的位移，床身受到扭转变形 δ，成为变形的主要方面，约占床身变形量的 60%～90%，因此要注意提高扭转刚度。主轴箱和尾架对床身作用有较大的弯矩，因此床身两端，特别是主轴箱一端，应注意提高其刚度。

除了床身的扭转变形外，对于某些机床，导轨处的局部变形也是刚度的薄弱部位。

7.1.2.2　支承件的静刚度

支承件的变形一般包括三部分：自身变形、局部变形和接触变形。对于床身，载荷是通过导轨面施加到床身上的。变形应包括床身自身的变形、导轨的局部变形以及导轨表面的接触变形。局部变形和接触变形不可忽略，有时甚至占主导地位。例如床身，如果结构设计不合理，导轨部分过于薄弱，导轨处的局部变形就会相当大。又如车床刀架和铣床的升降台，由于层次很多，连接变形就可能占相当大的比重。设计时必须注意这三类变形的匹配，针对其薄弱环节，加强刚度。

（1）提高支承件的自身刚度

支承件抵抗自身变形的能力称为支承件的自身刚度，它主要决定于支承件的材料、形状、尺寸和肋板的布置等。在进行支承件设计时，应从以下几个方面考虑提高支承件的自身刚度。

① 正确选择截面的形状和尺寸　支承件承受的载荷主要是弯矩和转矩，产生的变形主要是弯、扭变形。因此，支承件的自身刚度，应主要考虑弯曲刚度和扭转刚度。在其他条件

相同时，抗弯、抗扭刚度与截面惯性矩有关。同一材料截面积相等而形状不同时，截面惯性矩相差很大，合理选择截面形状可提高支承件本身刚度。表 7-1 所示各种横截面，其面积同为 100cm²，但抗弯、抗扭惯性矩各不相同，表中除示出各种截面惯性矩的绝对值外，还列出相对值，以便于比较。相对值是以基型截面（序号 1）的惯性矩为 1，而以其他截面的惯性矩与之相比所得的数值。

从表中可看出：

a. 空心截面的惯性矩比实心的大。无论圆形、方形或矩形，都是空心截面的刚度比实心的大，因此床身截面应做成中空形状。因此，在工艺条件许可的条件下，保持横截面不变，加大外廓尺寸，减小壁厚，可提高截面抗弯、抗扭刚度。

b. 圆形截面的抗扭刚度比方形的大，而抗弯刚度比方形的小；同样，环形的抗扭刚度比方框形与长框形的大，而抗弯刚度小于后者。工字形截面梁的抗弯刚度最好，长框形次之，实心圆形最弱。所以以承受弯矩为主的支承件的截面应采用矩形。

c. 封闭截面比不封闭的截面刚度大。表 7-1 上序号 3 和 4 是两个截面面积和外廓尺寸相等的环形，后者截面上开一缺口，刚度便大为降低。为了排屑和在床身内安装一些机构的需要，床身壁上往往必须开孔，不可能制成全封闭箱形。

表 7-1　横截面形状与抗扭惯性矩关系

序号	截面形状/mm	惯性矩计算值 / 惯性矩相对值		序号	截面形状/mm	惯性矩计算值 / 惯性矩相对值	
		抗弯	抗扭			抗弯	抗扭
1		$\dfrac{800}{1.0}$	$\dfrac{1600}{1.0}$	6		$\dfrac{833}{1.04}$	$\dfrac{1400}{0.88}$
2		$\dfrac{2412}{3.02}$	$\dfrac{4824}{3.02}$	7		$\dfrac{2555}{3.19}$	$\dfrac{2040}{1.27}$
3		$\dfrac{4030}{5.04}$	$\dfrac{8060}{5.04}$	8		$\dfrac{3333}{4.17}$	$\dfrac{680}{0.43}$
4			$\dfrac{108}{0.07}$	9		$\dfrac{5860}{7.33}$	$\dfrac{1316}{0.82}$
5		$\dfrac{15521}{19.4}$	$\dfrac{134}{0.09}$	10		$\dfrac{2720}{3.4}$	

② 合理布置肋板和肋条　肋板又称隔板，肋条又称加强肋。肋板的作用是将作用于支承件的局部载荷传递给其他壁板，从而使整个支承件承受载荷，达到提高支承件整体刚度的目的。例如对于薄壁封闭截面的支承件、非全封闭截面的支承件或当支承件截面形状或尺寸受到结构上的限制的情况下，则在支承件上采用肋板或肋条来提高刚度，其效果比增加壁厚更为显著。

a. 肋板。是指在支承件两外壁之间起连接作用的内壁。纵向肋板的作用是提高抗弯刚度。横向肋板主要提高抗扭刚度。斜向肋板兼有提高抗弯和抗扭刚度的效果。

为了有效地提高抗弯刚度，纵向肋板应布置在弯曲平面内，见图 7-2(a)，此时肋板绕 x 轴的惯性矩为 $\dfrac{l^3 b}{12}$，而布置在与弯曲平面相垂直的平面内，见图 7-2(b)，则惯性矩为 $\dfrac{l b^3}{12}$，两者之比为 $\dfrac{l^2}{b^2}$，所以前者抗弯刚度大于后者。

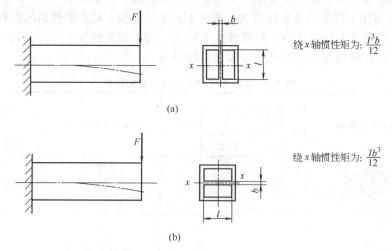

图 7-2　纵向肋板对刚度影响

空心零件扭转时会出现壁的翘曲，引起截面的畸变。增加横向隔板后（图 7-3，No. 1，No. 2，No. 3）畸变几乎消失，同时端部位移大大减小，一般 $l = (0.865 \sim 1.31)h$，图 7-3 中实线为加隔板后与不加隔板时端部位移的比值，虚线为变形相同时材料消耗比值。

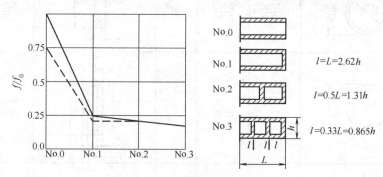

图 7-3　横向肋板对刚度影响

车床上的肋板布置形式比较典型，为了便于排屑，床身一般由前壁、后壁、肋板所组成，车床的肋板的基本形式见图 7-4。

图 7-4(a) 所示为床身前后壁用 T 形肋板连接，主要提高水平面抗弯刚度，对提高垂直面抗弯刚度和抗扭刚度作用不显著，多用在刚度要求不高的床身上，但这种床身结构简单，

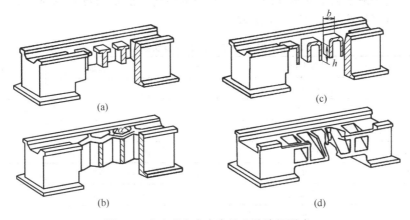

图 7-4　中小型车床床身的几种肋板形式

铸造工艺性好。

　　图 7-4(b) 的门形肋板具有一定宽度 b 和高度 h，在垂直面上和水平面上的抗弯刚度都比前一种好，铸造工艺性也不差，在很多大中型车床上都可看到。

　　图 7-4(c) 的斜向肋板在床身的前后壁间呈 W 形布置，能较大地提高水平面的抗弯、抗扭刚度。对中心距超过 1500mm 的长床身，效果最为显著。当车床中心距为 $750\sim 1000mm$ 时，斜肋板的刚度与门形肋板差不多，而铸造则较困难，故斜肋板只在长床身中才采用，相邻两斜肋板间的夹角 α 一般为 $60\sim100°$。

　　高速切削和强力切削车床，排屑问题较突出，可用图 7-4(d) 所示床身。因其主体部分是封闭截面，不但提高了刚度，且能自由排屑，但铸造较困难，常用于 $500\sim600mm$ 以上的床身。

　　肋板也用在立式机床的支承件上，环形截面和箱形截面是立式钻床立柱的两种常用截面。在立柱中增加肋板的方式，如图 7-5 所示。

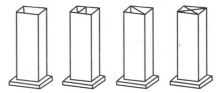

图 7-5　立柱的加肋方式

　　b. 肋条。一般将它配置在支承件的内壁上，主要是为了减少局部变形和薄壁振动。肋条也有纵向、横向和斜向之分。图 7-6(a) 的直线形肋条最简单，容易制造，刚性差，可用于窄壁和受载较小的床身壁上。

　　图 7-6(b) 上纵横肋板直角相交，制造简单，但易产生内应力。广泛应用于箱形截面的床身和平板上。

　　图 7-6(c) 的肋条在壁上呈三角形分布，能保证足够的刚度，多用于矩形截面床身的宽壁处。

　　图 7-6(d) 所示的斜肋条交叉布置，有时和床身壁的横肋板结合在一起，能提高刚度，常用于重要床身的宽壁和平板上。

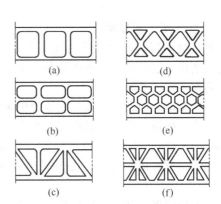

图 7-6　肋条的形式

　　图 7-6(e) 为蜂窝形的肋条，用于平板上，由于在各方面能均匀收缩，在肋条连接处不堆积金属，所以内应力很小。

　　图 7-6(f) 为米字形肋条，抗弯刚度和抗扭刚度都较高，但形状复杂，铸造困难，所以一般焊接床身用米字形。

肋条的高度一般不大于支承件的 5 倍，肋条的厚度一般是床身壁厚的 0.7～0.8 倍。肋板和肋条的厚度可按壁厚从表 7-2 中选取。

表 7-2   支承件的壁、肋板和肋条的厚度   mm

支承件质量/kg	外形最大尺寸	壁厚	肋板	肋条厚
<5	300	7	6	5
6～10	500	8	7	5
11～60	750	10	8	6
61～100	1250	12	10	8
101～500	1700	14	12	8
501～800	2500	16	14	1
801～1200	3000	18	16	12
>1200	>3000	20～30		

c. 合理开窗和加盖。为了安装机件或清砂，支承件壁上往往需要开窗孔。在支承件上开孔，将降低刚度，特别是抗扭刚度。窗孔对刚度的影响决定于它的大小和位置。对抗弯刚度影响最大的是将窗孔开在弯曲平面垂直的壁上。由于开窗孔后将减少壁上受拉、受压的面积。对于抗扭刚度，在较窄壁上开窗孔要比在较宽壁上开窗孔影响要大。对矩形截面的立柱，窗孔的宽度不要超过立柱空腔宽度的 70%，高度不超过空腔宽的 1～1.2 倍。

若开窗后加盖并拧紧螺钉，可将抗弯刚度恢复到接近未开孔时的程度，用嵌入盖比面覆盖要好。由图 7-7 可看出，开孔对刚度影响较大，加盖后可恢复到原来的 35%～41%。

(2) 提高支承件连接刚度和局部刚度

① 支承件连接刚度　支承件在连接处抵抗变形的能力，称为支承件的连接刚度。连接刚度与连接处的材料、几何形状与尺寸、接触面硬度及表面粗糙度、几何精度和加工方法等有关。

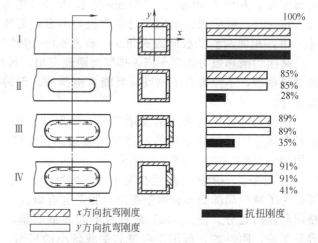

图 7-7   开孔和加盖对刚度的影响

若支承件以凸缘连接时，连接刚度决定于螺钉刚度、凸缘刚度和接触刚度。

为了保证一定的接触刚度，接合面处的表面粗糙度 Rz 应达到 $8\mu m$，接合面上的压力应不小于 1.5～2MPa。合理布置螺钉位置和选择合适的螺钉尺寸可提高接触刚度。从抗弯刚度考虑，螺钉应均匀分布在四周，另外，在连接螺钉的轴线平面内布置肋条也能提高接触刚度。

连接刚度与凸缘的结构有关，图 7-8 表示了 3 种凸缘连接形式。图 7-8(a) 的刚度较低，图 7-8(b) 的刚度较高，图 7-8(c) 的刚度最高。

图 7-9 表示立柱由凸缘连接的几种结构。由于紧固螺栓的分布不同和加强肋数目不一样，使得刚度的差别很大。在立柱两侧壁上用 2 个、4 个和 6 个加强筋加固凸缘，抗弯刚度和扭转刚度一个比一个高。在三边均布 10 个紧固螺栓要比将 12 个紧固螺栓配置在凸缘两侧

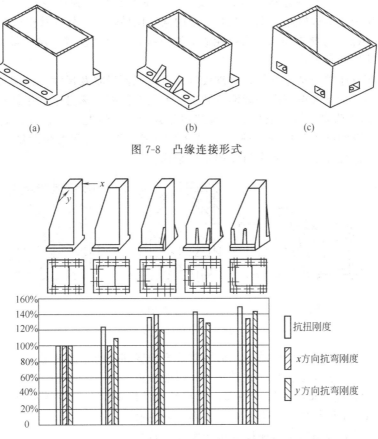

图 7-8　凸缘连接形式

图 7-9　凸缘设计形式对刚度的影响

好。增加凸缘厚度可以提高惯性矩，但因螺栓增长，伸长变形量增加，反而降低接触刚度，所以凸缘厚度不宜过大。

②　支承件局部刚度　支承件抵抗局部变形的能力，称为支承件局部刚度。这种变形主要发生在载荷较集中的局部结构处，它与局部变形处的结构和尺寸等有关。例如床身与导轨相连的结构形式对局部刚度影响很大。床身的基本部分较薄而导轨部分较厚，所以要通过过渡壁与导轨连接。

图 7-10(a) 为床身与导轨呈单壁连接的结构，图 7-10(b)、(c) 是把连接壁减薄再加肋

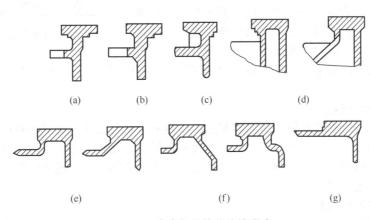

图 7-10　床身与导轨的连接形式

的形式。图 7-10(d) 是双壁连接形式，刚度较高。图 7-10(e) 为床身顶面有水平封闭壁的连接形式，常用于龙门式机床。图 7-10(f) 中的床身比导轨宽，外连接壁取折线形式，会降低刚度。图 7-10(g) 为导轨和床身直接用纵向肋连接，没有过渡壁，刚度最大。

（3）床身肋板的布置

数控机床床身通常为箱体结构，合理设计床身的截面形状及尺寸，采用合理布置的肋板结构可以在较小质量下获得较高的静刚度和适当的固有频率。床身中常用的几种截面肋板布置如图 7-11 所示，床身肋板一般根据床身结构和载荷分布情况进行设计，满足床身刚度和抗振性要求，V 形肋有利于加强导轨支承部分的刚度、斜方肋和对角肋结构可明显增强床身的扭转刚度，并且便于设计成全封闭的箱形结构。

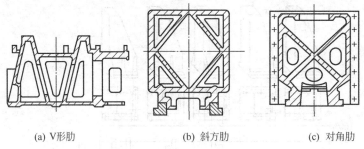

| (a) V形肋 | (b) 斜方肋 | (c) 对角肋 |

图 7-11　床身截面筋板布置

此外，还有纵向肋板和横向肋板，分别对抗弯刚度和抗扭刚度有显著效果；米字形肋板和井字形肋板的抗弯刚度也较高，尤其是米字形肋板更高。

图 7-12 所示为数控车床的床身截面，床身导轨的倾斜布置可有效地改善排屑条件。截面形状采用封闭式箱体结构，加大了床身截面的外轮廓尺寸，使该床身具有很高的抗弯刚度和抗扭刚度。这种倾斜布置的结构在数控车床上得到了普遍应用。

7.1.3　支承件的动态特性

7.1.3.1　动态分析

为了获得经济合理的结构形式，应使支承件的动态特性满足预定的要求。动态分析一般是在已知系统的动力学模型、外部激振力和系统工作条件的基础上进行的。它包括以下三方面问题。

（1）固有特性问题

如将支承件作为简单的振动系统，其固有特性主要指系统的固有频率。如果作为复杂的系统，其固有特性包括各阶固有频率、阻尼和模态振型等。对其研究的目

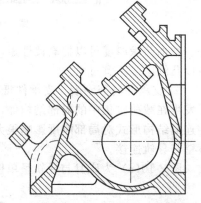

图 7-12　数控车床的床身截面

的，一方面是为了避免系统在工作时发生共振，另一方面是为了对系统进行进一步的动态分析。

（2）动力响应问题

支承件在外部激振力的作用下，将受迫产生振动，就是支承件的动力响应。支承件的受迫振动，使结构受到动态应力，导致构件的疲劳损坏。对支承件来说，更重要的是振动响应可能引起过大的动态位移，影响机床的加工质量和正常工作，产生过大的噪声。因此必须将其控制在一定的范围之内。

（3）动力稳定性问题

机床在一定的切削条件下，可能会产生切削颤振；低速相对运动的导轨副在一定的运行

条件下，也可能产生爬行。切削颤振、爬行都是一种自激振动，自激振动是一种不以外部激振为必要条件，而主要由系统本身的动力特性及系统工作过程所决定的振动。产生自激振动的系统称为不稳定系统。切削、摩擦工作系统的不稳定限制了机床的加工质量和生产率。对系统进行动力稳定性分析的目的，就是要确定发生切削颤振和爬行的临界条件，以使机床能在期望的工作规范内不出现这种振动。对系统的动力稳定性分析中，也包括了对支承件的动力稳定性分析。

7.1.3.2　固有频率和主振型

支承件通常可简化成一个多自由度系统。多自由度系统的固有频率和主振型，是通过求解系统的无阻尼自由振动方程得到。多自由度系统无阻尼自由振动的运动方程为

$$[m]\{\ddot{x}\}+[k]\{x\}=\{0\} \tag{7-1}$$

式中　$[m]$——系统的质量矩阵；

　　　$[k]$——系统的刚度矩阵；

　　　$\{x\}$——系统的位移列阵；

　　　$\{\ddot{x}\}$——系统的加速度列阵。

设方程的解为

$$\{x\}=\{A\}\mathrm{e}^{i\omega_n t} \tag{7-2}$$

式中，$\{A\}$ 为系统自由振动时的振幅向量（列阵），将式(7-2)代入式(7-1)得

$$[k]-\omega_n^2[m]\{A\}=\{0\} \tag{7-3}$$

要得到方程式(7-3)的振动解（非零解），必须 $\{A\}$ 的系数行列式等于零，即

$$\Delta(\omega_n^2)=\det([k]-\omega_n^2[m])=0 \tag{7-4}$$

上式称为特征方程或频率方程，求解式(7-4)可得 1 个固有角频率，按大小顺序排列：$\omega_{n1}\leqslant\omega_{n2}\leqslant\cdots\leqslant\omega_{nn}$，分别为一阶固有角频率、二阶固有角频率……$n$ 阶固有角频率。将任一 ω_{nr}^2 代回方程式(7-4)，都可求得一个相应的非零向量 $\{A^{(r)}\}$，它描绘了系统振动位移的一种形态，称为主振型。它只与系统本身的参数有关，而与其他条件无关。主振型只确定了系统自由振动时各坐标振动位移的比值，而振幅的数值可以是任意的。可见，n 个自由度的系统有 n 个固有频率和 n 个相应的主振型，与 r 阶固有角频率 ω_{nr} 相应的主振型 $\{A^{(r)}\}$，称为 r 阶主振型，它们总是成对地在一起描述系统的一个单独的特性。由于机床上激振力的频率一般都不太高，只有最低几阶的固有频率才有可能与激振频率重合或接近。高阶模态的固有频率已远高于可能出现的激振力的频率，一般不会发生共振。因此只需对最低几阶模态进行研究。

机床的振型主要有整机摇晃振动、弯曲振动、扭转振动、接合面间的平移或扭转最低几阶振动及薄壁振动。理论上，各个振型都是互相影响的。但实际上，机床部件的阻尼较小（$\zeta<0.1$），共振峰较陡，当各个振型的固有频率相差超过 20% 时，可以认为这些振型互不影响，可分别予以考虑。

图 7-13 所示为车床床身的低频振型。图 (a) 为第一阶模态的整机摇晃振动，频率范围大约为 15~30Hz，振动的特点是各点的振动方向一致，距离结合面越远的点振幅越大。图 (b) 为垂直弯曲振型，常见的频率范围大约为 80~140Hz，振动的特点是各点的振动方向一致，上、下振幅相差不大。图 (c) 为第二阶模态的扭摆振动，常见的频率范围大约为 30~120Hz，振动的特点是两端的振动方向相反，振幅为两端大中间小。图 (d) 为水平弯曲振型，频率范围为 90~150Hz。

上述四种振型对加工精度的影响并不相同。对于车床来说，整机摇晃振型引起工件与刀具间的相对振动很小，只要刀架、溜板箱或主轴箱中没有与整机摇晃频率相同的固有频率的元件，其危害不大。垂直方向的弯曲振型，虽然可能引起工件与刀具之间的相对振动，但振

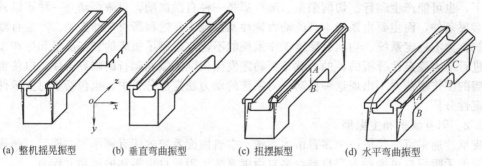

(a) 整机摇晃振型　　(b) 垂直弯曲振型　　(c) 扭摆振型　　(d) 水平弯曲振型

图 7-13　车床床身的低频振型

动在垂直方向对加工精度、表面粗糙度影响也较小。水平弯曲振型和扭摆振型都会在刀具与工件间引起有危害的相对振动，而使加工工件表面留下振纹。特别是扭摆振型的频率较低，很容易落到车床加工时主轴工作转速范围内而引起共振，故危害更大。

支承件的主振型和固有频率，不但受到机床总体结构的影响，而且还和机床的安装情况、各部件工作时的相对位置有关，例如，车床安装在调整垫铁上时固有频率最高，在混凝土地面上次之，在胶垫上最低。又如溜板箱处在车床上不同位置时，也会造成因质量分布的不同而固有频率各异。当其处在床身中部时，振幅较大的两种弯曲振型的频率就下降。

以上这些振型，当外界激振力的频率与其固有频率一致时，其振幅将激增，即产生共振。

7.1.3.3　改善支承件动态特性的措施

改善支承件的动态特性，提高其抗振性，其关键是提高动刚度。为了说明影响动刚度的因素，下面分析单自由度系统动刚度的表达式。就定性分析来说，该式同样适用于对多自由度系统的分析。

单自由度系统受简谐力激振时的动刚度为

$$\frac{F}{A} = K \sqrt{\left(1 - \frac{\omega^2}{\omega_n^2}\right)^2 + \left(2\zeta \frac{\omega}{\omega_n}\right)^2} \tag{7-5}$$

式中　F——激振力的幅值；

　　　A——振幅；

　　　K——系统静刚度；

　　　ω——激振角频率；

　　　ω_n——系统固有角频率；

　　　ζ——系统阻尼比。

因此，提高结构的动刚度，可以采用以下办法：提高系统的静刚度 K，增大系统中的阻尼比 ζ；提高系统的固有角频率 ω_n，或改变激振角频率 ω_n，以使两者远离。

需要注意的是，对于不同的激振频率段，在提高动刚度时，采取的措施应有所不同，如激振频率落在"准静态区"，即 $0 < \omega/\omega_n < 0.6 \sim 0.7$ 时，关键是提高结构的静刚度；如落在"共振区"，即 $0.6 \sim 0.7 \leq \omega/\omega_n \leq 1.3 \sim 1.4$ 时，关键应增加阻尼；如落在"惯性区"，即 $\omega/\omega_n \geq 1.3 \sim 1.4$ 时，可加大质量。下面介绍一些具体的方法。

（1）提高静刚度

提高静刚度的途径主要有：合理地设计结构的截面形状和尺寸、合理地布置肋板和肋条、注意结构的整体刚度、局部刚度和连接刚度的匹配等。

（2）增加阻尼

增加阻尼是提高结构动刚度的有力措施，增大阻尼可提高动刚度和自激振动稳定性。它的效果比增加静刚度要显著。

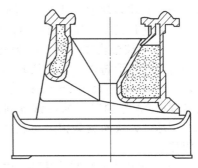

图 7-14　封砂结构的床身

① 铸造支承件　铸造支承件提高阻尼比的方法有附加减振材料、砂芯不清除等。材料选用与提高结构的动刚度关系也很大，铸铁的阻尼约为钢的 2～4 倍，常用作支承件材料。如保留铸件中的型芯，在机床构件内腔填充混凝土等阻尼材料，当工件受到振动时，内部产生相对摩擦来耗散振动能量，从而提高结构的阻尼特性，抑制振动。图 7-14 所示为车床床身的封砂结构，其铸件的砂芯不消除，与不封砂、同尺寸的车床身的比较结果见表 7-3，可以看出前两阶，两者的阻尼比相差不大，但在 100Hz 以上的第三阶，封砂结构比不封砂结构高约 214%。因此封砂结构提高阻尼较为有效。

表 7-3　封砂和不封砂床身阻尼对比

结构形式	封砂结构			不封砂结构		
固有频率/Hz	46.5	56.3	112.4	49.3	65.7	163.7
阻尼比	0.0226	0.0258	0.0116	0.0388	0.0162	0.0037

对于弯曲振动结构，尤其是薄壁结构，在其表面喷涂一层具有高内阻尼的黏滞性材料，如沥青基制成的胶泥减振剂、高分子聚合物和油漆腻子等，或采用石墨纤维的约束带和内阻尼高、剪切模量极低的压敏式阻尼胶等，能使阻尼比达 0.05～0.1。

采用了环氧树脂黏结的床身结构，其抗振性超过铸造和焊接结构，且不需大型退火炉。另外，采用较粗糙的加工面或在接触面间垫以弹性材料，也能增加阻尼提高抗振性，但此时接触刚度有所降低。

② 焊接支承件提高阻尼比的方法

a. 填充混凝土。在钢板焊成的支承件，特别是基座内填充混凝土，其减振能力是钢板的 5 倍，又提高了刚度。

b. 采用减振焊缝。在保证焊接强度的前提下，在两焊接件之间部分焊住，留有贴合而未焊死的表面，在振动过程中，两贴合面之间产生的相对摩擦即为阻尼，从而使振动减小。图 7-15 所示为三种板状结构的阻尼特性比较。其中，图（a）所示为厚度为 20mm 的铸铁板；图（b）所示为两块厚度为 10mm 的钢板点焊在一起，中间构成摩擦面，阻尼比超过铸铁板；图（c）所示为两块厚度为 10mm 的钢板，用环状塞焊在一起，中间摩擦面构成的阻尼比超过铸铁板 31 倍。

c. 在机床构件上增贴阻尼层，改善阻尼率。在加工中心立柱两内侧各粘 2～3mm 厚、

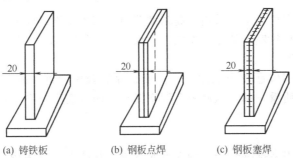

(a) 铸铁板　　　(b) 钢板点焊　　　(c) 钢板塞焊

图 7-15　板状减振焊接件

类似沥青和玻璃丝混合压制的阻尼板，使抗振性提高，并起到吸收主轴箱噪声的作用。

d. 采用减振装置。图 7-16 为铣床悬梁，它是一个封闭的箱形铸件。在悬梁端部空间装有四个铁块 1，并填满直径为 6～8mm 的钢球 2，再注入高黏度油 3。振动时，油在钢球间产生的黏性摩擦及钢球、铁块间的碰撞，可耗散振动能量，增大阻尼。

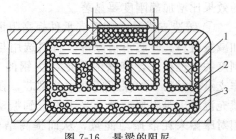

图 7-16　悬梁的阻尼
1—铁块；2—钢球；3—高黏度油

③ 采用新型材料制造基础构件　高速切削对机床支承件，如床身、立柱的动、静态特性要求很高，这些支承件必须有足够的强度、刚度和高水平的阻尼特性。近年来很多高速机床的床身材料采用了聚合物混凝土（或称人造花岗石）。这种材料以大小不等的花岗岩颗粒作填料，用热固性树脂作黏合剂，在模型中浇铸后通过聚合反应成形，制成高速加工机床的床身和立柱，这种材料性能优越，其阻尼特性为铸铁的 7～10 倍，密度为铸铁的 1/3，振幅对数衰减率比铸铁大 10 倍，热导率仅为铸铁的 1/25～1/40，浇注成形工件的能耗仅为铸铁的 1/4，浇制后的尺寸精度可达到 0.1～0.3mm；与金属的粘接力强，可根据不同的结构要求预埋金属件。人造花岗岩石与铸铁的性能对比见表 7-4。人造花岗岩具有尺寸稳定性好、耐蚀性强、制造成本低以及阻尼性能好等特点。与灰铸铁相比，它热容量大，热导率低，支承件的热变形小。北京第二机床厂有限公司生产的精密外圆磨床采用树脂混凝土床身，具有刚性高、抗振性好、耐化学腐蚀和耐热的特点，德国布格哈特-韦贝尔公司为加工中心制成的丙烯酸树脂混凝土床身，其动刚度比铸铁件的高出 6 倍。实践证明用这种人造花岗石来制造高速机床的支承件是较为适宜的。

表 7-4　人造花岗岩石与铸铁的性能对比

性　能	材　料	
	人造花岗岩石	铸　铁
容重(松散密度)/g·cm^{-3}	2.34	7.2
抗压强度/N·mm^{-2}	130～180	700～1200
抗拉强度/N·mm^{-2}	15～20	150～400
抗弯强度/N·mm^{-2}	30～40	300～500
弹性模量/N·mm^{-2}	35～40	80～130
对数衰减率	0.05	0.004～0.009
线胀系数/K^{-1}	$(12～20)×10^{-6}$	11
比热容/kJ·kg^{-1}·K^{-1}	1.2	0.4
热导率/W·m^{-1}·K^{-1}	1.455	50

另外，在一些精密机床上还采用了高精度花岗岩和大理石制作的标准机座和架体，采用陶瓷等材料制作机床的机座、架体、立柱、横梁和平板等。

（3）调整固有频率

支承件的固有频率应远离干扰频率，一般振源的频率较低，故应提高支承件的固有频率。增加刚度或减小质量，都可以使固有频率提高，而改变阻尼系数，则固有频率的变化并不大。

（4）采用减振器

采用减振器也是提高抗振性的一种有效的方法，其特点是结构轻巧，在某些情况下比单纯提高结构的刚度容易实现。但因受结构限制，在机床上应用不多。

7.1.4 支承件的结构设计

7.1.4.1 形状和尺寸的确定

确定支承件的尺寸大小、结构形状首先要满足工作要求。机床的类型、用途、规格不同，支承件的形状和大小也不同。支承件包括床身、立柱、底座、横梁，由于其安装部位和作用不同，所以截面形状也不同。

(1) 床身的结构

图 7-17(a) 为前、后、顶三面封闭的卧式机床的箱形床身。为了排除切屑，在导轨间开有倾斜窗口，此种截面容易铸造，但刚度较低。图 7-17(b) 为前、后、底三面封闭床身，床身内空间可用于储存润滑油和切削液，安装驱动机构，在切屑不易落入导轨之间的情况下，小载荷卧式床身常采用这种形式，如磨床。图 7-17(c) 为两面封闭的床身，刚度较低，但便于排除切屑和冷却液的流通，用于对刚度要求不高的机床，如小型车床。图 7-17(d) 是重型机床的床身，导轨可多达 4～5 个。

(2) 立柱

立柱可看成是立式床身，其截面有圆形和方形两种，如图 7-17(e)～(h) 所示。立柱所承受的载荷有 2 类：一类是承受弯曲载荷，载荷作用于立柱的对称面，如立式钻床的立柱；另一类承受弯曲和扭转载荷，如铣床、镗床的立柱。

立柱的截面形状主要由刚度决定。对于受转矩为主的支承件应采用圆形截面，如图 7-17(e) 所示，此时外表面起导轨作用。圆形截面，抗弯刚度较差，主要用于运动部件绕其轴心旋转以及载荷不大的场合，如摇臂钻床、小型立钻和台式钻床的立柱。当承受弯矩为主的立柱应采用矩形，如图 7-17(g)、(h) 所示。图 7-17(g) 为对称矩形截面，用于以弯曲载荷为主，载荷作用于立柱对称面且较大的场合，如大中型立式钻床、组合机床等。轮廓尺寸比例一般为长/宽 $(h/b)=2\sim3$。图 7-17(f) 为对称方形截面，用于受有两个方向的弯曲和扭转载荷的立柱。截面尺寸比例 $h/b\approx1$，两个方向的抗弯刚度基本相同，抗扭刚度也较高。这种床身多用于镗床、铣床、滚齿机等的立柱。图 7-17(h) 用于龙门框架式立柱。对于立式车床的轮廓比例为 $h/b=3\sim4$，龙门刨床和龙门铣床的轮廓比例为 $h/b=2\sim3$。

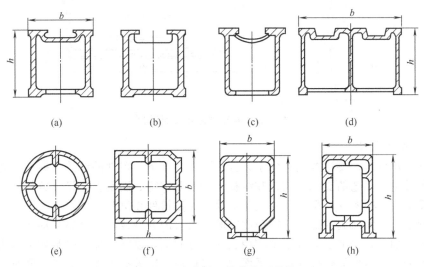

图 7-17 床身及立柱的截面形状

(3) 横梁和底座

图 7-18 为几种横梁和底座的截面形状。底座对某些机床是不可缺少的支承件，如立车必须有底座，用来固定立柱或床身。又如立钻、摇臂钻床为了固定立柱，也必须有底座。底

座要有足够的刚度,内部有肋板,有时底座还要用作为冷却液箱,底座地脚螺钉孔要有足够的局部刚度,与立柱相连之处也要有足够的刚度。

横梁在龙门式机床上与左、右立柱和底座一起形成框架。受力分析时,可以把它看成两端铰支的梁。龙门式机床的横梁工作时承受复杂的空间载荷,横梁的自重为均布载荷,主轴箱或刀架的自重为集中载荷,而切削力为大小、方向可变的外载荷,这些载荷使横梁产生弯曲和扭转变形。故横梁刚度尤其是垂直于工件方向的刚度,对机床性能影响很大。刚度小的横梁变形甚至可占机床综合变形的 $20\%\sim40\%$,横梁的横截面一般制成矩形封闭截面。是否用十字肋加固依机床受力情况而定,如图 7-18(a)、(b) 所示,龙门刨床和龙门铣床的横梁制成封闭矩形,$H/b\approx1$。对于双柱立式车床由于花盘直径较大,横梁较长,刀架较重,故用 H 较大的封闭形截面来提高垂直面内的抗弯刚度,$H/b\approx1.5\sim2.2$,如图 7-18(c) 所示。横梁的纵向截面形状也取决于横梁在立柱上的夹紧方式,在立柱的主导轨上夹紧的横梁,其中间部分可用变截面形状,见图 7-18(e)。在立柱的辅助导轨上夹紧的横梁,可用等截面形状,见图 7-18(d)。

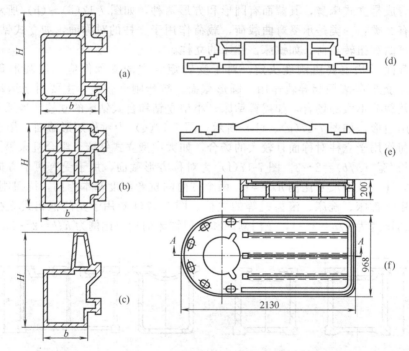

图 7-18　横梁和底座截面形状

7.1.4.2　结构工艺性

在设计支承件时,要注意结构的工艺性。一般情况下,零件的铸造、锻造、焊接和机械加工等对零件结构工艺的要求,应该在结构设计方案中得到满足。在设计铸件时,应力求使铸件形状简单,拔模容易,型芯少并便于支撑,保证铸件在浇铸时能自由收缩。要尽量避免截面的急剧变化、太凸起的部位、很薄的壁厚、很长的分型线以及金属的局部积聚。所得铸件要便于机械加工,如加工面应集中在少数几个方向上,以减少加工时翻转和调头次数。同一方向上的加工面尽可能安排在同一平面内,以便在一次进给中加工完毕。同时,所有加工面都应有支承面较大的基准,以便于加工时的定位、测量和夹紧。此外,应避免在大件内部深处有加工面以致需专门设计工艺装备进行加工。对于焊接结构,在能充分发挥壁和肋板的承载及抵抗变形的作用下,应使所需的焊接和钳工的工时尽可能少。焊接时要尽量设法减少焊接变形。焊接时要尽量使操作者能用平焊或角焊,尽可能不用仰焊。所以设计时要为翻转工件提供一些方便，如设计一些吊装孔等。

7.1.5 支承件的有限元计算简介

从工程设计的角度来看，设计人员希望在机床结构的图纸设计阶段就能预测部件的静态性能、动态性能以及热特性，并求出机床所达到的精度，传统的做法一是进行样机的实际测量，二是进行模型试验。但是这样做的结果是机床上的零件很多，特别是支承件不适宜简化为简支梁用力学公式进行计算。而采用样机试验必须先将样件制造出来，再进行各项测试，由于支承件较大，其耗费则大，而且周期太长，不适合现代生产的步伐。模型试验是按照一定比例制造成支承件的模型，用模型模拟支承件，在试验室进行试验。它是建立在相似理论的基础上的，即模型和实物在几何形状上相似，而且要求运动相似、质量相似、载荷相似等。实物和模型每一对应点上各物理量成比例，而在模型的制造、简化以及材料的选用上还存在着一定的缺点和局限性，因此采用有限元法进行计算，使整个设计及试验过程得到简化。

有限元法是随着计算机技术迅速发展起来的一种现代计算方法，有限元分析技术作为一种运用计算机工具的数值分析方法已经取得了巨大的成功，成为结构和多自由度体系分析的有力工具，广泛应用于各类复杂工程问题的求解、结构分析、成形过程分析等。

有限元是支承件结构分析的一种近似的计算方法，它是将所需计算的结构划分成一定数目的基本单元，通过结点互相连接，建立一个离散的模型，这样，整个结构的变形和应力分布便可以由结点处位移和内力来表示。把连续结构作为单元的离散集合体的模型称为有限单元模型。有限元法的计算流程框图如图 7-19 所示。

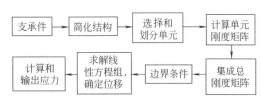

图 7-19 有限元法的计算流程框图

（1）单元划分

通常单元可划分成表 7-5 所示的 7 种单元类型。其中三角形单元、矩形单元及梁单元最为常用。在作单元划分时，首先要对工作对象进行分析，然后确定采用哪种形式的有限元单元。对于由若干杆件连接而成的杆系结构，可以采用梁单元或杆件单元作为有限元。杆件单元系铰链连接，仅仅受有轴向力。若杆件两端是刚性连接，则两端除了受有轴向力外还受到剪力和弯矩，故称梁单元。杆件单元和梁单元都是一维单元。

三角形单元和矩形单元都在平面应力状态下工作。薄板结构只能在垂直于平面方向承受载荷。在空间的应力状态下，即单元体为空间的几何体时，一般选用四面体或六面体。这些单元体在支承件的整体结构中以结点互相连接起来，于是整体结构的特性可以通过单元体结点的特性来表达。划分单元后的整体结构是一个离散的计算模型，可用一个线性方程组来描述。

图 7-20 是铣床床身单元体的划分。从图中可见，划分单元包括选择单元体的形式和决定单元体在支承件上的分布形式，这都和支承件的结构形式有关。一般来说，单元划分越多，计算精度也就越高，但要求计算机容量也越大。

（2）计算方法

应用有限元法可以计算支承件的静刚度、动刚度、变形及热特性。

① 静特性　计算公式如下：

$$\{F\} = [k]\{\delta\} \qquad (7\text{-}6)$$

式中　$\{F\}$——各结点处的外载荷列阵；

$\{\delta\}$——各结点处的位移列阵；

$[k]$——结构的总刚度矩阵。

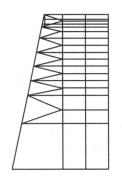

图 7-20　铣床床身单
元体的划分

表 7-5　常用单元类型

单元名称	结点位移(结点力)	应用问题	结点自由度	结点数
杆件单元		铰接结构	1	2
梁单元		刚接结构	3	2
三角形单元		平面问题	2	3
矩形单元		平面问题	2	4
矩形薄板单元		薄板弯曲问题	3	4
四面体单元		空间应力问题	3	4
六面体单元		空间应力问题	3	8

当刚度矩阵和作用载荷决定以后，就可算出支承件各结点处的位移。

② 简谐激振力的动力响应　当支承件受到周期性外力作用时，它的有限元模型所得的受迫振动运动方程组用矩阵形式表示为：

$$[M]\{\ddot{x}\}+[C]\{\dot{x}\}+[K]\{x\}=\{F\}\sin\omega t \tag{7-7}$$

式中　$[M]$，$[C]$，$[K]$——整个有限元模型的质量矩阵、阻尼矩阵和刚度矩阵；

$\{\ddot{x}\}$，$\{\dot{x}\}$，$\{x\}$——各结点方向的加速度、速度和位移列阵；

$\{F\}$——各结点的外载荷幅值的列阵；

ω——外载荷的角频率。

对于线性阻尼系统，求解方程式(7-7)，可得受迫振动的振幅列阵为：

$$\{x\}=\sum_{r=1}^{n}\frac{\{A^{(r)}\}^T\{F\}\{A^{(r)}\}}{M_r(\omega_{\mathrm{nr}}^2-\omega^2+i2\zeta_r\omega_{\mathrm{nr}}\omega)}=\sum_{r=1}^{n}\frac{\{A^{(r)}\}^T\{F\}\{A^{(r)}\}}{K_r\left[1-\left(\dfrac{\omega}{\omega_{\mathrm{nr}}}\right)^2+i2\zeta_r\dfrac{\omega}{\omega_{\mathrm{nr}}}\right]} \tag{7-8}$$

式中，M_r 和 K_r 为 r 阶模态质量和模态刚度，ζ_r 为第 r 阶模态阻尼比。

激振点动柔度 $R_{jj}(\omega)$（j 点激振，j 点的响应）的表达式如下：

$$R_{jj}(\omega)=\frac{X_j}{F_j}=\sum_{r=1}^{n}\frac{\{A_j^{(r)}\}^2}{K_r\left[1-\left(\dfrac{\omega}{\omega_{\mathrm{nr}}}\right)^2+i2\zeta_r\dfrac{\omega}{\omega_{\mathrm{nr}}}\right]} \tag{7-9}$$

交叉点动柔度 $R_{jk}(\omega)$（j 点激振，k 点的响应）：

$$R_{kj}(\omega) = \frac{X_k}{F_j} = \sum_{r=1}^{n} \frac{A_k^{(r)} A_j^{(r)}}{K_r \left[1 - \left(\frac{\omega}{\omega_{nr}} \right)^2 + i2\zeta_r \frac{\omega}{\omega_{nr}} \right]} \tag{7-10}$$

当忽略阻尼作简化计算时，式(7-7) 可简化为：

$$[M]\{\ddot{x}\} + [K]\{x\} = \{F\}\sin\omega t$$

上式的求解，只要将 $\zeta_r = 0$ 代入式(7-8)～式(7-10) 即可求得无阻尼受迫振动的振幅列阵 $\{x\}$、动柔度 $R_{jj}(\omega)$ 及 $R_{kj}(\omega)$。

7.2 导轨设计

数控机床上都有导轨，机床上的运动部件必须沿着床身上或者立柱、横梁上的导轨运行。导轨的主要功能是导向和承载作用。导轨使运动部件沿一定的轨迹运动，从而保证各部件的相对位置和相对位置精度；导轨承受运动部件及工件的重量和切削力（承载作用）。导轨在很大程度上决定数控机床的刚度、精度和精度保持性。

导轨主要由机床上两个相对运动部件的配合面组成一对导轨副，其中，不动的配合面称为支承（固定）导轨，运动的配合面称为运动导轨。设导轨副沿 X 轴相对运动，则须借助两条相互平行的导轨副，才能可靠地限制运动部件绕 X 轴转动。所以，对于一个运动部件的导向，需要组合应用两条导轨副，多数情况下应消除 5 个自由度，当受到绕 X 轴方向的颠覆力矩较小时，应消除 4 个自由度。

7.2.1 导轨的分类

导轨的种类、特点及其应用见表 7-6。通常导轨的分类有以下几种方式。

（1）按运动轨迹分

① 直线运动导轨 导轨副的相对运动轨迹为一直线，如卧式车床的床鞍和床身之间的导轨。

② 圆周运动导轨 导轨副的相对运动轨迹为一圆，如立式车床的工作台和底座之间的导轨。

（2）按工作性质分

① 主运动导轨 运动导轨是完成主运动的，运动速度高，如插床、牛头刨床上的滑枕导轨及立式车床的工作台导轨。

② 进给运动导轨 运动导轨是完成进给运动的，运动速度低，如卧式车床的床鞍导轨及铣床工作台的导轨。

③ 调整导轨 它是实现部件之间相对位置调整用的，如车床尾架与床身相配合的导轨。当机床切削工作时，运动导轨紧固在固定导轨上不动，所以对这种导轨的耐磨性和速度要求较低。

（3）按摩擦性质分

① 滑动导轨 两导轨工作面之间的摩擦性质为滑动摩擦，其中有普通滑动导轨、液体动压导轨、液体静压导轨。

a. 液体静压导轨。两导轨面间有一层静压油膜，其摩擦性质属于纯液体摩擦，多用于进给运动导轨。

b. 液体动压导轨。当导轨面之间相对滑动速度达到一定值时，液体的动压效应使导轨面间形成压力油楔，把导轨面隔开。动压导轨亦属于纯液体摩擦，多用于主运动导轨。

表 7-6　导轨的种类、特点及应用

导轨类型		结构示意	主要特征	摩擦特性
滑动导轨	金属对金属		一般进给运动部件的导轨相对速度不高(低于 3～10m/min),润滑也不充分,工作在干摩擦、液体摩擦的混合摩擦区。切削主运动部件的导轨相对速度较高(龙门刨床,<1.5m/s;立式车床,<6～9m/s)。当保持充足润滑,并在一个导轨面上开有楔形油腔时,导轨面间形成一定油膜,即动压导轨	动静摩擦因数相对较大。低速时摩擦因数随速度增加而减小,达到一定速度后,随速度增加而增加,为非线性关系,铸铁-铸铁:$f=0.02～0.18$;铸铁-淬火钢:$f=0.05～0.25$,静摩擦:$f_j=0.2～0.4$
	金属对塑料			聚四氟乙烯与钢板的摩擦因数低 $f=0.04～0.06$,随速度增加略微上升　其他塑料 $f=0.02～0.08$
静压导轨	液体静压导轨		压力油通过节流器进入导轨面,油腔中的压力能够随外负载自动调节,保持油膜厚度几乎不变,在任何速度下均为纯液体摩擦	摩擦因数与速度为线性关系,但变化很小,启动摩擦因数可小至 0.0005
	气体静压导轨(又称气垫导轨、气浮导轨)		压缩空气(3～5atm[①])经小孔节流器($d=0.3～0.5mm$)进入上导轨面的空腔内形成气垫,气垫的厚度 $h≈0.02～0.025mm$,气垫使两导轨面不直接接触	摩擦因数比液体静压导轨还低
滚动导轨	滚动体非循环式		导轨面间放钢球、圆柱滚子或滚针。滚动体只做往复的纯滚动	摩擦因数低而且几乎与运动速度无关,中等尺寸部件摩擦力一般约为 2～5kgf[②] 导轨材料／摩擦因数 淬火钢／0.001 铸铁／0.0025
	滚动体循环式		滚动体导轨面纯滚动,再经返回导轨返回,做循环运动。可作独立的组件,称为滚动导轨块	

导轨类型		承载能力(平均比压)/kgf·cm^{-2}	刚度	减振性	定位精度或灵敏度
滑动导轨	金属对金属	允许平均压力(铸铁导轨) 通用机床进给导轨:12～15 主运动导轨:<4～5 重型机床高速导轨:<2～3 低速导轨:<5	面接触,刚度高	好	不用减摩措施:10～20μm 用防爬行油或液压卸荷:2～5μm
	金属对塑料	聚四氟乙烯基塑料 <3.5(连续干使用) ≤17.5(间断使用) ≈35(短暂峰值)	塑料层与底金属完全接触时,刚度也较高	塑料复合导轨板有良好的吸振性	用聚四氟乙烯时 2μm
静压导轨	液体静压导轨	油膜承载能力大,设计时取允许平均压力为滑动导轨的1.5倍	刚度高,但不及滑动导轨;油膜高度不随速度变化	吸振性好,但不及滑动导轨	微量进给定位精度 2μm
	气体静压导轨(又称气垫导轨、气浮导轨)	受供气压力及有限面积限制	在尺寸 610mm×1830mm 台面的铣床上试验,工作台重725kgf,平均刚度:36.5kgf/μm	可以用花岗岩石作床身有效地隔振　由于气隙小,在很小振幅下支承面已经达到机械接触,产生强大阻尼	可达 0.125μm 定位精度,重复精度为 0.025μm

续表

导轨类型		承载能力(平均比压)/kgf·cm⁻²			刚度	减振性	定位精度或灵敏度	
滚动导轨	滚动体非循环式	导轨面材料	钢(≥60HRC)	铸铁(≥200HB)	无预加载荷的 V-平滚柱导轨刚度不及同尺寸滑动导轨,有预加载荷的滚动导轨的刚度比滑动导轨略高或相同。滚柱导轨比滚珠导轨高	有预加载荷的滚动导轨,垂直于运动方向的吸振性近似于滑动导轨,沿运动方向的吸振性差	传动刚度>3~4kgf/μm 时,定位精度为0.1~0.2μm	
							传动刚度/kgf·μm⁻¹	移动灵敏度/μm
		滚珠导轨	1.2~1.6	0.04~0.05			2.2~4.5	0.1
	滚动体循环式	滚柱导轨	30~35	3.5~5			0.8	0.6(钢) 0.4(铸铁)
							0.2	4(铸铁)

导轨类型		寿 命	工 艺 性	应 用
滑动导轨	金属对金属	非淬火铸铁低,两班生产,年平均磨损量为0.04~0.05mm;表面淬火(用电接触表面淬火,耐磨性提高1~2倍)或用耐磨铸铁(提高1~2倍)或用淬火钢时高	结构简单,制造容易,维护方便,成本低	广泛应用于普通精度机床进给运动的导轨
	金属对塑料	寿命长,黏结的塑料复合导轨板磨损后可以更换	结构简单,加工性好,黏结容易,可在润滑不良及干摩擦下使用,修理机床时更换简单,成本略有增加	仿形机床、数控机床、重型机床、精密机床均有应用,维修机床导轨时也常常采用
静压导轨	液体静压导轨	无金属直接接触,几乎没有磨损,能长期保持制造精度	制造复杂,需要一套可靠的供油系统和回油系统,调试麻烦,但经常维修,工作量小	应用于大、重型机床、数控机床、精密机床、仿形机床导轨
	气体静压导轨(又称气垫导轨、气浮导轨)	无金属直接接触,几乎没有磨损,还可以吹掉导轨间的赃物,能长期保持制造精度	结构比液体静压导轨和滚动导轨简单,制造容易,需要启动元件少,不必安排回路管,比液压系统简单	应用于数控坐标工作台、数控镗铣床、坐标测量机、超精密平面磨床、超精密镗床等
滚动导轨	滚动体非循环式	防护良好时寿命长,精度保持性高,滚动体一般可运行10⁵~10⁸m行程,淬火钢导轨修理周期间隔可达10~15年	制造复杂,导轨尺寸越大成本越高,使用维护方便,磨损后可以更换滚动体,一般对润滑要求不高,但要求防护好	应用于坐标镗床工作台、磨床砂轮架、仿形机床、数控机床、电火花加工机床(满足定位精度要求)、平面磨床工作台(高精度)、立式车床工作台(高速度)、刃磨机床(减轻手工操作强度)等

① 1atm=101325Pa。
② 1kgf=9.80665N。

c. 混合摩擦导轨。在导轨面间有一定动压效应,但相对滑动速度还不足以形成完全的压力油楔,导轨面仍处于直接接触,介于液体摩擦和干摩擦之间状态。大部分进给运动导轨属于此类型。

② 滚动导轨　两导轨工作面之间为滚动摩擦,它由导轨面间的滚珠、滚柱或滚针等滚动体实现,在进给运动导轨中用得较多。

（4）按受力情况分

① 开式导轨　靠外载荷和部件自重作用,使两导轨面在全长上保持贴合的称为开式导轨,如图7-21(a)所示的 a、b 面。

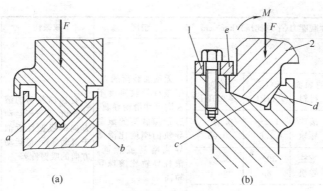

图 7-21　开式导轨和闭式导轨

1—压板；2—上导轨

② 闭式导轨　如果作用力 F 不够大，又有一个较大的颠覆力矩 M 作用在运动部件上，此时必须增加辅助导轨面 e，才能保证主导轨面 c、d 贴合，这样的导轨称为闭式导轨，见图 7-21(b)。

7.2.2　对导轨的基本要求

（1）导向精度

导向精度主要是指运动部件沿导轨运动轨迹的直线度（对直线运动导轨）或圆度（对圆周运动导轨）。导轨的几何精度直接影响导向精度，因此在导轨检验标准中对纵向直线度和两导轨面平行度（扭曲）都有规定。

直线运动导轨的检验内容为导轨在垂直平面的直线度，导轨在水平面内的直线度，两导轨平行度。如导轨全长为 20m 的龙门刨床，导轨在垂直平面内的直线度及水平面内直线度误差，精度标准规定的每米长度允许值各为 0.02mm，导轨全长的允许值为 0.08mm。

圆周运动导轨几何精度检验的内容与主轴回转精度的检验方法相类似，其精度用动导轨回转时的端面跳动与径向跳动表示。如最大切削直径为 4m 的立式车床，其工作台的端面跳动与径向跳动允差规定为 0.05mm。

影响导向精度的主要因素除制造精度外，还有导轨的结构形式、装配质量、导轨及其支承件的刚度和热变形等，对于动压导轨和静压导轨，还有油膜的刚度。

（2）耐磨性

运动导轨面沿固定导轨面长期运行会引起导轨不均匀的磨损，破坏导轨的导向精度，从而影响加工精度，例如，卧式车床的铸铁导轨，在润滑较差时，前导轨靠近床头箱的一段，每年磨损量达 0.2～0.3mm，这样就破坏了刀架的移动直线度及对主轴的平行度，加工精度也就下降。一般情况下，导轨修理工作量约占机床大修工作量的 30%～50%。因此，耐磨性直接影响机床的精度保持性，是导轨设计制造的关键，也是衡量机床质量好坏的重要标志。必须提高导轨的耐磨性，尽可能减小导轨磨损的不均匀程度，并使磨损后能自动补偿或调整。

影响导轨耐磨性的主要因素有：导轨的摩擦性质、材料、热处理及加工的工艺方法、受力情况、润滑和防护。

（3）刚度

导轨受力后变形会影响部件之间的相对位置和导向精度，因此要求导轨有足够高的刚度。导轨变形包括导轨受力后的接触变形、扭转、弯曲变形以及由于导轨的支承件的变形而引起的导轨变形。导轨变形主要取决于导轨的类型、尺寸及与支承件的连接方式和受力情况等。

（4）低速运动平稳性

运动部件低速移动时易产生爬行。进给运动时的爬行，将会增大被加工表面粗糙度；定位运动时的爬行，将降低定位精度。故要求导轨低速运动平稳。低速运动平稳性对于高精度机床尤其重要。其影响因素有：静、动摩擦因数的差值，传动系统的刚度，运动部件的质量及导轨的结构和润滑。

设计导轨应做下列方面工作：

① 根据工作条件选择合适的导轨结构类型（如滑动、静压或滚动等）。

② 根据导向精度要求和制造工艺性，选择导轨的截面形状。

③ 确定导轨的结构尺寸，保证导轨有足够的刚度，并使单位面积下压力小于许用值，以免导轨磨损过快。

④ 设计导轨磨损后的补偿及调整装置，使导轨保持合理的间隙。

⑤ 选择合适的导轨材料、热处理方法、精加工方法等，保证导轨有足够的使用寿命。

⑥ 设计润滑系统，使导轨在良好的润滑条件下工作，减小摩擦及磨损。

⑦ 设计完善的防护装置，以防止切屑等脏物进入导轨内。

⑧ 确定导轨的精度和技术要求。

7.2.3　滑动导轨

滑动导轨是基本导轨，其他类型的导轨都是以它为基础而发展起来，普通滑动导轨的滑动面之间呈混合摩擦。它与液体摩擦和滚动摩擦导轨相比，虽有摩擦因数大、磨损快、使用寿命短、低速易产生爬行等缺点。但由于结构简单，工艺性好，便于保证精度、刚度，故广泛应用于对低速均匀性及定位精度要求不高的机床中。

7.2.3.1　滑动导轨的结构

（1）直线滑动导轨的截面形状

直线滑动导轨面一般由若干个平面组成，从制造、装配和检验来说，平面的数量应尽可能少，直线滑动导轨的基本截面形状见图 7-22。

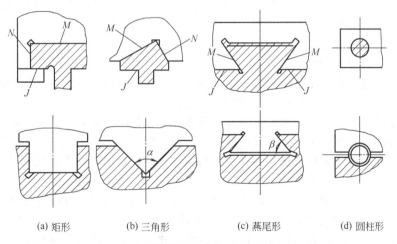

(a) 矩形　　　(b) 三角形　　　(c) 燕尾形　　　(d) 圆柱形

图 7-22　直线滑动导轨的基本截面形状

它们分别由 3～4 个平面组成，各个平面所起的作用也有所不同。如矩形导轨的 M 面起导向作用，即保证在垂直面内的直线移动精度，M 面又是承受载荷的主要支承面，J 面是防止运动部件抬起的压板面；N 面是保证水平面内直线移动精度的导向面。在三角形导轨中 M、N 面兼起支承和导向作用。在燕尾形导轨中，M 面起导向和压板面作用，J 为支承面。

根据床身或固定件上导轨的凸凹状态，又可分为凸形导轨（图7-22上排）和凹形导轨（图7-22下排）。其中凸三角形又称山形，凹三角形又称V形。当导轨水平布置时，凸形导轨不易积存切屑和脏物，但也不易存油，多用在移动速度小的部件上，相反，凹形导轨具有好的润滑条件，但必须有防屑、保护装置，它们用在移动速度较大的部件上。

① 矩形导轨　矩形导轨制造简便，刚度和承载能力大，水平方向和垂直方向上的位移互不影响，即一个方向上的调整不会影响到另一个方向的位移。因此安装、调整都较方便。矩形导轨中起导向作用的导轨面（N）磨损后不能自动补偿间隙，所以需要有间隙调整装置。如图7-22(a)中上排所示的导轨，如果只有一个水平面M用作承载和导向，称为平导轨。

② 三角形导轨　图7-22(b)所示的山形导轨与V形导轨均称三角形导轨，当其水平布置时，在垂直载荷作用下，导轨磨损后能自动补偿，不会产生间隙，因此导向性好。但压板面仍需有间隙调整装置。导向性能与顶角有关，顶角α越小导向性越好，但α减小时导轨面当量摩擦因数加大；α角加大的承载能力增加。此外，当导轨面M和N上受力不对称、相差较大时，为使导轨面上压力分布均匀，可采用不对称导轨。三角形顶角一般取90°；在重型机床上承受载荷较大，为增大承载面积，可取110°～120°，但导向精度变差。在精密机床上采用小于90°的顶角以提高导向精度。支承导轨为凸三角形时，不易积存较大切屑，也不易存润滑油。

③ 燕尾形导轨　如图7-22(c)所示，燕尾形导轨可以看成是三角形导轨的变形。磨损后不能自动补偿间隙，需用镶条调整。两燕尾面起压板面作用，用一根镶条就可调整水平、垂直方向的间隙。导轨制造、检验和修理较复杂，摩擦阻力大。当承受垂直作用力时，它以支承平面为主要工作面，它的刚度与矩形导轨相近，当承受颠覆力矩时，斜面为主要工作面，则刚度较低。一般用于要求高度小的多层移动部件。两个导轨面间的夹角为55°。

④ 圆柱形导轨　如图7-22(d)所示，圆柱形导轨制造简单，内孔可珩磨，外圆经过磨削可达到精密配合，但磨损后调整间隙困难。为防止转动，可在圆柱表面上开键槽或加工出平面，但不能承受大的转矩，主要用于受轴向载荷的场合，适用于同时做直线运动和转动的场合，如拉床、珩磨机及机械手等。

(2) 直线运动导轨的组合形式

前面已经讲过，在机床上一般都采用两条导轨来承受载荷和导向。在重型机床上，根据机床受载情况，可用3～4条导轨。导轨有下述组合方式。

① 双三角形组合　见图7-23(a)，这种导轨同时起支承、导向作用。磨损后相对位置不变，能自行补偿垂直方向及水平方向的磨损。导向精度高，但要求四个表面的刮削或磨削后时接触，工艺性较差，床身与运动部件热变形不一样时，难保证四个面同时接触。这种导轨用于龙门刨床与高精度车床。

② 双矩形组合　见图7-23(b)，这种导轨主要承受与主支承面相垂直的作用力，此外，侧导向面要用镶条调整间隙，接触刚度低，承载能力大，但导向性差。双矩形组合导轨制造、调整简单，闭合导轨有压板面，用压板调整间隙，导向面用镶条调整间隙，用于普通精度机床，如升降台铣床、龙门铣床等。

③ 三角形-平导轨组合　图7-23(c)所示的三角形-平导轨组合不需用镶条调整间隙，导向精度高，加工装配也较方便，温度变化不会改变导轨面的接触情况，但热变形会使移动部件水平偏移，两条导轨磨损也不一样，对位置精度有影响，通常用于磨床、精密镗床上。

④ 三角形-矩形组合　如图7-23(d)所示，兼有导向性好，制造方便等优点，应用最为

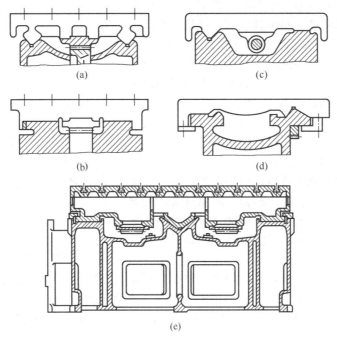

图 7-23 导轨的组合

广泛。常用于车床、磨床、精密镗床、滚齿机等机床上。三角形导轨作主要导向面，具有双三角形的优点，但比双三角形制造方便，导向性比双矩形好。三角形导轨磨损后不能调整，对位置精度有影响。

⑤ 平-平-三角形组合　在龙门铣床机床工作台宽度大于 3000mm、龙门刨床工作台宽度大于 5000mm 时，为了不使工作台中间挠度过大，可用三根导轨的组合。图 7-23 是用于重型龙门刨床工作台导轨的一种形式，三角形导轨主要起导向作用，平导轨主要起承载作用，不需用镶条调整间隙。工作台用双齿条传动，使偏转力矩较小。由于工作台和工件重量很大，可不考虑颠覆力矩问题。

从上述分析可知，各种导轨的特点各不相同。因此选择使用时应注意以下几点：

① 要求导轨有较大的刚度和承载能力时用矩形导轨，中小型卧式车床床身导轨是山形和矩形导轨的组合，而在重型车床上则用双矩形导轨来增加承载能力。

② 要求导向精度高的机床用三角形导轨。三角形导轨工作表面同时起承载和导向作用，能自动补偿间隙，导向性好。

③ 矩形导轨和圆形导轨工艺性好，制造、检验都较方便。而三角形导轨、燕尾形导轨则工艺性较差。

④ 要求结构紧凑、高度小、调整方便的机床用燕尾形导轨。

（3）圆周运动导轨

主要用于圆形工作台、转盘和转塔头架等旋转运动部件。常用的圆周运动导轨有以下几种。

① 平面圆环导轨　见图 7-24，这种导轨容易制造，热变形后仍能接触，适用于大直径的工作台或转盘，便于镶装耐磨材料及采用动压、静压导轨，减少摩擦。但它只能承受轴向力，不能承受径向力，需与带径向滚动轴承的主轴相配合，来承受径向力。此种导轨摩擦损失小，精度高，目前用得较多，如用于滚齿机、立式车床等。

② 锥形圆环导轨　见图 7-24(b)，锥形接触面能承受轴向力与较大的径向力，但不能承

受较大颠覆力矩，热变形也不影响导轨接触，导向性比平面好，但要保持锥面和主轴的同心度较困难，母线倾斜角一般为30°，常用于径向力较大的机床。

③ V 形圆环导轨　见图 7-24(c)，这种导轨能承受较大的轴向力、径向力和颠覆力矩，能保持很好的润滑，但制造较复杂，须保证两个 V 形锥面和主轴同心。V 形一般用非对称形状，当床身和工作台热变形不同时，两导轨面将不同时接触。

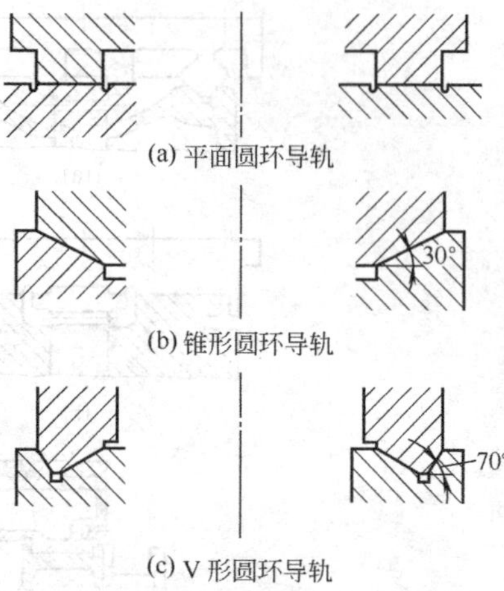

7.2.3.2　导轨的间隙调整

导轨面之间的间隙应适当，如果间隙过小，工作运动的阻力大，会使导轨磨损加剧。间隙过大，运动失去准确性和平稳性，失去导向精度。因此须保证导轨具有合理的间隙。常用的间隙调整方法如下。

（1）压板调整

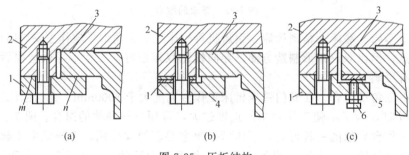

（a）平面圆环导轨

（b）锥形圆环导轨

（c）V 形圆环导轨

图 7-24　圆周运动导轨截面

压板用螺钉固定在动导轨上，如图 7-25(a) 所示，间隙过大时刮研或修磨 m 面，间隙过小则刮（磨）n 面。图 7-25(b) 是用改变垫片 4 的厚度的方法调整间隙量。图 7-25(c) 中，在压板与导轨之间用镶条 5 和螺钉 6 调整间隙。但结构复杂，刚度低。

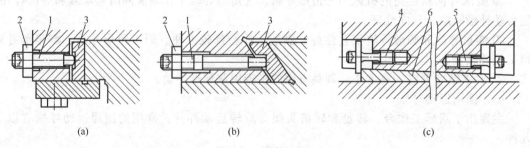

（a）　　　　　　　（b）　　　　　　　（c）

图 7-25　压板结构

1—压板；2—动导轨；3—支承导轨；4—垫片；5—镶条；6—螺钉

（2）镶条调整

镶条应放在导轨受力较小的一侧。常用平镶条或斜镶条两种，见图 7-26。图 (a)、(b) 中，靠调整螺钉 1 调整平镶条 3 的位置，用螺母 2 锁紧。

（a）　　　　　　　（b）　　　　　　　（c）

图 7-26　镶条结构

1,4,5—螺钉；2—螺母；3—平镶条；6—斜镶条

平镶条较薄，在螺钉的着力点有挠曲变形，刚度较低。图 (c) 是常用的斜镶条，斜度为 1∶100～1∶40，镶条越长，斜度应越小。镶条两个面分别与动导轨和支承导轨均匀接触，用螺钉 4、5 调整镶条位置，并防止斜镶条在摩擦力的作用下沿运动方向窜动。

7.2.3.3　镶条的安放位置与导向面的选择

从提高刚度考虑，镶条应放在不受力或受力较小的一侧，但调整镶条后，运动部件有较大的侧移，影响加工精度。对于精密机床因导轨受力小，要求加工精度高，镶条应放在受力的一侧，或两边都放镶条；而对普通机床，镶条应放在不受力的一侧。

如图 7-27 所示，两导向面间距离取决于镶条的位置。把镶条安放在右导轨右侧位置，即两条导轨各用一侧面为导向面，导向面间距离为两条导轨导向面之间的宽度，称为宽导向，如图 7-27(a) 所示。用同一条导轨的两侧面为导向面，导向面间距离同一条导轨的宽度，如图 7-27(b) 所示，称为窄导向。由于窄导向对制造、检验、维修均较有利，热变形对间隙影响也小，间隙保持性好，可用较小的间隙来提高导向精度。对宽导向，当运动部件本身变形较大时，压力不均匀，间隙保持性较差，故一般情况下双矩形导轨的侧导向面应采取窄导向。

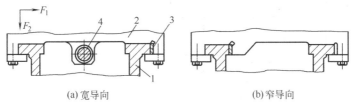

(a)宽导向　　　　　　　　　　　　(b)窄导向

图 7-27　窄导向与宽导向

1—导轨；2—滑座；3—镶条；4—丝杠

7.2.3.4　滑动导轨的设计计算

滑动导轨的设计计算主要是分析受力，计算压力，验算磨损量，确定合理尺寸。

导轨的损坏形式主要是磨损，而导轨的磨损又与导轨表面的压力（单位面积上的压力）有密切关系，随着压力增加，导轨的磨损量也增加。此外，导轨面的接触变形又与压力近似地成正比。在初步选定导轨的结构尺寸后，应核算导轨面的压力，使其限制在允许范围内。铸铁导轨的许用平均压力见表 7-7。

表 7-7　铸铁导轨的许用平均压力

导轨种类		许用平均压力/MPa
通用机床	（车床、铣床等）进给运动	1.2~1.5
	（刨床、插床等）主运动导轨	0.4~0.5
重型机床	低速运动	0.5
	高速运动	0.2~0.3
磨床导轨		0.025~0.04
专用机床载荷固定导轨		0.9~1.1

此外，通过导轨的受力计算，可以求出牵引力的大小，判断其配置是否合理、是否必须设置压板。分析导轨面上平均压力的分布情况，还可检验设计是否合理。

（1）导轨的受力分析

导轨所受的外力包括：重力、切削力、牵引力等。这些外力使各导轨面产生支反力和支反力矩。牵引力、支反力（矩）都是未知力，通常用静力平衡方程求解。下面以图 7-27 所示的数控车床纵向导轨为例，进行受力分析。

在图 7-28 中，F_c、F_f 和 F_P 为切削力、进给力和背向力，分别作用在 Y、Z、X 三个坐标方向，W 是重力，F_Q 为牵引力。x_F、y_F、z_F 为切削位置坐标，x_Q、y_Q 是牵引力作用点的坐标，x_w 为重心的坐标。各外力对坐标轴取矩可解得各力矩

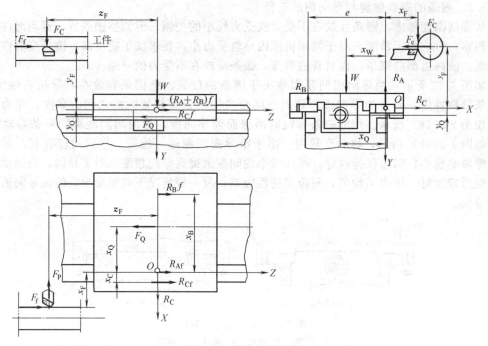

图 7-28 导轨受力分析

$$M_X = F_C z_F - F_f y_F - F_Q y_Q$$
$$M_Y = F_f x_F - F_P z_F + F_Q x_Q$$
$$M_Z = F_P y_F - F_C x_P + W x_W$$
(7-11)

各导轨面上的集中支反力

$$R_A = F_C - W - R_B$$
$$R_B = M_Z/e$$
$$R_C = F_P$$
(7-12)

各导轨面上的支反力矩

$$M_A = M_B = M_X/2$$
$$M_C = M_Y$$
(7-13)

进给机构对刀架的牵引力

$$F_Q = F_f + (F_C + F_P + W)f$$
(7-14)

综上所述，每条导轨载荷为一力和一矩。

（2）导轨的压强计算和压强分布

因为导轨长度远大于宽度，可以认为压强在宽度方向均布，因此，导轨面的压强计算可按一维问题处理。当导轨的自身变形远小于接触变形时，可以只考虑接触变形对压强分布的影响，沿导轨长度的接触变形和压强可视为按线性分布。导轨的压强见图 7-29。

$$p_F = \frac{F}{aL}$$
(7-15)

在应力三角形中有：

$$M = \frac{p_M}{2} \times \frac{aL}{2} \times \frac{2L}{3} = \frac{aL^2 p_M}{6}$$

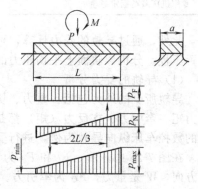

图 7-29 导轨的压强

因此有：

$$p_{\mathrm{M}}=\frac{6M}{aL^2} \tag{7-16}$$

式中　F——导轨所受集中力，N；

　　　M——导轨所受集中倾覆力矩，N·m；

　　　p_{F}——由力 F 引起的压强，MPa；

　　　p_{M}——由力矩 M 引起的最大压强，MPa；

　a，L——导轨宽度、长度，mm。

导轨上所受的最大、最小压强为

$$p_{\substack{\max\\\min}}=p_{\mathrm{F}}\pm p_{\mathrm{M}}=\frac{F}{aL}\left(1\pm\frac{6M}{FL}\right) \tag{7-17}$$

导轨上的压强分布见图 7-30。

当 $\dfrac{M}{FL}<1/6$ 时，压强按梯形分布，见图 7-30(a)；

当 $\dfrac{M}{FL}=1/6$ 时，压强呈三角形分布，见图 7-30(b)；

当 $\dfrac{M}{FL}>1/6$ 时，实际接触长度见图 7-30(c)，则有：

$$F=\frac{a}{2}p_{\max}L_{\mathrm{j}} \tag{7-18}$$

$$M=F\left(\frac{L}{2}-\frac{L_{\mathrm{j}}}{3}\right) \tag{7-19}$$

联立式(7-18)、式(7-19) 可得：

$$p_{\max}=\frac{2F}{aL_{\mathrm{j}}}=\frac{2F}{3aL\left(\dfrac{1}{2}-\dfrac{M}{FL}\right)}=\frac{p_{\mathrm{av}}}{1.5\left(0.5-\dfrac{M}{FL}\right)} \tag{7-20}$$

式中　p_{av}——平均压强，$p_{\mathrm{av}}=\dfrac{F}{aL}$。

当 $\dfrac{M}{FL}=1/2$ 时，如果没有压板，$p_{\max}=\infty$。因此，当 $\dfrac{M}{FL}>1/6$ 时，不宜再用无压板的开式导轨，而应采用有压板的闭式导轨。

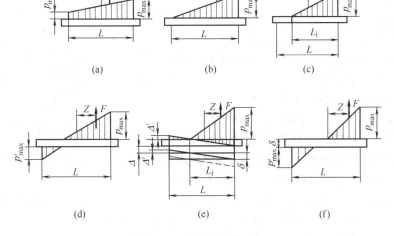

图 7-30　导轨压强的分布

当压板和辅助导轨面的间隙 $\Delta=0$ 时，压强分布见图 7-30(d)，但这只是理想情况。实际上间隙 $\Delta>0$，此时压强分布又分两种情况。在图 7-30(e) 中，最大压强 p_{max} 处接触变形为 δ 时，主导轨面另一端出现间隙 Δ'，此时 $\Delta'<\Delta$，压板不起作用。如果 $\Delta'>\Delta$，主、辅导轨面上的压强分布见图 7-30(f)，即主、辅导轨同时工作。

由图 7-30(e) 中的相似三角形可得

$$\frac{\Delta'}{\delta}=\frac{\dfrac{M}{FL}-\dfrac{1}{6}}{\dfrac{1}{2}-\dfrac{M}{FL}} \tag{7-21}$$

将式(7-12) 和 $\delta=p_{max}/K_j$ 代入式(7-21) 得

$$\Delta'=p_{av}\frac{\dfrac{M}{FL}-1/6}{1.5\left(0.5-\dfrac{M}{FL}\right)^2 K_j} \tag{7-22}$$

式中　K_j——接触刚度。

（3）合理设计导轨的布局

磨损是难免的，须尽量减少导轨磨损后对加工精度的影响，这就应考虑导轨各导向面的合理布局。在图 7-31 中，u_a、u_b、u_c 为导轨面的磨损量。由此引起刀架在 X、Z 方向上的位移量：

$$x_1=u_b\sin\beta-u_a\sin\alpha$$
$$z_1=u_b\cos\beta+u_a\cos\alpha$$

因为磨损量 $u_a\neq u_b$，引起刀架顺时针转过 γ 角，$\gamma=\arctan[(z_1-u_c)/B]$，则刀尖在水平方向偏移量为：

$$\Delta d=2\left[u_a\left(\frac{h}{B}\right)\cos\alpha-u_a\sin\alpha+u_b\sin\beta+u_b\left(\frac{h}{B}\right)\cos\beta-u_c\left(\frac{h}{B}\right)\right] \tag{7-23}$$

式中　B——导轨间距。

设计时为了减少 Δd 值，采用以下措施：

① 增大导轨间距 B，一般 $h/B=0.6\sim0.7$；

② 增大凸三角形导轨内侧面宽度，减小 u_b 值，同时减小矩形导轨宽度，增大 u_c 值。

③ 前导轨为对称三角形，即 $\alpha=\beta$。

7.2.4　滚动导轨

在两导轨面之间放置滚珠、滚柱或滚针等滚动体，使导轨面之间的摩擦具有滚动摩擦性质，这种导轨称为滚动导轨。与普通滑动导轨相比，滚动导轨有下列优点：

① 运动灵敏度高，滚动导轨的摩擦因数为 $0.0025\sim0.005$，远小于滑动导轨（静摩擦因数为 $0.4\sim0.2$，动摩擦因数为 $0.2\sim0.1$）。

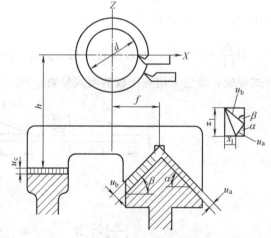

图 7-31　导轨磨损计算

不论做高速运动还是低速运动，滚动导轨的摩擦因数基本上不变，即静、动摩擦力相差甚微，故一般滚动导轨在低速移动时，没有爬行现象。

② 定位精度高，一般滚动导轨的重复定位误差为 $0.1\sim0.2\mu m$。普通滑动导轨一般为 $10\sim20\mu m$，在采用防爬行措施后（如液压卸荷）可达 $2\sim5\mu m$。

③ 牵引力小，移动轻便。

④ 滚动体一般可达到运行 $10^5 \sim 10^8$ m 的指标。钢制淬硬导轨具有较高的耐磨性，修理周期间隔可达 10～15 年。故滚动导轨的磨损小，精度保持性好。

⑤ 润滑系统简单，维修方便（只需更换滚动体）。

但滚动导轨的抗振性较差，对防护要求也较高。由于导轨间无油膜存在，滚动体与导轨是点接触或线接触，接触应力较大，故一般滚动体和导轨须用淬火钢制成。另外，滚动体直径的不一致或导轨面不平，都会使运动部件倾斜或高度发生变化，影响导向精度，因此对滚动体的精度和导轨平面度要求高。与普通滑动导轨相比，滚动导轨的结构复杂，制造困难，成本较高。

目前滚动导轨用于实现微量进给，如外圆磨床砂轮架的移动；实现精密定位，如坐标镗床工作台的移动；用于对运动灵敏度要求高的数控机床。

滚动体有滚珠、滚柱和滚针三种。滚珠导轨多用于小载荷；滚柱导轨用于较大的载荷；滚针导轨用于中等载荷和高度方向尺寸要求紧凑的地方。

滚动体材料一般用滚动轴承钢，淬火后硬度可达 60HRC 以上。

滚动导轨可用淬硬钢或铸铁制造。钢导轨具有承载能力大和耐磨性较高等优点。常用的材料有低碳合金钢，如 20Cr 经渗碳淬火，硬度可达 60～63HRC；合金结构钢，如 40Cr，热处理硬度可达 45～50HRC，加工性能较好；合金工具钢，淬火后低温回火，材料硬度较高，性能稳定，适用于变形小、耐磨性高的导轨。铸铁导轨适用于中、小载荷，不需要预紧且不承受动载荷的导轨上，常用材料为 HT200，硬度为 200～220HB。

7.2.4.1　滚动导轨类型

滚动导轨按运动轨迹，可分为直线运动导轨、圆周运动导轨；按行程，可分为行程有限导轨与行程无限导轨；按滚动体类型，可分为滚珠导轨、滚柱导轨、滚针导轨等。

（1）按滚动体的类型分

① 滚珠导轨　如图 7-32 所示，其结构特点为：点接触，摩擦阻力小，承载能力较差，刚度低。结构紧凑、制造容易、成本较低。通过合理设计滚道圆弧可大幅度降低接触应力，提高承载能力。滚珠导轨一般适用于运动部件重量小于 2000N，切削力矩和颠覆力矩都较小的机床。

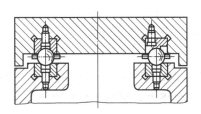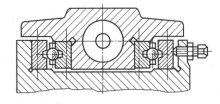

图 7-32　滚珠导轨

② 滚柱导轨　如图 7-33 所示，滚动体与导轨之间是线接触，承载能力较同规格滚珠导轨高一个数量级，刚度高。对导轨面的平面度敏感，制造精度要求比滚珠导轨高，适用于载荷较大的机床。

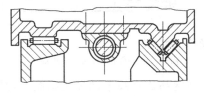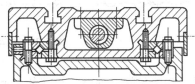

图 7-33　滚柱导轨

③ 滚针导轨　滚针尺寸小，结构紧凑，承载能力大，刚度高。对导轨面的平面度更敏感，对制造精度的要求更高。摩擦因数较大，适用于导轨尺寸受限制的机床。

（2）按照滚动体的循环方式分

① 滚动体循环式导轨　滚动体在运行过程中沿循环通道自动循环，行程不受限制。常制成独立的标准化部件，由专业厂生产。滚动导轨组件本身制造精度较高，对机床的安装基面要求不高，安装调试方便，刚度高，承载力大，润滑简单，适用于行程较大的机床，广泛采用直线滚动部件，目前在国内外数控机床上得到广泛应用。

② 滚动体非循环式　滚动体在运动过程中不循环，行程有限。一般根据需要自行设计制造。常用于行程较小的机床。

7.2.4.2　滚动导轨的结构形式

（1）直线滚动导轨副

直线滚动导轨副是由长导轨和带有滚珠的滑轨组成的标准部件；在所有方向都承受载荷；通过钢球的过盈配合能实现不同的预载荷，使机床设计、制造方便。

直线滚动导轨的结构见图 7-34。图中导轨体 1 是支承导轨，滑块 7 装在移动件上，滑块 7 中装有 4 组滚珠，在导轨体和滑块的直线滚道内滚动。当滚珠 4 滚到滑块的端点，经端面挡板 6 和回珠孔返回另一端，再次进入循环。4 组滚珠和各自的滚道相当于 4 个直线运动角接触球轴承。由于滚道的曲率半径略大于滚珠半径，在载荷作用下接触区为椭圆。可以从润滑油嘴 8 注入润滑脂。端部密封垫 5 用来防止灰尘进入轨道。

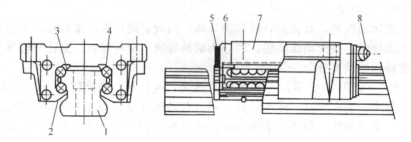

图 7-34　直线滚动导轨的结构
1—导轨体；2—侧面密封垫；3—保持器；4—滚珠；5—端部密封垫；
6—端面挡板；7—滑块；8—润滑油嘴

（2）滚动导轨块

采用循环式圆柱滚子，与机床床身导轨配合使用，不受行程长度的限制，刚度高。图 7-35 是滚动导轨块结构。导轨块用螺钉固定在动导轨体上，滚动 3 在导轨块 6 与保持器 5 之间滚动，并经端面挡板 2 及上面的返回槽做循环运动。

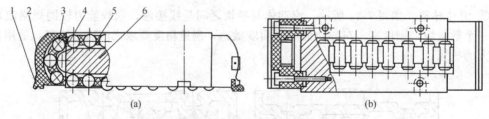

（a）　　　　　　　　　　　　　（b）

图 7-35　滚动导轨块结构
1—防护板；2—端面挡板；3—滚柱；4—导向片；5—保持器；6—导轨块

滚动导轨块用滚子作滚动体，承载能力和刚度都比直线滚动导轨副高，但摩擦因数略大。应用较多的滚动导轨块有 HJG-K 型和 6192 型两种，由专业厂生产。支承导轨采用镶钢导轨，淬硬至 58HRC 以上。

7.2.4.3 滚动导轨的预紧

(1) 牵引力和预紧力的关系

滚动导轨的刚度与导轨和滚动体的制造精度有关，当制造质量很高时，导轨和滚动体的弹性位移对刚度的影响比较显著。

滚动导轨有预紧力，即有预加载荷时，刚度增加，但牵引力也增加。实验和计算表明，当预紧力达到一定值再继续增加时，刚度不再显著提高。而导轨的牵引力的变化正相反，当开始预加载荷时，牵引力变化不显著，而当预加载荷达到某一值时，牵引力就显著提高。因此要选择合适的预紧力，使刚度提高而牵引力增加不大。图 7-36 示出了滚动导轨牵引力和预盈量的关系，曲线 1 为矩形滚柱导轨，曲线 2 为滚珠导轨。

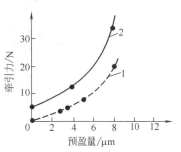

图 7-36 牵引力和预盈量的关系
1—矩形滚柱导轨；2—滚珠导轨

最小预紧力须保证加在每个滚动体上的预载大于外载荷，一般预紧力产生的预盈量为 $2\sim3\mu m$。最大预紧力根据牵引力、移动均匀性和滚动体表面强度而定。当滚动体表面硬度为 60HRC 时，按表面强度选择最大预紧力，对滚珠的预盈量为 $7\sim15\mu m$，滚柱为 $15\sim20\mu m$。

没有预加载荷时，导轨面的接触是靠运动部件本身的重量。有预加载荷的导轨没有间隙，刚度高，但结构较复杂，成本高。一般除精密机床和垂直配置导轨外，在颠覆力矩不致使导轨滚动体脱离接触的情况下，也可用无预加载荷的导轨，即

$$\frac{M_y}{FL}\leqslant\frac{1}{6} \tag{7-24}$$

式中 M_y——相对于导轨长度方向上中点水平轴线的总颠覆力矩；

$\quad\quad F$——重量及切削力在垂直方向分力的总和；

$\quad\quad L$——导轨的工作长度。

另外，运动部件很重，导轨较长，本身的重量可起预加载荷作用，能满足刚度要求时，也无须预加载荷。

(2) 预加载荷的方法

预加载荷的方法有两种，一种是利用尺寸差进行预紧。如图 7-37(a) 所示采用过盈配合。装配前，滚动体母线间的距离为 A，压板与溜板间的尺寸为 $A-\delta$。装配后，由此而产生的上、下滚动体与导轨面之间的预紧力各为 Q。当载荷 P 作用于溜板时，上面滚子受力为 $Q-P$。而当 $P=Q$ 时，下面滚子的弹性变形为零，因此，预紧力应大于载荷。

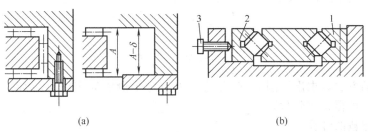

(a)   (b)

图 7-37 滚动导轨的预紧
1,2—支承块；3—螺钉

另一种是靠螺钉、弹簧或斜块移动导轨来实现预紧，见图 7-37(b)，调整原理和方法与滑动导轨调整间隙的方法相同。

7.2.4.4　滚动导轨的设计计算

（1）受力分析

中、小型机床的载荷以切削力为主，可忽略工件和动导轨部件的重力。对大型机床进行受力分析时，必须同时考虑切削力和重力。图 7-38 所示为中型机床的滚动导轨的受力分析。F_c、F_f 和 F_P 分别为切削力、进给力和背向力，F_Q 为牵引力，R_1、R_2、R_3、R_4 和 R_{1T}、R_{2T}、R_{3T}、R_{4T} 为反力。

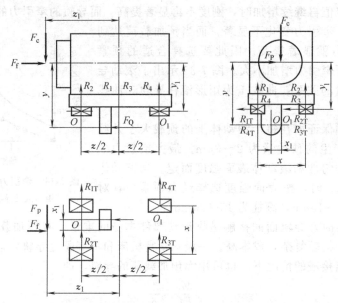

图 7-38　中型机床滚动导轨的受力分析

首先考虑 F_f 的作用，对 O 点取矩可得

$$\begin{cases} F_f y = (R_3 + R_4)z \\ R_3 = R_4 \\ R_3 = \dfrac{y}{2z}F_f \end{cases} \tag{7-25}$$

$$\begin{cases} F_1 x_1 = (R_{3T} + R_{4T})z \\ R_{3T} = R_{4T} \\ R_{3T} = \dfrac{x_1}{2z}F_f \end{cases} \tag{7-26}$$

同理，对 O_1 点取矩可得：

$$\begin{cases} R_1 = R_2 = \dfrac{y}{2z}F_f \\ R_{1T} = R_{2T} = \dfrac{x_1}{2z}F_f \end{cases} \tag{7-27}$$

采用同样的方法，求出切削力 F_c 和背向力对每个滑块的作用力，列表 7-8。将每个滑块的受力相加，可得计算载荷。

（2）滚动导轨的计算

滚动导轨的计算与滚动轴承计算相似，以在一定的载荷下行走一定的距离，90％的支承不发生点蚀为依据，这个载荷称为额定动载荷，行走的距离称为额定寿命。滚动导轨的预期寿命除了与额定动载荷和导轨的实际工作载荷有关外，还与导轨的硬度、滑块部分的工作温度和每根导轨上的滑块数目有关。

表 7-8　F_c、F_f 和 F_p 对滑块的作用力

反力	F_f	F_c	F_p
R_1,R_2	$\dfrac{y}{2z}F_f$	$\left(\dfrac{1}{4}+\dfrac{z_1}{2z}\right)F_c$	$\dfrac{y_1}{2x}F_p$
R_3,R_4		$\left(\dfrac{1}{4}-\dfrac{z_1}{2z}\right)F_c$	
R_{1T},R_{2T}	$\dfrac{x_1}{2z}F_f$	0	$\left(\dfrac{1}{4}+\dfrac{z_1}{2z}\right)F_p$
R_{3T},R_{4T}			$\left(\dfrac{1}{4}-\dfrac{z_1}{2z}\right)F_p$

对于直线滚动导轨副：

$$L=50\left(\frac{Cf_Hf_Tf_C}{Ff_W}\right)^3 \tag{7-28}$$

对于滚动导轨块：

$$L=100\left(\frac{Cf_Hf_Tf_C}{Ff_W}\right)^{10/3} \tag{7-29}$$

式中　L——滚动导轨的预期寿命，km；

　　　C——额定动载荷，N，由样本查得；

　　　F——导轨块上的工作载荷，N；

　　　f_H——硬度系数，当导轨面硬度为 $58\sim64$HRC 时 $f_H=1.0$，硬度为 55HRC 时 $f_H=0.8$，硬度为 50HRC 时 $f_H=0.53$；

　　　f_T——温度系数，工作温度为 100℃ 时 $f_T=1.0$，150℃ 时 $f_T=0.92$，200℃ 时 $f_T=0.73$；

　　　f_C——接触系数，装 2 个滚动导轨块时 $f_C=0.81$；装 3 个时 $f_C=0.72$，装 4 个时 $f_C=0.66$；

　　　f_W——载荷系数，无冲击振动，$v\leqslant5$m/min 时，$f_W=1\sim1.5$；$v=15\sim60$m/min 时，$f_W=1.5\sim2$；有冲击振动，$v>60$m/min 时，$f_W=2.0\sim3.5$。

在实际工作中，工作载荷 F 是变动的，变动形式如图 7-39 所示。其中，图 7-39(a) 表示载荷按阶段式变化的线图，其平均载荷为

$$F_{av}=\left(\frac{\sum F_n^3 L_n}{L}\right)^{\frac{1}{3}}=\left(\frac{F_1^3 L_1+F_2^3 L_2+\cdots+F_n^3 L_n}{L}\right)^{\frac{1}{3}} \tag{7-30}$$

式中　F_n——变动载荷，N；

　　　L_n——承受 F_n 时行走的距离，m；

　　　L——总行程长度，m。

如载荷按图 7-39(b) 所示的单调式变化，则有：

$$F_{av}=\frac{F_{min}+2F_{max}}{3} \tag{7-31}$$

式中　F_{max}——最大载荷，N；

　　　F_{min}——最小载荷，N。

如果载荷按正弦曲线变化，又分 2 种情况，若为图 7-39(c) 所示状况，有：

$$F_{av}\approx0.65F_{max} \tag{7-32}$$

若为图 7-39(d) 所示的状况，有

$$F_{av}\approx0.75F_{max} \tag{7-33}$$

用平均载荷计算导轨寿命。

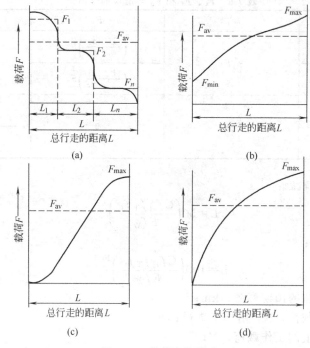

图 7-39 载荷变化形式

7.2.5 提高导轨耐磨性的措施

7.2.5.1 导轨的主要失效形式

导轨的磨损来自两个互相接触、相对运动的导轨面之间的摩擦。

（1）磨损

① 磨粒磨损 这里的磨粒是指导轨面间存在的坚硬微粒，可能是落入导轨副间的切屑微粒或是润滑油带进的硬颗粒；也可能是导轨面上的硬点或导轨本身磨损所产生的微粒。这些磨粒起着切刮导轨面的作用。磨粒磨损速度和磨损量与相对滑动速度和压强成正比。磨粒磨损是难以避免的，只能尽量设法减少。

② 咬合磨损 咬合磨损是指相对滑动的两个表面互相咬啮，所产生的咬裂痕迹叫擦伤，严重的咬合磨损将使两个导轨面无法运动。对于咬合磨损的产生机理有不同解释，目前较多倾向的一种结论是：导轨面覆盖着氧化膜及气体或液体的吸附膜，当导轨局部压强或剪力过高而排除这些薄膜时，裸露的金属表面因分子力作用而吸附在一起，导致冷焊现象。实际上，磨粒磨损往往是咬合磨损的原因，咬合磨损又加剧磨粒磨损。应预防咬合磨损的发生。

（2）疲劳和压溃

滚动导轨失效的主要原因是表面疲劳和压溃。表面疲劳是因为表层受接触应力而产生弹性变形，脱离接触时则弹性恢复，这种过程达到一定循环次数后，表层形成龟裂而产生剥落片。压溃是由于接触应力过大使表层产生塑性变形而形成坑。疲劳磨损是难以避免的，而压溃是不允许发生的，因此，应控制接触压强，提高导轨面硬度和减小表面粗糙度的值。

7.2.5.2 导轨的材料及其热处理

（1）导轨材料的基本要求

用于机床导轨的材料，应具有以下特性。

① 良好的耐磨性 导轨的磨损不但影响机床的保持性，而且在许多情况下还影响与导轨相联系的摩擦副（例如丝杠-螺母、蜗杆-蜗轮等）的工作性能。决定导轨耐磨性的因素很

多，但最重要的是导轨配合副所用的材料以及工作表面的加工质量。材料硬度本身并不一定能够保证导轨具有高的耐磨性能，有时在同样使用条件下，硬的材料反而比软的材料容易磨损。

② 良好的摩擦特性 良好的摩擦特性包括较小的静摩擦因数和它受静接触延续时间的影响小；较小的动摩擦因数和它在低速进给范围内受滑动速度的影响小等；还希望静、动摩擦因数差小。

③ 加工与使用中由于残留内应力产生的变形小。

④ 工作环境与自身温升的尺寸稳定，强度不变。

（2）导轨副材料的匹配

导轨副应尽量由异种材料相配组成。如果选用相同的材料，也应采用不同的热处理或不同的硬度。

在直线运动的导轨副小，较长的一条导轨（通常是不动的导轨）用较耐磨的和较硬的材料制造，这是因为：

① 长导轨在全长磨损不均匀，而且磨损后不能用调整的办法来补偿，对加工精度影响较大；

② 短导轨耐磨性较低，使用中误差会较快消除，且便于刮研，减少修理的劳动量；

③ 长导轨通常是外露的，容易受到意外的损伤。

在回转运动的导轨副中，应将较软的材料用于动导轨，因为花盘或圆工作台等的导轨磨损后可在机床上加工，以减少修理的劳动量。导轨副材料的匹配及其相对寿命见表7-9，表中前一种材料为动导轨，后一种材料为固定导轨。

表 7-9 导轨副材料匹配及其相对寿命

序号	导轨副材料及热处理	相对寿命
1	铸铁/铸铁（均普通铸铁）	1
2	铸铁/淬火铸铁	2～3
3	铸铁/淬火钢	＞2
4	淬火铸铁/淬火铸铁	4～5
5	铸铁/镀铬或喷涂钼铸铁	3～4
6	塑料/铸铁	主要用于静压导轨、大型机床和不易润滑的导轨，能保护下导轨，提高耐磨性
7	有色金属板/铸铁	

7.2.5.3 塑料滑动导轨

塑料滑动导轨耐磨性好，具有自润滑功能；摩擦因数小，动、静摩擦因数差小；减振性好，具有良好的阻尼性；耐磨性好，有自润滑作用；加工性好，工艺简单，化学性能好（耐水、耐油），维修方便，成本低。数控机床采用的塑料滑动导轨有铸铁-塑料滑动导轨和镶钢-塑料滑动导轨。塑料滑动导轨常用在导轨副的运动导轨上，与之相配的金属导轨采用铸铁或钢质材料。塑料滑动导轨分为注塑导轨和贴塑导轨，导轨上的塑料常用环氧树脂耐磨涂料和聚四氟乙烯导轨软带。

（1）注塑导轨

导轨注塑或耐磨涂层的材料是以环氧树脂和二硫化钼为基体，加入增塑剂，混合成膏状为一组分，固化剂为另一组分的双组分塑料。这种涂料附着力强，具有良好的可加工性，可经车、铣、刨、钻、磨削和刮削加工；有良好的摩擦特性和耐磨性，而且抗压强度比聚四氟乙烯导轨软带要高，固化时体积不收缩，尺寸稳定。特别是可在调整好固定导轨和运动导轨间的相关位置精度后注入涂料。可节省许多加工工时，特别适用于重型机床和不能用导轨软带的复杂配合型面。

注塑导轨涂层的工艺过程是：先将导轨涂层表面粗刨或粗铣成图 7-40 所示的粗糙表面，以保证有良好的黏附力；再将与塑料导轨相配的金属导轨面（或模具）用溶剂清洗后涂上一薄层硅油或专用脱模剂，以防与耐磨涂层粘接；把按配方加入固化剂调好的耐磨涂层材料抹于导轨面上，涂层厚度为 1.5～2.5mm；然后叠合在金属导轨面（或模具）上进行固化，叠合前可放置形成油槽、油腔用的模板；固化 24h 后，即可将两导轨分离，涂层硬化 3 天后可进行下一步加工。塑料涂层导轨摩擦因数小，在无润滑油的情况下仍有较好的润滑和防爬行的效果，目前多用于大型和重型机床上。

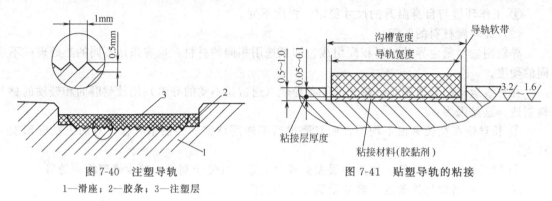

图 7-40　注塑导轨　　　　　　　　　　　图 7-41　贴塑导轨的粘接
1—滑座；2—胶条；3—注塑层

（2）贴塑导轨

在导轨滑动面上贴一层耐磨的塑料软带，与之相配的导轨滑动面经淬火和磨削加工。软带以聚四氟乙烯为基材，添加合金粉和氧化物制成。塑料软带可切成任意大小和形状，用胶黏剂粘接在导轨基面上。由于这类导轨软带用粘接方法，故称为贴塑导轨。

如图 7-41 所示，贴塑工艺过程是：先将导轨粘贴面加工至 $Ra=3.2～1.6\mu m$，为了对软带起定位作用，导轨粘贴面应加工成 0.5～1.0mm 深的凹槽，再以丙酮清洗粘贴面，用胶黏剂粘贴，加压初固化 1～2h 后，再合拢到配对的固定导轨或专用夹具上，施加一定的压力，并在室温下固化 24h，取下清除余胶，在上面开出油槽和进行精加工。

7.2.5.4　静压导轨

静压导轨的工作原理与静压轴承相同。将具有一定压力的润滑油，经节流器输入导轨面上的油腔，即可形成承载油膜，使导轨面之间处于纯液体摩擦状态。静压导轨由于其导轨的工作面完全处于纯液体摩擦下，因而工作时摩擦因数极低（$f=0.0005～0.001$）；导轨的运动不受负载和速度的限制，且低速时移动均匀，无爬行现象；由于液体具有吸振作用，因而导轨的抗振性好；承载能力大、刚性好；摩擦发热小，导轨温升小。但静压导轨的结构复杂，多了一套液压系统；成本高；油膜厚度难以保持恒定不变。故静压导轨主要用于大型、重型数控机床上。

① 静压导轨的结构可分为开式和闭式两种。

a. 开式静压导轨。压力油经节流器进入导轨的各个油腔，使运动部件浮起，导轨面被油膜隔开，油腔中的油不断地通过封油边而流回油箱。当动导轨受到外载荷作用向下产生一个位移时，导轨间隙变小，增加了回油阻力，使油腔中的油压升高，以平衡外载荷。图7-42为开式液体静压导轨工作原理。来自液压泵的压力油，其压力为 P_0，经节流器 4 压力降至 P_1，进入导轨面，借助压力将动导轨浮起，使导轨面间以一层厚度为 h_0 的油膜隔开，油腔中的油不断地穿过各封油间隙流回油箱，压力降为零。当动导轨受到外负荷 W 作用时，使动导轨向下产生一个位移，导轨间隙由 h_0 降至 h，使油腔回油阻力增大，油压增大，以平衡负载，使导轨仍在纯液体摩擦下工作。

b. 闭式导轨在上、下导轨面上都开有油腔，可以承受双向外载荷，保证运动部件工作平稳。图 7-43 为闭式液体静压导轨的工作原理。闭式液体静压导轨各个方向导轨面上均开有油腔，所以闭式液体静压导轨具有承受各方向载荷的能力，且其导轨保持平衡性较好。

② 按供油情况可分为定量式静压导轨和定压式静压导轨。

a. 定压式静压导轨是指节流器进口处的油压压强是一定的，是目前应用较多的静压导轨。

b. 定量式静压导轨指流经油腔的润滑油流量是一个定值，这种静压导轨不用节流器，而是对每个油腔均有一个定量油泵供油。由于流量不变，当导轨间隙随外载荷的增大而变小时，则油压上升，载荷得到平衡。载荷的变化，只会引起很小的导轨间隙变化，因而油膜刚度较高，但这种静压导轨结构复杂。

③ 另外，还有以空气为介质的空气静压导轨，也称为气浮导轨。空气静压导轨摩擦小，具有良好的冷却作用，可减小热变形。

优点：导轨运动速度的变化对油膜厚度的影响很小；载荷的变化对油膜厚度的影响很小；液体摩擦，摩擦因数仅为 0.005 左右，油膜抗振性好。

缺点：导轨自身结构比较复杂；需要增加一套供油系统；对润滑油的清洁程度要求很高。

主要应用：精密机床的进给运动和低速运动导轨。

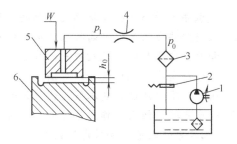

图 7-42　开式液体静压导轨工作原理
1—液压泵；2—溢流阀；3—过滤器；4—节流器；5—运动导轨；6—床身导轨

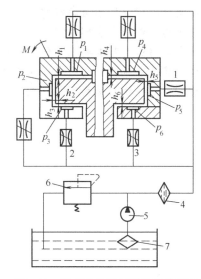

图 7-43　闭式液体静压导轨工作原理
1—固定节流阀；2,3—可调节流阀；4,7—过滤器；5—液压泵；6—溢流阀

7.2.5.5　动压导轨

动压导轨与动压轴承一样，是靠导轨之间的相对运动产生的压力油膜将运动件浮起，把两个导轨面隔离，形成纯液体摩擦。

工作原理与动压轴承相同，形成导轨面间压力油膜的条件是：两导轨面之间应有锲形间隙和一定的相对速度，此外还需要有一定黏度的润滑油流进锲形间隙。适用于主运动导轨。

直线运动导轨的油腔应开在动导轨上，可以保证在工作过程中，油锲始终不会外露，不和大气相通，从而保证油锲形成的油膜压力对运动件的浮力在全长上始终是均衡的。

在运动件上供油较困难，故从支承件导轨中进油。

圆周运动导轨的油腔应开在固定导轨上，因为两个导轨面在工作过程中始终接触，没有油锲外露的问题，油可以直接从支承件导轨的进油口进入油槽，加工、装配、维修等都较方便。

由于直线运动导轨要做往复运动，圆周运动导轨要正、反转，因此油腔应当是对称的，以产生双向压力油膜。

习题与思考题

1. 数控机床支承件的功用和应满足的要求是什么？
2. 提高支承件连接刚度和局部刚度，可以采用的做法是什么？
3. 试举例说明提高支承件静态刚度的方法。

4. 支承件的动态分析包括哪几方面的问题？举例说明改善支承件动态特性的措施有哪些？

5. 采用哪些方法可以提高数控机床的结构刚度？试举例说明。

6. 和普通机床相比，数控机床的机械结构有哪些特点？

7. 试述对支承件优化设计的方法。

8. 简述有限元法进行支承件优化设计的计算流程。

9. 机床导轨的组成及作用是什么？它有哪几种分类方法？

10. 机床导轨的基本要求是什么？

11. 试述直线滑动导轨常用的截面形状？各用于哪些场合？

12. 试述滚动导轨的类型及特点，它与滑动导轨的区别。

13. 滚动导轨为什么要预紧？通常预加载荷的方法有哪些？

14. 提高导轨耐磨性的措施有哪些？

15. 导轨的失效形式有哪些？

16. 对导轨材料的基本要求是什么？如何匹配导轨材料？

17. 试述静压导轨的结构形式以及工作原理。

18. 试述动压导轨的结构形式以及工作原理。

第8章 自动换刀和自动交换工件系统

在零件的制造过程中，大量的时间用于更换刀具、装卸零件、测量和搬运零件等非切削加工时间上，切削加工时间仅占整个工时中较小的比例。为了缩短非切削加工时间，提高机床的自动化程度，数控机床正朝着一台机床在一次装夹中完成多工序加工的方向发展。在这类多工序的数控机床中，必须带有自动换刀装置，采用自动上、下料，自动装卸工件系统。在多工序数控机床出现之后，又逐步发展和完善了各类回转刀具的自动更换装置，增加了换刀数量，以便有可能实现更为复杂的换刀操作。

8.1 自动换刀装置

自动换刀装置的功能就是储备一定数量的刀具并完成刀具的自动交换。它应当满足换刀时间短、刀具重复定位精度高、刀具储存量足够、结构紧凑及安全可靠等要求。其基本形式有以下几种。

8.1.1 回转刀架换刀

数控车床上使用的回转刀架是一种最简单的自动换刀装置。根据不同的加工对象，它可以设计成四方刀架和六角刀架等多种形式。回转刀架上分别安装着四把、六把或更多的刀具，并按数控装置的指令换刀。

回转刀架在结构上必须具有良好的强度和刚度，以承受粗加工时的切削抗力。由于车削加工精度在很大程度上取决于刀尖位置，对于数控车床来说，加工过程中刀具位置不进行人工调整，因此更有必要选择可靠的定位方案和合理的定位结构，以保证回转刀架在每次转位之后，具有尽可能高的重复定位精度（一般为 $0.001 \sim 0.005\text{mm}$）。

8.1.1.1 四方回转刀架

图 8-1 为一立式四方刀架，适用于轴类零件的加工，它的换刀过程如下。

① 刀架抬起 当数控装置发出换刀指令后，电动机 23 正转，并经联轴套 16、轴 17、由滑键（或花键）带动蜗杆 19、蜗轮 2、轴 1、轴套 10 转动。轴套 10 的外圆上有两处凸起，可在套筒 9 内孔中的螺旋槽内滑动，从而举起与套筒 9 相连的刀架 8 及上端齿盘 6，使齿盘 6 与下端齿盘 5 分开，完成刀架抬起动作。

② 刀架转位 刀架抬起后，轴套 10 仍在继续转动，同时带动刀架 8 转过 90°（如不到位，刀架还可继续转位 180°、270°、360°），并由微动开关发出信号给数控装置。

③ 刀架压紧 刀架转位后，由微动开关发出的信号使电动机 23 反转，销 13 使刀架 8 定住而不随轴套 10 回转，于是刀架 8 向下位移，上、下端齿盘合拢压紧。蜗杆 19 继续转动则产生轴向位移，压缩弹簧 22，套筒 21 的外圆曲面压缩开关 20 使电动机 23 停止旋转，从而完成一次转位。

8.1.1.2 液压驱动回转刀架

图 8-2 是 CK3263 系列数控车床 12 个刀位的回转刀架结构简图。刀架的升起、转位、夹紧等动作都是由液压驱动的。其工作过程是：当数控装置发出换刀指令以后，液压油进入液压缸 1 的右腔，通过活塞推动中心轴 2 使刀盘 3 左移，使定位副端齿盘 4 和 5 脱离啮合状

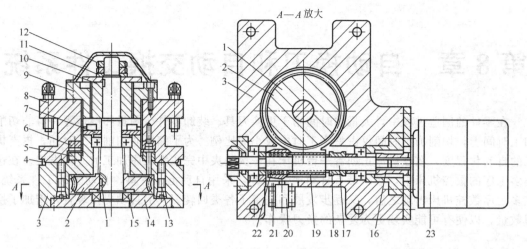

图 8-1 立式四方刀架结构

1,17—轴；2—蜗轮；3—刀座；4—密封圈；5,6—齿盘；7—压盖；8—刀架；
9,21—套筒；10—轴套；11—垫圈；12—螺母；13—销；14—底盘；15—轴承；
16—联轴套；18—套；19—蜗杆；20—开关；22—弹簧；23—电动机

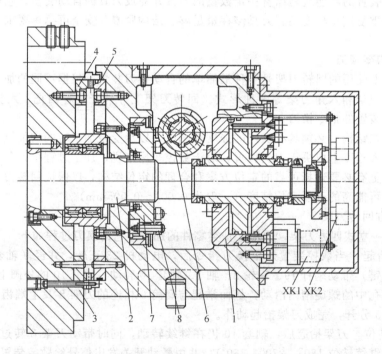

图 8-2 CK3263 系列数控车床 12 个刀位的回转刀架

1—液压缸；2—中心轴；3—刀盘；4,5—端齿盘；6—转位凸轮；
7—回转盘；8—分度柱销；XK1，XK2—行程开关

态，为转位作好准备。齿盘处于完全脱开位置时，行程开关 XK2 发出转位信号，液压马达带动转位凸轮 6 旋转，转位凸轮依次推动回转盘 7 上的分度柱销 8 使回转盘通过键带动中心轴及刀盘做分度转动。转位凸轮每转过一周拨过一个柱销，使刀盘旋转一个工位（$1/n$ 周，n 为刀架工位数，也等于柱销数）。中心轴的尾端固定着一个有 n 个齿的凸轮，每当中心轴转过一个工位时，凸轮行程开关 XK1 一次，行程开关将此信号送入控制系统。当刀盘旋转

到预定工位时，控制系统发出信号使液压马达刹车，转位凸轮停止运动，刀架处于预定位状态。与此同时液压缸 1 左腔进油，通过活塞将中心轴和刀盘拉回，端齿盘啮合，刀盘完成精定位和夹紧动作。刀盘夹紧后中心轴尾部将 XK2 压下发出转位结束信号。端齿盘的制造精度和装配精度要求较高，以保证转位的分度精度和重复定位精度。

刀盘转位驱动采用圆柱凸轮步进转位机构，其工作原理如图 8-3 所示。刀架即回转盘 3 靠凸轮 1 轮廓强制做转位运动，运动规律取决于凸轮 1 的轮廓形状。从动回转盘 3 下端装有若干个分度柱销 2，分度柱销 2 的数量与刀架工位数相同，靠凸轮 1 强制驱动。当凸轮按图 8-3 所示的回转方向转动时，B 销先进入凸轮曲线槽内，开始驱动回转盘 3 转位，与此同时，A 销脱离凸轮槽，当凸轮转过 180°时，转位动作终了，B 销从凸轮轮廓曲线段过渡到直线段；同时，与 B 销相邻的 C 销与凸轮的直线轮廓另一侧开始接触。此时，即使凸轮 1 继续回转，回转盘 3 也不会转动，因为 B 销和 C 销同时与凸轮直线轮廓的两侧面接触，限制了回转盘 3 转动。此时刀架处于预定位状态，转位动作结束。由于转位凸轮 1 是两端开口的非闭合曲线，凸轮正反转均可带动回转盘 3 做正反两个方向转动。圆柱凸轮步进式转位机构运动特性可根据需要自由设计，转位速度高，但精度低，制造成本较高。

8.1.2　更换主轴换刀

更换主轴换刀是一种比较简单的换刀方式。这种机床的主轴头就是一个转塔刀库，主轴头有卧式和立式两种。图 8-4 所示的是 TK-5525 型数控转塔式镗铣床的外观图，八方形主轴头（转塔头）上装有八根主轴，每根主轴上装有一把刀具。根据工序的要求按顺序自动地将装有所需的刀具主轴转到工作位置，实现自动换刀，同时接通主传动。不处在工作位置的主轴便与主传动脱开。转塔头的转位由槽轮机构来实现，如图 8-5 所示，每次转位包括下列动作。

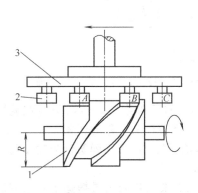

图 8-3　圆柱凸轮步进式转位机构
1—凸轮；2—分度柱销；3—回转盘

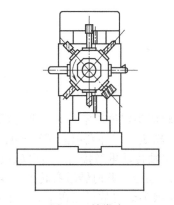

图 8-4　转塔头

① 脱开主轴传动　液压缸 4 卸压，弹簧推动齿轮 1 与主轴上的齿轮 11 脱开。

② 转塔头抬起　当齿轮 1 脱开后，固定在其上的支板接通行程开关 3，控制电磁阀，使液压油进入液压缸 5 的左腔，液压缸活塞带动转塔头向右移动，直至活塞与液压缸端部相接触。固定在转塔头体上的鼠牙盘 9 便脱开。

③ 转塔头转位　当鼠牙盘脱开后，行程开关发出信号启动转位电动机，经蜗杆 8 和蜗轮 6 带动槽轮机构的主动曲拐使槽轮 10 转过 45°。并由槽轮机构的圆弧槽来完成主轴头的分度位置粗定位。主轴号的选定是通过行程开关组来实现。若处于加工位置的主轴不是所需要的，转位电动机继续回转，带动转塔头间歇地再转 45°，直至选中主轴为止。主轴选好后，由行程开关 7 关停转位电动机。

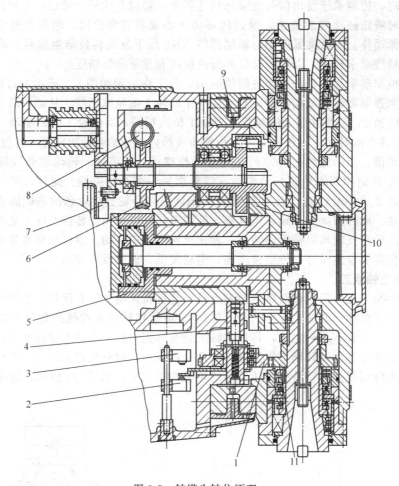

图 8-5　转塔头转位原理

1,11—齿轮；2,3,7—行程开关；4,5—液压缸；6—蜗轮；8—蜗杆；9—鼠牙盘；10—槽轮

④ 转塔头定位压紧　通过电磁阀使压力油进入液压缸 5 的右腔，转塔头向左返回，由鼠牙盘 9 精定位。并利用液压缸 5 右腔的油压作用力，将转塔头可靠地压紧。

⑤ 主轴传动重新接通　由电磁阀控制压力油进入液压缸 4，压缩弹簧使齿轮 1 与主轴上的齿轮 11 啮合。此时转塔头转位、定位动作全部完成。

这种换刀装置的优点在于省去了自动松、夹、卸刀、装刀以及刀具搬运等一系列的复杂操作，从而缩短了换刀时间，并提高了换刀的可靠性。但是由于空间位置的限制，使主轴部件结构不能设计得十分坚固，因而影响了主轴系统的刚度。为了保证主轴的刚度，必须限制主轴数目，否则将使结构尺寸大大增加。由于这些结构上的原因，转塔主轴头通常只适应于工序较少、精度要求不太高的机床，如数控钻床、铣床等。

8.1.3　带刀库的自动换刀系统

由于回转刀架、转塔头式换刀装置容纳的刀具数量不能太多，无法满足复杂零件的加工需要，因此，自动换刀数控机床多采用带刀库的自动换刀装置。带刀库的自动换刀系统由刀库和刀具交换机构组成，目前这种换刀方法在数控机床上的应用最为广泛。该自动换刀系统的主轴箱内只有一个主轴，所以主轴部件具有足够刚度，因而能够满足各种精密加工的要求。另外，刀库存放着数量很多的刀具，可进行复杂零件的多工序加工，明显地提高了数控机床的适应性和加工效率。这种带刀库的自动换刀系统特别适用于数控钻床、数控镗床和数控铣床。

带刀库的换刀系统的整个换刀过程较为复杂，首先应把加工过程中所需要使用的全部刀具分别安装在标准刀柄上。在机外进行尺寸调整之后，按一定的方式放入刀库，换刀的时候，按刀具编号在刀库中选刀，并由刀具交换装置从刀库和主轴上取出刀具进行交换，将新刀装入主轴，把从主轴上取下的旧刀具放回刀库。存放刀具的刀库具有较大的容量，刀库可安放在主轴箱的侧面或上方，也可单独安装在机床之外作为一个独立部件，由搬运装置运送刀具。这种换刀方式的整个工作过程动作较多，换刀时间较长，系统复杂，可靠性较差。

8.1.3.1 无机械手换刀

（1）数控立式车床自动换刀

此装置在换刀时必须首先将用过的刀具送回刀库，然后再从刀库中取出新刀具，这两个动作不可能同时进行，因此换刀时间较长。

这种换刀装置只具备一个刀库，刀库中储存着加工过程中需使用的各种刀具，利用机床本身与刀库的运动实现换刀过程。图 8-6 为自动换刀数控立式车床示意图，刀库 7 固定在横梁 4 的右端，它可做回转以及上下方向的插刀和拔刀运动。机床自动换刀过程如下：

① 刀架快速右移，使其上的装刀孔轴线与刀库上空刀座的轴线重合，然后刀架滑枕向下移动，把用过的刀具插入空刀座。

② 刀库下降，将用过的刀具从刀架中拔出。

③ 刀库回转，将下一工步所需使用的新刀具轴线对准刀架上的装刀孔轴线。

④ 刀库上升，将新刀具插入刀架装刀孔，接着由刀架中自动夹紧装置将其夹紧在刀架上。

⑤ 刀架带着换上的新刀具离开刀库，快速移向加工位置。

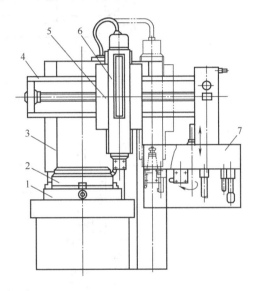

图 8-6 自动换刀数控立式车床示意图
1—工作台；2—工件；3—立柱；4—横梁；
5—刀架滑座；6—刀架滑枕；7—刀库

这种刀库的驱动是由伺服电动机经齿轮、蜗杆和蜗轮转动刀库（图 8-7）进行的。为了消除齿侧间隙而采用双片齿轮。蜗杆、蜗轮采用单头双导程蜗杆以消除蜗杆蜗轮啮合间隙，压盖 5 和轴承套 6 之间用螺纹连接。转动轴承套 6 就可使蜗杆轴向移动以调整间隙，螺母 7 用于在调整后锁紧。刀库的最大转角为 180°，在控制系统中有自动判别功能，决定刀库正反转，以使转角最小。

刀库及转位机构装在一个箱体内，用滚动导轨支承在立柱顶部，用液压缸驱动箱体的前移和后退。

（2）卧式加工中心无机械手换刀

无机械手的换刀系统一般是采用把刀库放在主轴箱可以运动到的位置，或整个刀库或某一刀位能移动到主轴箱可以到达的位置，同时，刀库中刀具的存放方向一般与主轴上的装刀方向一致。换刀时，由主轴运动到刀库上的换刀位置，利用主轴直接取走或放回刀具。图8-8 是一种卧式加工中心无机械手换刀系统的换刀过程。

① 当本工步工作结束后执行换刀指令，主轴准停，主轴箱上升。这时刀库上刀位的空当位置正好处在交换位置，装夹刀具的卡爪打开，见图 8-8(a)。

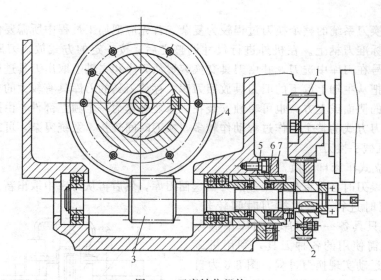

图 8-7　刀库转位机构

1—主动齿轮；2—消隙齿轮；3—蜗杆；4—蜗轮；5—压盖；6—轴承套；7—螺母

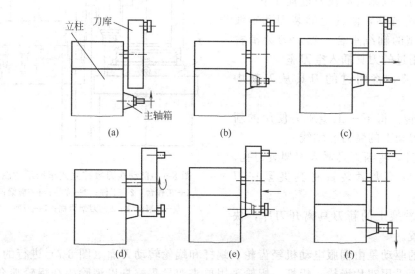

图 8-8　换刀过程

② 主轴箱上升到极限位置，被更换的刀具刀杆进入刀库空刀位，即被刀具定位卡爪钳住，与此同时，主轴内刀杆自动夹紧装置放松刀具，见图 8-8(b)。

③ 刀库伸出，从主轴锥孔中将刀拔出，见图 8-8(c)。

④ 刀库转位，按照程序指令要求将选好的刀具转到最下面的位置，同时，压缩空气将主轴锥孔吹净，见图 8-8(d)。

⑤ 刀库退回，同时将新刀插入主轴锥孔。主轴内刀具夹紧装置将刀杆拉紧，见图 8-8(e)。

⑥ 主轴下降到加工位置后启动，开始下一工步的加工，见图 8-8(f)。

这种换刀机构不需要机械手，结构简单、紧凑。由于交换刀具时机床不工作，所以不会影响加工精度，但会影响机床的生产率。其次受刀库尺寸限制，装刀数量不能太多。这种换刀方式常用于小型加工中心。

这种刀库的驱动是由伺服电动机经齿轮、蜗杆、蜗轮转动刀库，其结构见图 8-7。

8.1.3.2　刀库-机械手换刀系统

与转塔式换刀装置不同，这种自动换刀装置有一个专作储存刀具用的刀库，机床只需一个夹持刀具进行切削的刀具主轴（钻、镗、铣类机床）或刀架（车床类机床）。当需用某一刀具进行切削加工时，将该刀具自动地从刀库移送至刀具主轴或刀架中；切削完毕后，又将用过的刀具自动地从刀具主轴或刀架移回刀库中。由于在换刀过程中刀具需在各部件之间进行转换，所以各部件的动作必须准确协调。

刀库中刀具的数目可根据工艺要求与机床的结构布局而定，数量可较多。刀库可布置在远离加工区的地方，从而消除了它与工件相干扰的可能性。刀库不承受切削加工的作用力，它的工作条件比较有利。

采用这种自动换刀方式的刀具主轴或刀架，需要有自动夹紧、放松刀具的机构及其驱动传力机构。另外，还常要求有清洁刀柄及刀孔、刀座的装置，因而结构较复杂，换刀时间一般也较长。其换刀动作包括：一个工序加工完毕后，按照数控系统的指令，刀具快速退离工件，从加工位置退到换刀位置（同时主轴准停）；进行新旧刀具的交换；然后松开主轴（消除准停）、变速、主轴启动旋转并快速趋近加工位置，用更换的新刀具开始下一工序的加工。

（1）机械手

采用机械手进行刀具交换的方式应用最广泛。这是因为机械手换刀灵活，动作快，而且结构简单。由于刀库及刀具交换方式的不同，换刀机械手也有多种形式。从手臂的类型来分，有单臂机械手、双臂机械手。常用的双臂机械手有图 8-9 所示的几种结构形式：图（a）是钩手，图（b）是抱手，图（c）是伸缩手，图（d）是插手。这几种机械手能够完成抓刀—拔刀—回转—插刀—返回等一系列动作。为了防止刀具掉落，各机械手的活动爪都带有自锁机构。由于双臂回转机械手的动作比较简单，而且能够同时抓取和装卸机床主轴和刀库中的刀具，因此换刀时间进一步缩短。

（2）TH65100 卧式镗铣加工中心机械手换刀

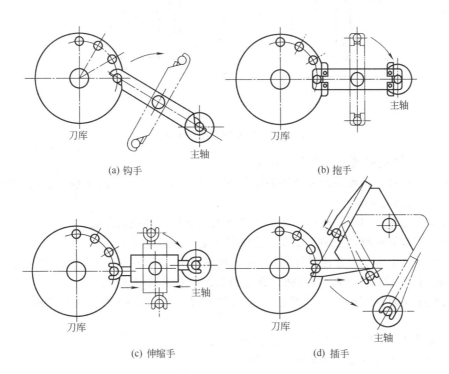

(a) 钩手　　　　　　　　　　　　　　(b) 抱手

(c) 伸缩手　　　　　　　　　　　　　(d) 插手

图 8-9　常用双臂机械手结构

该机床采用链式刀库,位于机床立柱左侧。由于刀库中存放刀具的轴线与主轴的轴线垂直,故机械手需要有 3 个自由度。机械手沿主轴轴线的插拔刀动作由液压缸来实现;90°的摆动送刀运动及 180°的换刀动作分别由液压马达实现。下面以 TH65100 卧式镗铣加工中心为例说明采用机械手换刀的工作原理。其换刀分解动作如图 8-10 所示。

① 抓刀爪伸出,抓住刀库上的待换刀具,刀库刀座上的锁板拉开,见图 8-10(a)。

② 机械手带着待换刀具绕竖直轴逆时针方向转 90°,与主轴轴线平行,另一个抓刀爪抓住主轴上的刀具,主轴将刀杆松开,见图 8-10(b)。

③ 机械手下移,将刀具从主轴锥孔内拔出,旋转 180°换刀,见图 8-10(c)。

④ 机械手退回,将新刀具装入主轴,主轴将刀具锁住,见图 8-10(d)。

⑤ 抓刀爪缩回,机械手绕竖直轴顺时针转 90°,将刀具放回刀库的相应刀座上,刀库上的锁板合上,见图 8-10(e)。最后,恢复到原始位置。

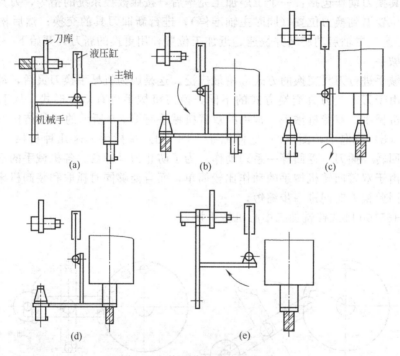

图 8-10 换刀分解动作示意图

(3) 单臂双爪式机械手自动换刀装置

如图 8-11 所示,盘形的刀库 1 倾斜安装在机床的立柱上,其最下端刀具的位置为换刀位置。自动换刀过程如下:

① 机床加工时,刀库 1 按指令将准备更换的刀具转换到换刀位置;

② 上一工步结束时,主轴 4 准停,主轴箱 3 退回原点准备换刀;

③ 机械手 2 由水平位置逆时针回转 90°,机械手两爪同时抓住刀库中待更换的刀具与主轴上的刀具后,沿轴向外移,将两把刀具分别从刀库和主轴中拔出;

④ 机械手顺时针回转 180°,然后沿轴向里移动,将被交换的刀具分别插入主轴和刀库中;

⑤ 机械手逆时针回转 90°,返回到初始位置。

(4) JCS-018A 立式加工中心的自动换刀

采用机械手进行刀具交换方式在加工中心中应用最广泛,下面是 JCS-018A 立式加工中

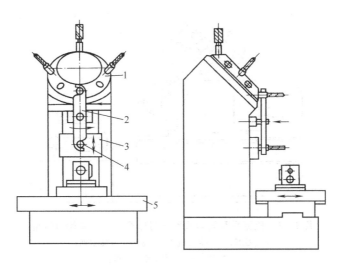

图 8-11　刀库、机械手联合动作的自动换刀装置
1—刀库；2—机械手；3—主轴箱；4—主轴；5—工作台

心的自动换刀过程。

上一工序加工完毕后，主轴在"准停"位置由自动换刀装置换刀，其过程如下：

① 刀套下转 90°　机床的刀库位于立柱左侧，刀具在刀库中的安装方向与主轴垂直。如

图 8-12 所示。换刀之前，刀库 2 转动将待换刀具 5 送到换刀位置，之后把带有刀具 5 的刀套 4 向下翻转 90°，使得刀具轴线与主轴轴线平行。

② 机械手转 75°　如图 8-12 中 K 向视图所示。在机床切削加工时，机械手 1 的手臂与主轴中心到换刀位置的刀具中心线的连线成 75°，该位置为机械手的原始位置。机械手换刀的第一个动作是顺时针转 75°，两手分别抓住刀库上和主轴 3 上的刀柄。

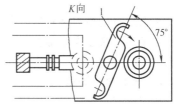

③ 刀具松开　机械手抓住主轴刀具的刀柄后，刀具的自动夹紧机构松开刀具。

④ 机械手拔刀　机械手下降，同时拔出两把刀具。

⑤ 交换两刀具位置　机械手带着两把刀具逆时针转 180°（从 K 向观察），使主轴刀具与刀库刀具交换位置。

⑥ 机械手插刀　机械手上升，分别把刀具插入主轴锥孔和刀套中。

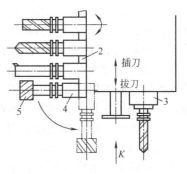

⑦ 刀具夹紧　刀具插入主轴锥孔后，刀具的自动夹紧机构夹紧刀具。

⑧ 机械手转 180°　液压缸复位驱动机械手逆时针转 180°，液压缸复位，机械手无动作。

⑨ 机械手反转 75°，回到原始位置。

⑩ 刀套上转 90°　刀套带着刀具向上翻转 90°，为下一次选刀做准备。

图 8-12　自动换刀过程示意图
1—机械手；2—刀库；3—主轴；
4—刀套；5—刀具

8.1.3.3　转塔式和刀库式组合的换刀装置

这种自动换刀装置实际是转塔式换刀装置和刀库式换刀装置的结合，如图 8-13 所示。转塔 5 上有两个刀具主轴 3 和 4。当用一个刀具主轴上的刀具进行加工时，可由换刀机械手

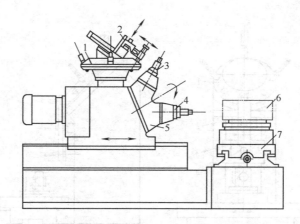

图 8-13 机械手和转塔头配合刀库换刀的自动换刀装置
1—刀库；2—换刀机械手；3,4—刀具主轴；
5—转塔；6—工件；7—工作台

2 将下一工步需用的刀具换至不工作的主轴上，待上一工步加工完毕后，转塔回转 180°，即完成了换刀工作。因此，所需换刀时间很短。

8.2 工件自动交换系统

在采用自动换刀装置后，数控加工的辅助时间主要用于工件安装及调整，为了进一步提高生产率，就必须设法减少工件安装调整时间，因此，下面介绍几种常用的工件自动交换系统。

8.2.1 托盘交换装置

在柔性物流系统中，工件一般是用夹具定位夹紧的，而夹具被安装在托盘上，当工件在机床上加工时，托盘支承着工件完成加工任务；当工件输送时，托盘又承载着工件和夹具在机床之间进行传送。因而从某种意义上说，托盘既是工件承载体，也是各加工单元间的硬件接口。因此在 FMS 中，不论机床各自形式如何，都必须采用这种统一的接口，才能使所有加工单元连接成为一个整体。这就要求 FMS 中的所有托盘必须采用统一的结构形式。托盘结构形状一般类似于加工中心的工作台，通常为正方形结构，它带有大倒角的棱边和 T 形槽，以及用于夹具定位和夹紧的凸榫。

在加工中心的基础上配置更多（5 个以上）的托盘，可组成环形回转式托盘库（automatic pallet changer，APC），称为柔性制造单元（FMC），如图 8-14 所示。托盘支承在圆柱环形导轨上，由内侧的环链拖动而回转，链轮由电动机驱动。托盘的选定和停止位置由可编程控制器（PLC）进行控制，借助终端开关、光电识别器来实现。精密的托盘交换定位精度要求极高，一般达到 ±0.005mm。更多的托盘交换系统是采用液压驱动，滚动导轨导向，接近开关或组合开关作为定位的信号。托盘系统一般都具有存储、运送功能，自动检测功能，工件、刀具归类

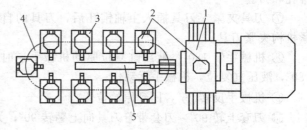

图 8-14 柔性制造单元
1—加工中心机床；2—托盘；3—托盘座；
4—环形工作台；5—托盘交换装置

功能，切削状态监视功能等。托盘的交换是由设在环形交换系统中的液压或电动推拉机构来实现的。这种交换指的是在加工中心上加工的托盘与托盘系统中备用的托盘交换。

8.2.2　装卸料机器人

图 8-15 是由工业机器人和 CNC 机床组成的 FMC，它在小型零件加工中应用十分方便。工业机器人从工件台架上将待加工零件搬运到 CNC 机床上去，并将已加工完的工件运离 CNC 机床。

以这种形式出现的装卸料机器人还有许多。如图 8-16 所示，它是由美国 Cincinnati Milacron 公司生产的 3 台数控机床与机器人组成的 FMC。3 台机床分别是车削中心、立式加工中心、卧式加工中心。机器人安装在沿导轨移动的传输小车上，按固定轨道运行实现机床间工件的传送。

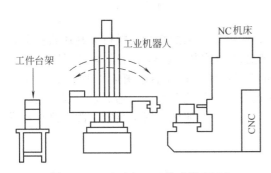

图 8-15　Robot 与 MC 构成的 FMC

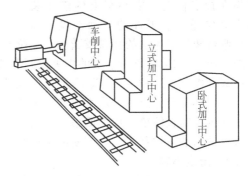

图 8-16　3 台加工中心与 Robot 组成的 FMC

图 8-17 所示为由 2 台磨床与机器人和工件传输系统组成的 FMC，机器人安装在中央位置，它负责 2 台 NC 磨床与工件传输系统的上、下料工作。

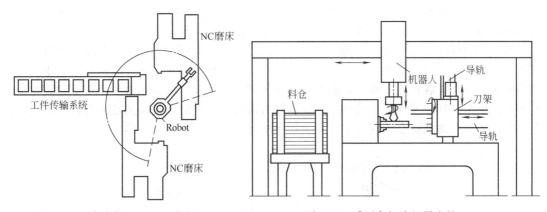

图 8-17　NC 磨床与 Robot 组成的 FMC

图 8-18　采用龙门式机器人的 FMC

图 8-18 所示为采用龙门式机器人搬运工件的 FMC，目前在数控车床或车削中心上用得较多。

综上所述，工业机器人可以在一台 CNC 机床与工件台架之间完成工件的传送任务；也可以在 2～3 台数控机床之间，以及与工件台架之间完成复杂的工件传送任务；还可以执行刀具的交换、夹具的交换甚至装配等任务。它将加工与装配、成品与毛坯、工件、刀具和夹具等有机地联系起来，构成一个完整的系统。所以工业机器人在柔性制造中承担了重要角色，但工业机器人搬运工件的承载能力有一定的限制，一般仅适用于体积和质量都较小的工件。

8.2.3 有轨小车

当由多台机床组成柔性生产线时，工件在它们间的传送方式有有轨小车（RGV）和无轨小车（AGV）。

图 8-19 是有轨式无人输送小车，这种物料运送方式多数为直线导轨，机床和加工设备在导轨一侧，随行工作台或托盘在导轨的另一侧。RGV 的驱动装置采用直流或交流伺服电动机，通过电缆向它供电，并提供它和系统中央计算机的通信，当 RGV 到达指定位置时，识别装置向控制器发出停车信号，使小车停靠在指定位置，由小车上的液压装置来完成托盘和工件的自动交换，即

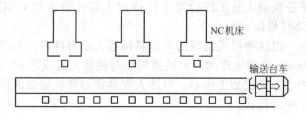

图 8-19　有轨式物流系统

将托盘台架或机床上的托盘或随行夹具拉上小车，或将小车上的托盘或随行夹具送给托盘台架或机床。RGV 可以由系统的中央控制器从外部启动和控制，也可由小车本身所装备的控制站离线控制。这种 RGV 适用于运送尺寸和质量都比较大的工件和托盘，而且行驶速度快，减速点和准停点一般均由诸如光电装置、接近开关或限位开关等传感器来识别。这种方式的物流控制较简单，成本低廉。但它的铁轨一旦铺成后，便成为固定装置，改变路线非常困难，适用于运输路线固定不变的生产系统。

8.2.4 无轨小车

AGV 是一种无人运输小车。它应用于机床的品种和台数较多、加工工序较复杂、要求系统柔性较大的场合。AGV 行驶的路线在总体设计阶段要多方案比较和论证。这种方式是在地下 10~20mm 处埋一条宽 3~10mm 的电缆。工作可靠，不怕尘土污染，制导电缆埋在地沟内不易遭到破坏，适宜于一般工业环境，投资费用较低。

常见的无轨自动运输小车（AGV）的运行轨迹是通过电磁感应制导的。由 AGV、小车控制装置和电池充电站组成 AGV 物料输送系统，如图 8-20 所示。

图 8-20 中有两台无轨自动运输小车，由埋在地面下的电缆传来的感应信号对小车的运行轨迹进行制导，功率电源和控制信号则通过有线电缆传到小车。由计算机控制，小车可以准确停在任一个装载台或卸载台，进行物料的装卸。电池充电站是用来为小车上的蓄电池充电用的。小车控制装置通过电缆与上一级计算机联网，它们之间传递的信息有以下几类：行走指令；装载和卸载指令；联锁信息；动作完毕回答信号；报警信息等。

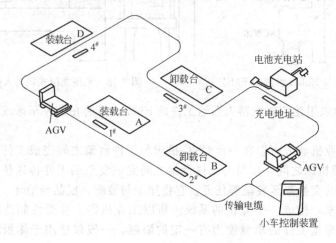

图 8-20　具有两台 AGV 的生产系统

8.3　数控机床的回转工作台

数控机床是一种高效率的加工设备，当零件被装夹在工作台上以后，为了尽可能完成较多工艺内容，除了要求机床有沿 X，Y，Z 三个坐标轴的直线运动之外，还要求工作台在圆周方向有进给运动和分度运动。这些运动通常用回转工作台实现。

8.3.1　数控回转工作台

数控回转工作台的主要功能有两个：一是实现工作台的进给分度运动，即在非切削时，装有工件的工作台在整个圆周（360°范围内）进行分度旋转；二是实现工作台圆周方向的进给运动，即在进行切削时，与 X，Y，Z 三个坐标轴进行联动，加工复杂的空间曲面。

图 8-21 给出了 JCS-013 型自动换刀数控卧式镗铣床的数控回转工作台。该数控回转台由传动系统、间隙消除装置及蜗轮夹紧装置等组成。

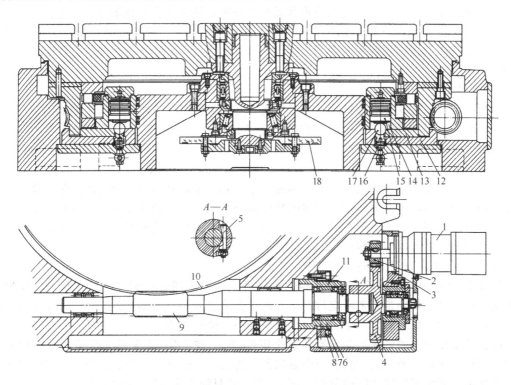

图 8-21　数控回转工作台
1—电液脉冲马达；2,4—齿轮；3—偏心环；5—楔形拉紧销；6—压块；7—螺母；
8—锁紧螺钉；9—蜗杆；10—蜗轮；11—调整套；12,13—夹紧瓦；14—夹紧液压缸；
15—活塞；16—弹簧；17—钢球；18—光栅

当数控工作台接到数控系统的指令后，首先把蜗轮 10 松开，然后启动电液脉冲马达 1，按指令脉冲来确定工作台的回转方向、回转速度及回转角度大小等参数。工作台的运动由电液脉冲马达 1 驱动，经齿轮 2 和 4 带动蜗杆 9，通过蜗轮 10 使工作台回转。为了尽量消除传动间隙和反向间隙，齿轮 2 和齿轮 4 相啮合的侧隙是靠调整偏心环 3 来消除的。齿轮 4 与蜗杆 9 是靠楔形拉紧销 5（A—A 剖面）来连接的，这种连接方式能消除轴与套的配合间隙。为了消除蜗杆副的传动间隙，采用了双螺距渐厚蜗杆，通过移动蜗杆的轴向位置来调整间隙。这种蜗杆的左右两侧面具有不同的螺距，因此蜗杆齿厚从一端向另一端逐渐增厚。但由于同一侧的螺距是相同的，所以仍然保持着正常的啮合。调整时先松开螺母 7 上的锁紧螺钉 8，使压块 6 与调整套 11 松开，同时将楔形拉紧销 5 松开。然后转动调整套 11，带动蜗杆 9 做轴向移动。根据设计要求，蜗杆有 10mm 的轴向移动调整量，这时蜗杆副的侧隙可调整 0.2mm。调整后锁紧调整套 11 和楔形拉紧销 5。蜗杆的左右两端都由双列滚针轴承支承。左端为自由端，可以伸长以消除温度变化的影响；右端装有双列推力轴承，能轴向定位。

当工作台静止时必须处于锁紧状态。工作台面用沿其圆周方向分布的八个夹紧液压缸进行夹紧。当工作台不回转时，夹紧液压缸 14 的上腔进压力油，使活塞 15 向下运动，通过钢球 17、夹紧瓦 13 及 12 将蜗轮 10 夹紧；当工作台需要回转时，数控系统发出指令，使夹紧液压缸 14 上腔的油流回油箱。在弹簧 16 的作用下，钢球 17 抬起，夹紧瓦 12 及 13 松开蜗轮 10，然后由电液脉冲马达 1 通过传动装置，使蜗轮和回转工作台按照控制系统的指令做回转运动。

数控回转工作台设有零点，当它做返回零点运动时，首先由安装在蜗轮上的撞块碰撞限位开关，使工作台减速；再通过感应块和无触点开关，使工作台准确地停在零点位置上。

该数控工作台可做任意角度的回转和分度，由光栅 18 进行读数控制。光栅 18 在圆周上有 21600 条刻线，通过 6 倍频电路，使刻度分辨能力为 10″，因此，工作台的分度精度可达 ±10″。

8.3.2 分度工作台

分度工作台只能完成分度运动，而不能实现圆周进给运动。由于结构上的原因，通常分度工作台的分度运动只限于完成规定的角度（如 45°、60° 或 90° 等），即在需要分度时，按照数控系统的指令，将工作台及其工件回转规定的角度，以改变工件相对于主轴的位置，完成工件各个表面的加工。

分度工作台按其定位机构的不同分为定位销式和鼠牙盘式两类。前者的定位分度主要靠工作台的定位销和定位孔来实现，分度的角度取决于定位孔在圆周上分布的数量。鼠齿盘式分度工作台是利用一对上下啮合的齿盘，通过上下齿盘的相对旋转来实现工作台的分度，分度的角度范围依据齿盘的齿数而定。

8.3.2.1 定位销式分度工作台

图 8-22 所示为 THK6380 型自动换刀数控卧式镗铣床的定位销式分度工作台。这种工作台的定位分度主要靠定位销和定位孔来实现。分度工作台 1 嵌在长方工作台 10 之中。在不单独使用分度工作台时，两个工作台可以作为一个整体使用。

在分度工作台 1 的底部均匀分布着八个定位销 7，在底座 21 上有一个定位孔衬套 6 及供定位销移动的环形槽。其中只有一个定位销 7 进入定位孔衬套 6 中，其他 7 个定位销则都在环形槽中。因为定位销之间的分布角度为 45°，故只能实现 45° 等分的分度运动。

定位销式分度工作台作分度运动时，其工作过程分为三个步骤。

（1）松开锁紧机构并拔出定位销

分度时机床的数控系统发出指令，由电气控制的液压缸使六个均布的锁紧液压缸 8（图中只示出一个）中的压力油，经环形的油槽 13 流回油箱，锁紧缸活塞 11 被弹簧 12 顶起，分度工作台 1 处于松开状态。同时消隙液压缸 5 也卸荷，压力油经回油路流回油箱。油管 18 中的压力油进入中央液压缸 17，使活塞 16 上升，并通过螺栓 15、支座 4 把推力轴承 20 向上抬起 15mm，顶在底座 21 上。分度工作台 1 用四个螺钉与锥套 2 相连，而锥套 2 用六角头螺钉 3 固定在支座 4 上，所以当支座 4 上移时，通过锥套 2 使工作台 1 抬高 15mm，固定在工作台面上的定位销 7 从定位孔衬套 6 中拔出。

（2）工作台回转分度

当工作台抬起之后发出信号，使液压马达驱动减速齿轮（图中未示出），带动固定在分度工作台 1 下面的齿轮 9 转动，进行分度运动。分度工作台的回转速度由液压马达和液压系统中的单向节流阀来调节，分度时先做快速转动，在将要到达规定位置前减速，减速信号由固定在齿轮 9 上的挡块 22（共八个周向均布）碰撞限位开关发出。挡块碰撞第一个限位开关时，发出信号使工作台降速，碰撞第二个限位开关时，分度工作台停止转动。此时，相应的定位销 7 正好对准定位孔衬套 6。

（3）工作台下降并锁紧

分度完毕后，数控系统发出信号使中央液压缸 17 卸荷，油液经管道 18 流回油箱，分度工作台 1 靠自重下降，定位销 7 插入定位孔衬套 6 中。定位完毕后消隙液压缸 5 通压力油，活塞顶向工作台面，以消除径向间隙。经油槽 13 来的压力油进入锁紧液压缸 8 的上腔，推动锁紧缸活塞 11 下降，通过 11 上的 T 形头将工作台锁紧。至此分度工作完毕。

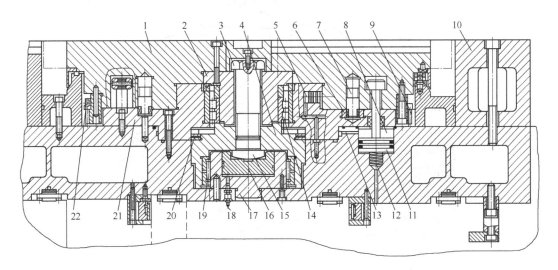

图 8-22　定位销式分度工作台

1—分度工作台；2—锥套；3—螺钉；4—支座；5—消隙液压缸；6—定位孔衬套；7—定位销；
8—锁紧液压缸；9—齿轮；10—长方工作台；11—锁紧缸活塞；12—弹簧；13—油槽；
14,19,20—轴承；15—螺栓；16—活塞；17—中央液压缸；18—油管；21—底座；22—挡块

分度工作台 1 的回转部分支承在加长型双列圆柱滚子轴承 14 和滚针轴承 19 上，轴承 14 的内孔带有 1∶12 的锥度，用来调整径向间隙。轴承内环固定在锥套 2 和支座 4 之间，并可带着滚柱在加长的外环内做 15mm 的轴向移动。轴承 19 装在支座 4 内，能随支座 4 做上升或下降移动并作为另一端的回转支承。支座 4 内还装有端面滚柱轴承 20，使分度工作台回转很平稳。

定位销式分度工作台的定位精度取决于定位销和定位孔的精度，最高可达±5″。定位销和定位孔衬套的制造和装配精度要求都很高，硬度的要求也很高，而且耐磨性要好。

8.3.2.2　鼠牙盘式分度工作台

图 8-23 所示的是鼠牙盘式液压分度工作台的结构原理图。它主要由工作台面、底座、夹紧液压缸、分度液压缸及鼠牙盘等部件组成，其工作过程如下。

（1）分度工作台抬起、松开

机床需要分度时，根据数控装置发出分度指令，由电磁铁控制液压阀（图中未示出），使压力油经管道 23 进入分度工作台 7 中央的夹紧液压缸的下腔 10，并推动活塞 6 上移（夹紧液压缸上腔 9 的油经管道 22 排出回油）。活塞 6 通过推力轴承 5（推力轴承 13 与之配套使

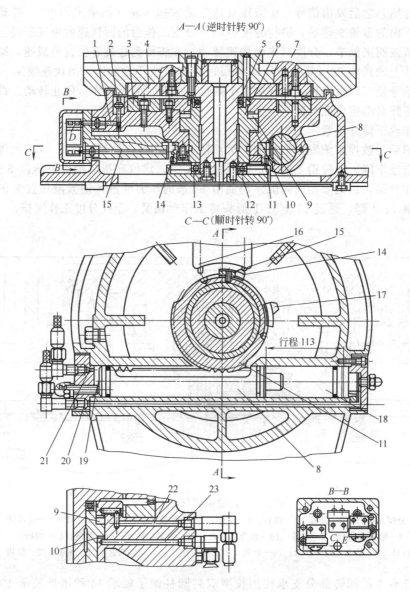

图 8-23　液压分度工作台结构原理

1,2,15,16—椎杆；3—下鼠牙盘；4—上鼠牙盘；5,13—推力轴承；6—活塞；7—分度工作台；8—齿条；
9—夹紧液压缸上腔；10—夹紧液压缸下腔；11—齿轮；12—内齿圈；14,17—挡块；
18—分度液压缸右腔；19—分度液压缸左腔；20～23—管道

用），使工作台 7 抬起，上鼠牙盘 4 和下鼠牙盘 3 脱离啮合。在分度工作台 7 向上移动时带动内齿圈 12 与齿轮 11 下部啮合，完成了分度前的准备工作。同时，当分度工作台 7 向上抬起时，推杆 2 在弹簧作用下向上移动，使推杆 1 能在弹簧作用下右移松开微动开关 D，发出松开到位信号。

（2）分度工作台回转、分度

控制系统在接到松开到位信号后，控制电磁铁（液压阀）动作，使压力油经管道 21 进入分度液压缸的左腔 19，并推动齿条 8 右移（分度液压缸右腔 18 的油经管道 20 排出回油）。齿条 8 带动齿轮 11 做回转运动，实现工作台回转。改变液压缸的行程，即可以改变齿轮 11 的回转角度。图中的分度工作台为：液压缸的行程 113mm，齿轮 11 的回转角度为

90°。当齿轮在回转过程中，挡块 14 放开推杆 15。90°回转到位后，挡块 17 压上推杆 16，微动开关 E 发出到位信号，回转动作结束。分度工作台的回转速度可以通过液压系统进行调节。

（3）分度工作台落下、夹紧

控制系统在接到回转到位信号后，由电磁铁控制液压阀（图中未示出），使压力油经管道 22 进入分度工作台 7 中央的夹紧液压缸上腔 9，并推动活塞 6 下移（夹紧液压缸下腔 10 的油经管道 23 排出回油）。活塞 6 通过推力轴承 5（推力轴承 13 与之配套使用），使分度工作台 7 落下，上鼠牙盘 4 和下鼠牙盘 3 啮合，夹紧、定位。工作台夹紧后，压下推杆 2，使推杆 1 左移，压上微动开关 D，发出夹紧完成信号。

（4）分度液压缸返回

控制系统在接到夹紧完成信号后，控制电磁铁（液压阀）动作，使压力油经管道 20 进入分度液压缸右腔 18，并推动齿条 8 左移（分度液压缸左腔 19 的油经管道 21 排出回油），齿条 8 返回。这时，因为齿轮 11 的内齿圈已经脱开，分度工作台不动，同时挡块 14 压上推杆 15，微动开关 C 动作，发出分度结束信号。

这种分度工作台的特点是分度精度高，定位刚性好，结构简单。为了保证分度工作台动作的平稳、可靠，在液压系统中应通过节流阀进行运动速度调节；同时在控制系统中，对检测开关的信号都应进行延时处理。

习题与思考题

1. 数控车床上的回转刀架换刀时需完成哪些动作？
2. 简述圆柱凸轮式刀架转位机构的工作原理。
3. 简述无机械手换刀的特点和应用。
4. 刀库式自动换刀有哪几类？试比较它们的特点及应用场合。
5. 托盘的功用是什么？
6. 数控回转工作台的功用是什么？
7. 分度工作台的功用是什么？简述其工作原理。

第9章 计算机数控系统

9.1 概述

计算机数控（computerized numerical control，CNC）系统是采用了计算机作为控制部件，控制加工功能，实现数值控制的系统。CNC 系统是根据计算机存储器中存储的控制程序，执行部分或全部数值控制功能，并配有接口电路和伺服驱动装置的专用计算机系统。

9.1.1 CNC 系统组成

CNC 系统是在传统硬结构数控（NC）的基础上发展起来的，它主要由硬件和软件两大部分组成。其核心是计算机数字控制装置。它采用了计算机作为控制部件，通过系统控制软件配合系统硬件，合理地组织、管理数控系统的输入、数据处理、插补和输出信息，控制执行部件，使数控机床按照操作者的要求进行自动加工。

CNC 系统类型很多，主要有铣床、车床、加工中心等。CNC 系统由计算机数控装置（CNC 装置）、输入设备、输出设备、主轴驱动装置和进给（伺服）驱动装置（包括检测装置）等组成，如图 9-1 所示。

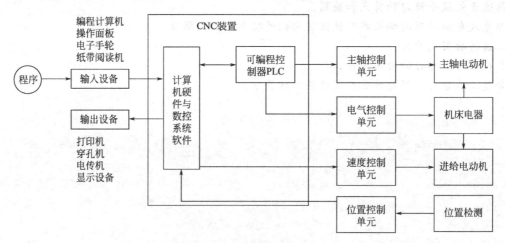

图 9-1 CNC 系统的组成

在图 9-1 中，数控系统一般是指图中的 CNC 装置。CNC 装置由计算机硬件、系统软件和相应的 I/O 接口构成的专用计算机与可编程控制器 PLC 组成。专用计算机进行机床运动的数字控制，PLC 进行机床开关量逻辑控制。

9.1.2 计算机数控装置的组成

CNC 装置由硬件和软件组成。硬件由微处理器（CPU）、存储器、位置控制、输入/输出（I/O）接口、可编程序控制器（PLC）、图形控制、电源等模块组成，硬件组成如图 9-2 所示。软件则由系统软件和应用软件组成。为了实现 CNC 系统各项功能而编制的专用软件，称为系统软件。在系统软件的控制下，CNC 装置对输入的加工程序自动进行处理并发出相应的控制指令及进给控制信号。系统软件由管理软件和控制软件组成，如图 9-3 所示。管理软件承担零件加工程序的输入输出、I/O 处理、系统的显示和故障诊断。控制软件则承担译码处理、刀具补偿、速度处理、插补运算、位置控制等工作。

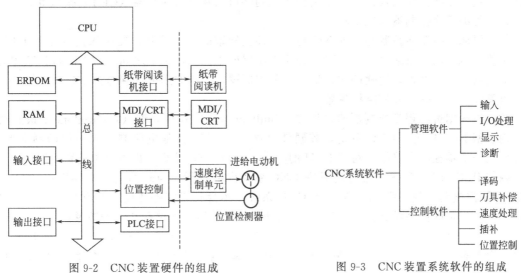

图 9-2　CNC 装置硬件的组成　　　　　图 9-3　CNC 装置系统软件的组成

（1）计算机数控装置中的微型计算机

微型计算机是计算机数控装置中的核心，与通用计算机一样，它包括中央处理器（CPU）、内部存储器、I/O 接口以及时钟、译码等辅助电路。

① 中央处理器由运算器和控制器两部分组成。运算器是对数据进行算术和逻辑运算的部件。在运算过程中，运算器不断地得到由存储器提供的数据，并将运算的中间结果送回存储器暂时保存起来。控制器从存储器中依次取出组成程序的指令，经过译码后向数控系统的各部分按顺序发出执行操作的控制信号，使指令得以执行。因此，控制器是统一指挥和控制数控系统各部件的中央机构，它一方面向各个部件发出执行任务的指令，另一方面又接收执行部件发回的反馈信息，控制器根据程序中的指令信息和这些反馈信息，决定下一步的操作命令。

② 存储器用于存储系统软件和零件加工程序，并将运算的中间结果以及处理后的结果储存起来。它包括存放系统控制软件的存储器（ROM）和存放中间数据的存储器（RAM）两部分。ROM 中的系统控制软件程序是由数控系统生产厂家写入的，用来完成 CNC 系统的各项功能。数控机床操作者将各自的加工程序存储在 RAM 中，供数控系统用于控制机床加工零件，RAM 还可作为系统程序执行过程中的活动场所，用于堆栈、参数保存、中间运算结果保存等。

③ 输入/输出接口是中央处理器和外界联系的通路，它提供物理的连接手段，完成必要的数据格式和信号形式的转换。I/O 接口按功能可分为两类：一类连接常规的输入输出设备以实现程序的输入输出及人机交互的界面，称为通用的 I/O 接口；另一类则连接专用的控制和检测装置，实现机床的位置和工作状态的控制与检测，这是 CNC 系统专有的，称为机床控制 I/O 接口。

（2）输入/输出装置

输入/输出部分包括各种类型的输入输出设备（又称外部设备）和输入/输出接口控制部件。其外部设备主要包括光电阅读机、CRT 显示器、键盘、穿孔机以及面板等。其中光电阅读机是用来输入系统程序和零件加工程序的；CRT 作为显示器及监控之用；键盘主要用作输入操作命令及编辑修改数据，也可以用作少量零件加工程序的输入；穿孔机则作为复制零件程序纸带之用，以便保存和检查零件程序；操作面板可供操作员改变操作方式、输入设定数据以及启停加工等。典型的输入/输出接口控制部件有纸带输入机接口、盒式磁带输入机接口、数控系统操作面板接口、进给伺服控制接口以及字符显示器（CRT）接口等。

（3）可编程序控制器（PLC）

数控机床的控制在控制侧（即 NC 侧）有各坐标轴的运动控制，在机床侧（即 MT 侧）有各种执行机构的逻辑顺序控制。可编程序控制器处于 NC 和 MT 之间，对 NC 和 MT 的输入、输出信息进行处理，用软件实现机床侧的控制逻辑，亦即用 PLC 提高 CNC 系统的灵活性、可靠性和利用率，并使结构更紧凑。

数控机床用可编程序控制器有内装型（built in type）和独立型（stand-alone type）两种。内装型 PLC 从属于 CNC 系统，其硬件电路可与 CNC 其他电路制在同一块印制板上，也可做成一块单独的电路板。对于 CPU 的配置，可与 CNC 共享，也可单独配置 CPU。

内装 PLC 与 NC 间的信号传递只在 CNC 系统内部进行，与外部信息交换则通过 CNC 的输入/输出电路。独立型 PLC 独立于 CNC 系统，本身具有完备的硬件和软件功能，可以独立完成所规定的控制任务。独立型 PLC 的功能易于扩展，硬件配置上增减灵活。

PLC 的应用程序（application program），即 PLC 程序，通常用梯形图表示。编制 PLC 程序的设备有 PLC 专用编程机、编程器，有 PLC 编程功能的 CNC 系统或配有 PLC 编程系统软件的个人计算机（或工作站）。

（4）位置控制装置

位置控制装置由伺服机构和执行元件组成。伺服机构包括速度控制单元和位置控制单元两部分。经插补运算得到的每个坐标轴在单位时间间隔内的位移量送往位置控制单元，由它生成伺服电动机速度指令发往速度控制单元。速度控制单元接收速度反馈信号，对伺服电动机进行速度闭环控制；同时位置控制单元接收实际位置反馈，并修正速度指令，实现机床运动的准确控制。执行元件可以是交流或直流伺服电动机。

9.1.3 CNC 系统功能

数控系统的功能通常包括基本功能和选择功能。基本功能是数控系统必备的功能，包括数控加工程序解释、数据处理、进给轴控制和开关量控制功能。选择功能是供用户根据机床特点和用途进行选择的功能。CNC 系统的功能主要反映在准备功能 G 指令代码和辅助功能 M 指令代码上。由于数控机床的类型、用途不同，CNC 系统的功能差别很大，下面介绍其主要功能。

（1）基本功能

① 控制功能　CNC 系统能控制的轴数和能同时控制（联动）的轴数是其主要性能之一。控制轴有移动轴和回转轴。通过轴的联动可以完成轮廓轨迹的加工。一般数控车床只需二轴控制，二轴联动；一般铣床需要二轴半或三轴控制、三轴联动；一般加工中心为多轴控制，三轴联动。控制轴数越多，特别是同时控制的轴数越多，CNC 系统的功能越强，编制程序也越困难。

② 准备功能　准备功能也称 G 指令代码，它是使数控机床作好某种操作准备的指令，用地址 G 和数字表示，ISO 标准中规定准备功能有 G00～G99 共 100 种。目前，有的数控系统也用到 00～99 之外的数字。准备功能包括数控轴的基本移动、程序暂停、平面选择、坐标设定、刀具补偿、基准点返回、固定循环、公英制转换等。

③ 插补功能　CNC 系统是通过软件插补来实现刀具运动轨迹控制的。插补功能的任务，包括插补计算和按一定速度的插补输出。插补计算是在一个加工程序段轨迹的起、终点之间，进行中间点的计算，分别向各个坐标轴发出方向、大小都确定的协调的运动系列命

令，通过各个轴运动的合成，产生数控加工程序段要求的运动轨迹。根据曲线的基点（起、终点）插补出的轨迹与要求的轨迹相比，误差不能超过一定的容差范围，这一点从插补计算的角度能够做到，插补的结果还应以确定的速度输出给各个坐标轴。为保证在运行速度影响下的轨迹精度，需要专门的速度预计算程序进行处理。

速度预计算程序进行轨迹运行的自动加减速处理，使插补速度命令与系统实际的加速度相适应，当出现大的速度变化（如绕行小圆弧）时，因受系统动态性能影响，系统难以跟踪给定的轨迹，此时速度预计算程序自动取消数控加工程序给定的轨迹速度，以便保证轨迹精度。更好的速度预计算程序具有超前功能，它预先分析多个数控加工程序段，进行相应速度预计算和处理。

数控加工程序的译码、在插补计算开始前进行的几何数据处理、速度与计算等统称为数控加工程序的预处理。插补计算程序又称为插补器。

④ 进给功能　CNC 系统的通过几何数据处理（数控加工程序段的几何变换、补偿计算、速度预计算和插补计算等）功能所提供的位置指令和速度指令被送往每一个进给轴单元，作为各个进给轴调节器的输入。CNC 系统的进给功能用 F 指令代码直接指定数控机床加工的进给速度。

a. 切削进给速度。以每分钟进给的毫米数指定刀具的进给速度，如 100mm/min。对于回转轴，表示每分钟进给的角度。

b. 同步进给速度。以主轴每转进给的毫米数规定的进给速度，如 0.02mm/r。只有主轴上装有位置编码器的数控机床才能指定同步进给速度，用于切削螺纹的编程。

c. 进给倍率。操作面板上设置了进给倍率开关，倍率可以在 0～200％ 之间变化，每挡间隔 10％。使用倍率开关不用修改程序就可以改变进给速度，并可以在试切零件时随时改变进给速度或在发生意外时随时停止进给。

⑤ 主轴功能　主轴功能就是指定主轴转速的功能。

a. 转速的编码方式。一般用 S 指令代码指定。一般用地址符 S 后加两位数字或四位数字表示，单位分别为 r/min 和 mm/min。

b. 指定恒定线速度。该功能可以保证车床和磨床加工工件端面质量和不同直径的外圆的加工具有相同的切削速度。

c. 主轴定向准停。该功能使主轴在径向的某一位置准确停止，有自动换刀功能的机床必须选取有这一功能的 CNC 装置。

⑥ 补偿功能　补偿功能是为了使数控加工程序编制过程能相对独立，不用事先考虑实际使用的机床类型和刀具几何尺寸而设计的。在数控系统中允许采用多种坐标系，要求操作者在加工前，工件转卡后，输入工件零点（编程零点）相对机床零点的偏移量，坐标几何变换程序确定各种坐标系下的坐标值与机床坐标系的关系。实际所采用刀具的几何尺寸各异，当操作者在加工前输入了实际使用的刀具参数（如刀具长度和刀具半径）后，应使刀架相关点按刀具参数相对编程轨迹进行偏移，即进行刀具补偿，补偿计算程序完成各种刀具补偿所需的计算。另外，补偿计算程序还必须协调数控装置外部随机的、动态的影响，如操作者利用机床操作面板上的旋转开关，对进给速度和主轴转速的修正（一般修正速度为编程速度的0～150％，有些可达 200％），以及由随机负载或机床结构的热变形等造成的影响。

补偿功能是通过输入到 CNC 系统存储器的补偿量，根据编程轨迹重新计算刀具的运动轨迹和坐标尺寸，从而加工出符合要求的工件。补偿功能主要有以下种类。

a. 刀具的尺寸补偿。如刀具长度补偿、刀具半径补偿和刀尖圆弧补偿。这些功能可以补偿刀具磨损以及换刀时对准正确位置，简化编程。

b. 丝杠的螺距误差补偿和反向间隙补偿或者热变形补偿。通过事先检测出丝杠螺距误差和反向间隙，并输入 CNC 系统中，在实际加工中进行补偿，从而提高数控机床的加工精度。

⑦ 辅助功能 即开关量控制功能，一般由可编程控制器（PLC）实现。辅助功能用来指定主轴的启、停和转向；切削液的开和关；刀库的启和停等。此外，它还能实现一些机床状态的监测和诊断功能，如，一般开关功能应和几何数据的处理相同步、如正使用的刀具的几何语句未执行完时，PLC 不能执行换刀命令等。一般用 M 指令代码表示。各种型号的数控装置具有的辅助功能差别很大，而且有许多是自定义的。

（2）可选功能

可选功能不仅提高了数控加工过程和操作的方便性和舒适性，而且拓宽了数控系统的适用范围，使制造系统中制造单元的集成成为可能。

① 编程功能 数控系统可提供各种数控加工程序的编程工具，鉴于价格和功能方面的考虑，这些编程工具可以是简单的手工编程系统、自动编程系统及面向车间的编程 WOP（workshop oriented programming）系统。自动编程系统用计算机代替手工编程系统，编程人员根据被加工零件的几何图形和工艺要求，用自动编程语言写出源程序并输入计算机，由计算机自动生成数控加工程序。WOP 利用图形编程，操作简单，编程人员不需使用抽象的语言，只要以图形交互方式进行零件描述，利用 WOP 系统推荐的工艺数据，根据自己的生产经验进行选择和优化修正，WOP 系统就能自动生成数控加工程序。

② 图形模拟功能 数控系统在不启动机床的情况下，可在显示器上进行各种加工过程的图形模拟，特别是对难以观察的内部加工及被切削液、防护罩等挡住的加工部分的检查，编程者可利用图形模拟功能检查和优化所编写的数控加工程序，减少机床的准备时间。

使用图形加工模拟器由两个目的，其一，检查在加工运动中和换刀过程中是否会出现碰撞及刀具干涉，并检查工件的轮廓和尺寸是否正确；其二，识别不必要的加工运动（如空切削），将其去掉或改为快速运动，减少加工时间。

③ 监测和诊断功能 为保证加工过程的正确进行，避免机床、工件和刀具的损坏，应使用监测和诊断功能。这种功能可以直接置于数控装置的控制程序中，也可为附加的、可直接执行的功能模块形式。监测和诊断功能可以对机床进行，如对机床的动态运行、几何精度和润滑状态的检查处理；对数控系统本身的硬件和软件进行，如数控系统硬件配置、硬件电路导通和断开、各硬件组成部分功能及各软件功能的检查处理；还可以对加工过程进行的检查处理，如对刀具磨损、刀具断裂、工件储存和表面质量的检查处理。

对数控系统进行完全的监测和诊断是很复杂的，需要通过几个或多个监测和诊断功能模块的运行及硬件的配合才能进行故障定位。

④ 测量和校正功能 机床机械精度不足、机械结构受温度影响、刀具磨损以及一些随机因素将会导致加工位置的变化。对经常变化的量，如工件的夹紧装置（夹紧公差）、刀具磨损和受温度影响导致的主轴伸长等，可借助于测量装置、传感器和探测器测出机床、刀具和工件的位置变化，查出相应的校正值进行补偿。对随机的误差，如主轴上升误差，通常在开动机床时，在机床上一次性测量，并存入校正存储单元中，用于后续相应操作的校正。

⑤ 用户界面 用户界面是数控系统与其使用者之间的界面，是数控系统提供给用户调试和使用机床的全部辅助手段，如屏幕、开关、按键、手轮等人工控制元件，用户可自由查看的过程和信息、可定义的数据和功能键、可规定的软件钥匙、可连接的硬件接口等。数控系统应为用户提供尽可能多的自由性，使系统适应性强，灵活多变。如要使所购置的数控系统对应具体的机床，可利用用户界面对数控系统进行应用性构造，即将运动轴、主轴、手轮、测量系统、调节环参数、插补方式、速度和加速度等配置和规定以参数形式置入数控系统；利用用户界面，可使数控装置的控制也具有可编程性。用户界面的适应性是一个数控系统的质量和开放性的标志。

⑥ 通信功能 数控装置能够与可编程控制器进行通信，对驱动装置和传感器可采用现场总线网实现通信连接，远程诊断也需要通过通信的方式实现，要将数控单元集成到先进制造系统中，通信也起着重要的作用，如可以通过 MAP/MMS（制造自动化协议/制造报文规范）支持的网络来实现。

⑦ 单元功能 为提高生产率，并使各个设备得到充分的利用，要求制造系统中各种机床和设备相互紧密配合，为此可采用先进的制造系统。如柔性制造单元（FMC）、柔性制造系统（FMS）和计算机集成制造系统（CIMS）等，为适应先进制造系统，可为数控机床配置单元功能，即为其配置任务管理、托盘管理和刀具管理功能。

⑧ 其他功能 在数控系统中还有一些其他功能，如企业和机床数据统计功能、数控加工程序管理器功能等。

若将企业和机床数据统计软件集成到数控系统中，可使数控系统的功能范围得到扩展。统计数据分为任务数据（任务期限、设备时间、件数和废品率等）、人员数据（出勤情况和工作时间等）以及机床数据（生产时间、停机时间、故障原因和故障时间等），通过统计数据的应用，能初步分析管理和加工的情况。

在数控系统中还可以集成数控加工程序管理器，进行数控加工主程序和子程序信息（程序号、程序版本、程序状态、运行时间等）的管理，提供工件加工必要的配备需求（如刀具、设备和测量手段等），为某种工件的加工作准备。

CNC 系统的核心是 CNC 装置。由于使用了计算机，系统具有软件功能，又用 PLC 代替了传统的机床电器逻辑控制装置，使系统更小巧，其灵活性、通用性、可靠性更好，易于实现复杂的数控功能，使用、维护也更方便，并具有与上位机连接及进行远程通信的功能。

9.1.4 计算机数控装置的工作原理

CNC 装置在其硬件环境支持下，按照系统监控软件的控制逻辑，对输入、译码处理、数据处理、刀具补偿、速度控制、插补运算与位置控制、I/O 处理、显示和诊断等方面进行控制，如图 9-4 所示。

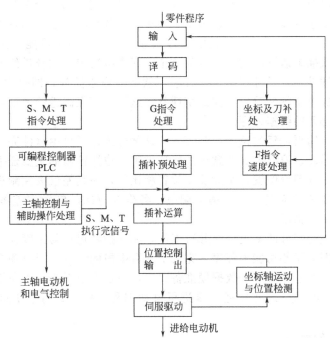

图 9-4 CNC 的工作流程

（1）输入

输入到 CNC 装置的有零件加工程序、机床参数和刀具补偿数据。机床参数一般在机床出厂时或在用户安装调试时已经设定好，所以输入 CNC 系统的主要是零件加工程序和刀具补偿数据。输入方式有纸带输入、键盘输入、磁盘输入，上级计算机 DNC 通信输入等。CNC 输入工作方式有存储方式和 NC 方式。存储方式是将整个零件程序一次全部输入 CNC 内部存储器中，加工时再从存储器中把程序一个一个调出。该方式应用较多。NC 方式是 CNC 一边输入一边加工的方式，即在前一程序段加工时，输入后一个程序段的内容。

（2）译码处理

译码处理程序将零件程序以一个程序段为单位进行处理，把其中零件的轮廓信息（起点、终点、直线或圆弧等）、要求的加工速度（F、S）以及其他辅助功能（T、M）等信息按一定的语法规则解释（编译）成计算机能够识别的数据形式，并以一定的数据格式存放在指定的内存专用区域。编译过程中还要进行语法检查，发现错误立即报警。

（3）数据处理

数据处理程序一般包括刀具半径补偿、速度计算以及辅助功能的处理等。一般来说，对输入数据处理程序的实时性要求不高。输入数据处理进行得充分一些，可减轻加工过程中实时性较强的插补运算及速度控制程序的负担。

刀具半径补偿是将零件轮廓轨迹转化为刀具中心轨迹，CNC 装置通过对刀具半径的自动补偿来控制刀具中心轨迹，从而大大减少编程人员的工作量。

速度计算是将编程的刀具移动速度进行计算处理，转化为机床各坐标轴运动的分速度，控制机床切削加工。

辅助功能处理的主要工作是识别标志，在程序执行时发出信号，使机床运动部件执行相应动作，如主轴启停、换刀、工件夹紧与松开、冷却液的开关等。

（4）插补运算及位置控制

插补运算程序完成 CNC 系统中插补器的功能，即实现坐标轴脉冲分配的功能。脉冲分配包括点位、直线以及曲线三个方面。由于现代微机具有完善的指令系统和相应的算术子程序，给插补计算提供了许多方便。可以采用一些更方便的数学方法提高轮廓控制的精度，而不必顾忌会增加硬件线路。插补计算是实时性很强的程序，要尽可能减少程序中的指令条数，即缩短进行一次插补运算的时间。因为这个时间直接决定了插补进给的最高速度。在有些系统中还采用粗插补与精插补相结合的方法：软件只作粗插补，即每次插补一个小线段；硬件再将小线段分成单个脉冲输出，完成精插补。这样既可提高进给速度，又能使计算机空出更多的时间进行必要的数据处理。

插补运算的结果输出，经过位置控制部分（这部分工作既可由软件完成，也可由硬件完成）控制伺服系统运动，控制刀具按预定的轨迹加工。位置控制的主要任务是在每个采样周期内，将插补计算出的理论位置与实际反馈位置相比较，用其差值去控制进给电动机。在位置控制中，通常还要完成位置回路的增益调整、各坐标方向的螺距误差补偿和反向间隙补偿，以提高机床的定位精度。

水平较高的管理程序可使多道程序并行工作，如在插补运算与速度控制的空闲时刻进行数据的输入处理，即调用各功能子程序，完成下一数据段的读入、译码和数据处理工作，且保证在本数据段加工过程中将下一数据段准备完毕，一旦本数据段加工完毕就立即开始下一数据段的插补加工。有的管理程序还安排进行自动编程工作，或对系统进行必要的预防性诊断。

（5）输入/输出处理

输入/输出处理主要是处理 CNC 装置和机床之间来往信号输入、输出和控制。CNC 装置和机床之间必须通过光电隔离电路进行隔离，确保 CNC 装置稳定运行。

（6）显示

CNC 装置显示主要是为操作者提供方便，通常应具有：零件程序显示、参数显示、机床状态显示、刀具加工轨迹动态模拟图形显示、报警显示等功能。

（7）诊断程序

CNC 装置利用内部自诊断程序可以进行故障诊断，主要有启动诊断和在线诊断两种。

① 启动诊断是指 CNC 装置每次从通电开始至进入正常的运行准备状态中，系统相应的自诊断程序通过扫描自动检查系统硬件、软件及有关外设等是否正常。只有当检查到的各个项目都确认正确无误后，整个系统才能进入正常运行的准备状态。否则，CNC 装置将通过网络、TFT、CRT 或用硬件（如发光二极管）报警方式显示故障的信息。此时，启动诊断过程不能结束，系统不能投入运行。只有排除故障之后 CNC 装置才能正常运行。

② 在线诊断是指在系统处于正常运行状态中，由系统相应的内装诊断程序，通过定时中断扫描检查 CNC 装置本身及外设。只要系统不停电，在线诊断就持续进行。

9.2 数控系统的硬件结构

9.2.1 CNC 系统的硬件构成特点

随着大规模集成电路技术和表面安装技术的发展，CNC 系统硬件模块及安装方式不断改进。从 CNC 系统的总体安装结构看，有整体式结构和分体式结构两种。

整体式结构是把 CRT 和 MDI 面板、操作面板以及功能模块板组成的电路板等安装在同一个机箱内。这种方式的优点是结构紧凑，便于安装，但有时可能造成某些信号连线过长。分体式结构通常把 CRT 和 MDI 面板、操作面板等制成一个部件，而把功能模块组成的电路板安装在一个机箱内，两者之间用导线或光纤连接。许多 CNC 机床把操作面板也单独作为一个部件，这是由于所控制机床的要求不同，操作面板也应相应地改变，制成分体式有利于更换和安装。

从组成 CNC 系统的电路板的结构特点来看，有两种常见的结构，即大板式结构和模块化结构。大板式结构的特点是，一个系统一般都有一块大板，称为主板。大板式结构如图 9-5 示，主板上装有主 CPU 和各轴的位置控制电路等。其他相关的子板（完成一定功能的电路板），如 ROM 板、零件程序存储器板和 PLC 板都直接插在主板上面，组成 CNC 系统的核心部分。由此可见，大板式结构紧凑，体积小，可靠性高，价格低，有很高的性价比，也便于机床的一体化设计。大板式结构虽有上述优点，但它的硬件功能不易变动，不利于组织生产。模块化结构的特点是将 CPU、存储器、输入输出控制分别制成插件板（称为硬件模块）硬、软件模块形成一个特定的功能单元，称为功能模块。功能模块间有明确定义的接口，接口是固定的，成为工厂标准或工业标准，彼此可以进行信息交换。这种模块化结构的 CNC 系统设计简单，有良好的适应性和扩展性，试制周期短，调整维护方便，效率高。

从 CNC 系统使用的 CPU 及结构来分，

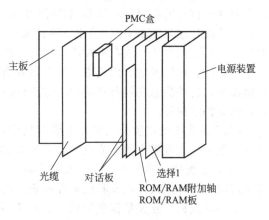

图 9-5 大板式结构示意图

CNC 系统的硬件结构一般分为单 CPU 和多 CPU 结构两大类。初期的 CNC 系统和现在的一些经济型 CNC 系统一般采用单 CPU 结构，而多 CPU 结构可以满足数控机床高进给速度、高加工精度和许多复杂功能的要求，适应于并入 FMS 和 CIMS 运行的需要，从而得到了迅速的发展，也反映了当今数控系统的新水平。

9.2.2　单 CPU 结构 GNC 系统的硬件结构

单 CPU 结构 CNC 系统的基本结构包括 CPU、总线、I/O 接口、存储器、串行接口和 CRT/MDI 接口等，还包括数控系统控制单元部件和接口电路，如位置控制单元、PLC 接口、主轴控制单元、速度控制单元、穿孔机和纸带阅读机接口以及其他接口等。图 9-6 所示为一种单 CPU 结构的 CNC 系统框图。

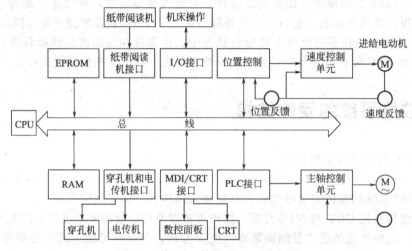

图 9-6　单 CPU 结构 CNC 系统框图

CPU 主要完成控制和运算两方面的任务。控制功能包括：内部控制，对零件加工程序的输入/输出控制，对机床加工现场状态信息的记忆控制等。运算任务是完成一系列的数据处理工作：译码、刀具补偿计算、运动轨迹计算、插补运算和位置控制的给定值与反馈值的比较运算等。在经济型 CNC 系统中，常采用 8 位微处理器芯片或 8 位、16 位的单片机芯片。中高档的 CNC 系统通常采用 16 位、32 位甚至 64 位的微处理器芯片。

单 CPU 结构的 CNC 系统通常采用总线结构。总线是微处理器赖以工作的物理导线，按其功能可以分为三组总线，即数据总线（DB）、地址总线（AB）和控制总线（CB）。

CNC 装置中的存储器包括只读存储器（ROM）和随机存储器（RAM）两种。系统程序存放在可擦可编程只读存储器（EPROM）中，由生产厂家固化，即使断电，程序也不会丢失。系统程序只能由 CPU 读出，不能写入。运算的中间结果，需要显示的数据，运行中的状态、标志信息等存放在 RAM 中。它可以随时读出和写入，断电后，信息就消失。加工的零件程序、机床参数、刀具参数等存放在有后备电池的 CMOS RAM 中，或者存放在磁泡存储器中，这些信息在这种存储器中能随机读出，还可以根据操作需要写入或修改，断电后，信息仍然保存。

CNC 装置中的位置控制单元主要对机床进给运动的坐标轴位置进行控制。位置控制的硬件一般采用大规模专用集成电路位置控制芯片或控制模板实现。

CNC 系统接受指令信息的输入有多种形式，如光电式纸带阅读机、磁带机、磁盘、计算机通信接口等形式，以及利用数控面板上的键盘操作的手动数据输入（MDI）和机床操作面板上手动按钮、开关量信息的输入。所有这些输入都要有相应的接口来实现。CNC 系统的输出也有多种形式，如程序的穿孔机、电传机输出、字符与图形显示的 CRT 输出、位置伺服控制和机床强电控制指令的输出等，同样要有相应的接口来实现。

单 CPU 结构 CNC 系统的特点是：CNC 系统的所有功能都是通过一个 CPU 进行集中控制、分时处理来实现的；该 CPU 通过总线与存储器、I/O 控制元件等各种接口电路相连，构成 CNC 系统的硬件；结构简单，易于实现；由于只有一个 CPU 的控制，功能受字长、数据宽度、寻址能力和运算速度等因素的限制。

9.2.3　多 CPU 结构 CNC 系统的硬件结构

多 CPU 结构 CNC 系统是指在 CNC 系统中有两个或两个以上的 CPU 能控制系统总线或主存储器进行工作的系统结构。

现代的 CNC 系统大多采用多 CPU 结构。在这种结构中，每个 CPU 完成系统中规定的一部分功能，独立执行程序，它与单 CPU 结构相比，提高了计算机的处理速度。多 CPU 结构的 CNC 系统采用模块化设计，将软件和硬件模块形成一定的功能模块。模块间有明确的符合工业标准的接口，彼此间可以进行信息交换。这样可以形成模块化结构，缩短了设计制造周期，并且具有良好的适应性和扩展性，结构紧凑。多 CPU 结构的 CNC 系统由于每个 CPU 分管各自的任务，形成若干个模块，如果某个模块出了故障，其他模块仍能照常工作；并且插件模块更换方便，可以使故障对系统的影响减到最小程度，提高了可靠性；性价比高，适合于多轴控制、高进给速度、高精度的数控机床。

(1) 多 CPU 结构 CNC 系统的典型结构

① 共享总线结构　在这种结构的 CNC 系统中，只有主模块有权控制系统总线，且在某一时刻只能有一个主模块占有总线，如有多个主模块同时请求使用总线会产生竞争总线问题。

共享总线结构的各模块之间的通信，主要依靠存储器实现，采用公共存储器的方式。公共存储器直接插在系统总线上，有总线使用权的主模块都能访问，可供任意两个主模块交换信息，其结构框图如图 9-7 所示。

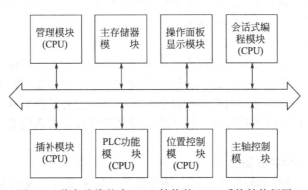

图 9-7　共享总线的多 CPU 结构的 CNC 系统结构框图

② 共享存储器结构　在该结构中，采用多端口存储器来实现各 CPU 之间的互联和通信，每个端口都配有一套数据、地址、控制线，以供端口访问，由多端控制逻辑电路解决访问冲突，如图 9-8 所示。当 CNC 系统功能复杂要求 CPU 数量增多时，会因争用共享存储器而造成信息传输的阻塞，降低系统的效率，其扩展功能较为困难。

(2) 多 CPU 结构 CNC 系统基本功能模块

① 管理模块　该模块是管理和组织整个 CNC 系统工作的模块，主要功能包括：初始化、中断管理、总线裁决、系统出错识别和处理、系统硬件与软件诊断等。

② 插补模块　该模块用于在完成插补前，进行零件程序的译码、刀具补偿、坐标位移量计算、进给速度处理等预处理，然后进行插补计算，并给定各坐标轴的位置值。

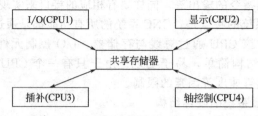

图 9-8　共享存储器的多 CPU 结构框图

③ 位置控制模块　对坐标位置给定值与由位置检测装置测到的实际位置值进行比较并获得差值，进行自动加减速、回基准点、对伺服系统滞后量进行监视和漂移补偿，最后得到速度控制的模拟电压（或速度的数字量），去驱动进给电动机。

④ PLC 模块　零件程序的开关量（S、M、T）和机床面板来的信号在这个模块中进行逻辑处理，实现机床电气设备的启、停控制，刀具交换，转台分度，工件数量和运转时间的计数等。

⑤ 命令与数据输入/输出模块　指零件程序、参数和数据，各种操作指令的输入/输出，以及显示所需要的各种接口电路。

⑥ 存储器模块　指程序和数据的主存储器或功能模块数据传送用的共享存储器。

9.3　CNC 系统的软件结构

CNC 系统的软件是为完成 CNC 系统的各项功能而专门设计和编制的，是数控加工系统的一种专用软件，又称为系统软件（系统程序）。CNC 系统软件的管理作用类似于计算机的操作系统的功能。不同的 CNC 装置，其功能和控制方案也不同，因而各系统软件在结构上和规模上差别较大，各厂家的软件互不兼容。现代数控机床的功能大都采用软件来实现，所以，系统软件的设计及功能是 CNC 系统的关键。

数控系统是按照事先编制好的控制程序来实现各种控制的，而控制程序是根据用户对数控系统所提出的各种要求进行设计的。在设计系统软件之前必须细致地分析被控制对象的特点和对控制功能的要求，决定采用哪一种计算方法。在确定好控制方式、计算方法和控制顺序后，将其处理顺序用框图描述出来，使系统设计者对所设计的系统有一个明确而又清晰的轮廓。

9.3.1　CNC 装置软硬件的界面

在 CNC 系统中，软件和硬件在逻辑上是等价的，即由硬件完成的工作原则上也可以由软件来完成。但是它们各有特点：硬件处理速度快，造价相对较高，适应性差；软件设计灵活、适应性强，但是处理速度慢。因此，CNC 系统中软、硬件的分配比例是由性能价格比决定的。这也在很大程度上涉及软、硬件的发展水平。一般说来，软件结构首先要受到硬件的限制，软件结构也有独立性。对于相同的硬件结构，可以配备不同的软件结构。实际上，现代 CNC 系统中软、硬件界面并不是固定不变的，而是随着软、硬件的水平和成本，以及 CNC 系统所具有的性能不同而发生变化。图 9-9 给出了不同时期和不同产品中的三种典型的 CNC 系统软、硬件界面。

CNC 装置是在硬件的支持下执行软件的全过程。软件和硬件各有不同的特点，软件设计灵活，适应性强，但处理速度慢；硬件处理速度快，但成本较高。因此在 CNC 装置中，数控功能的实现大致分为三种情况：第一种情况是由软件完成输入、插补前的准备，硬件完

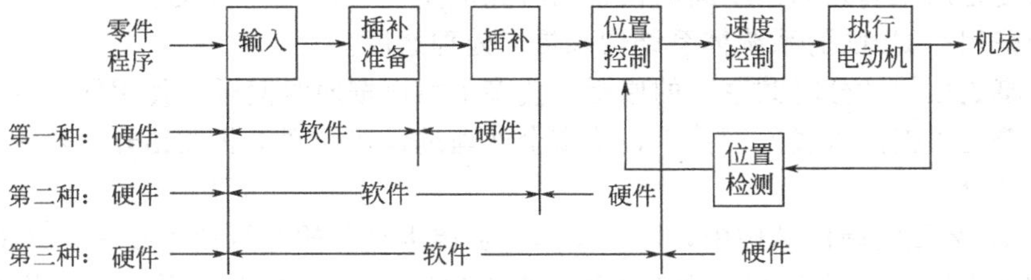

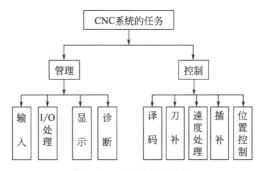

图 9-9　CNC 中三种典型的软硬件界面

成插补和位置控制；第二种情况是由软件完成输入、插补前的准备、插补，硬件完成位置的控制；第三种情况是由软件完成输入、插补前的准备、插补及位置控制的全部工作。

9.3.2　CNC 系统控制软件的结构特点

（1）CNC 系统的多任务性

CNC 系统作为一个独立的过程数字控制器应用于工业自动化生产中，其多任务性表现在它的管理软件必须完成管理和控制两大任务。其中系统管理包括输入，I/O 处理，通信、显示、诊断以及加工程序的编制管理等程序。系统的控制部分包括：译码、刀具补偿、速度处理、插补和位置控制等软件，如图 9-10 所示。

同时，CNC 系统的这些任务必须协调工作。也就是在许多情况下，管理和控制的某些工作必须同时进行。例如，为了便于操作人员能及时掌握 CNC 的工作状态，管理软件中的显示模块必须与控制模块同时运行；当 CNC 处于 NC 工作方式时，管理软件中的零件程序输入模块必须与控制软件同时运行。而控制软件运行时，其中一些处理模块也必须同时进行。如为了保证加工过程的连续性，即刀具在各程序段间不停刀，译码、刀补和速度处理模块必须与插补模块同时运行，而插补又必须与位置控制同时进行等，这种任务并行处理关系如图 9-11 所示。

图 9-10　CNC 任务分解

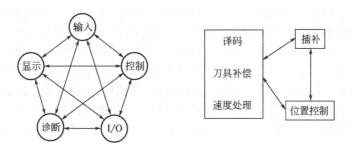

图 9-11　CNC 的任务并行处理关系

实际上，CNC 系统是一个专用的实时多任务计算机系统，其软件必然会融合现代计算机软件技术中的许多先进技术，其中最突出的是多任务并行处理和多重实时中断技术。

（2）并行处理

并行处理是指计算机在同一时刻或同一时间间隔内完成两种或两种以上性质相同或不相同的工作。并行处理的优点是提高了运行速度。

并行处理分为"资源重复"法、"时间重叠"法和"资源共享"法等。

　　资源重复是用多套相同或不同的设备同时完成多种相同或不同的任务。如在 CNC 系统硬件设计中采用多 CPU 的系统体系结构来提高处理速度。

　　资源共享是根据"分时共享"的原则,使多个用户按照时间顺序使用同一套设备。

　　时间重叠是根据流水线处理技术,使多个处理过程在时间上相互错开,轮流使用同一套设备的几个部分。

　　目前 CNC 装置的硬件结构中,广泛使用"资源重复"的并行处理技术。如采用多 CPU 的体系结构来提高系统的速度。而在 CNC 装置的软件中,主要采用"资源分时共享"和"资源重叠的流水处理"方法。

　　① 资源分时共享并行处理方法　在单 CPU 的 CNC 装置中,要采用 CPU 分时共享的原则来解决多任务的同时运行。各个任务何时占用 CPU 及各个任务占用 CPU 时间的长短,是首先要解决的两个时间分配的问题。在 CNC 装置中,各任务占用 CPU 是用循环轮流和中断优先相结合的办法来解决。图 9-12 所示为一个典型的 CNC 装置各任务分时共享 CPU 的时间分配。

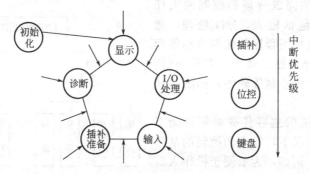

图 9-12　CPU 分时共享的并行处理

　　系统在完成初始化任务后自动进入时间分配循环中,依次轮流处理各任务。而对于系统中一些实时性很强的任务则按优先级排队,分别处于不同的中断优先级上作为环外任务,环外任务可以随时中断环内各任务的执行。

　　每个任务允许占有 CPU 的时间受到一定的限制,对于某些占有 CPU 时间较多的任务,如插补准备(包括译码、刀具半径补偿何速度处理等),可以在其中的某些地方设置断点,当程序运行到断点处时,自动让出 CPU,等到下一个运行时间内自动跳到断点处继续运行。

　　② 资源重叠流水并行处理方法　当 CNC 装置在自动加工工作方式时,其数据的转换过程将由零件程序输入、插补准备、插补、位置控制四个子过程组成。如果每个子过程的处理时间分别为 Δt_1、Δt_2、Δt_3、Δt_4,那么一个零件程序段的数据转换时间将是 $t = \Delta t_1 + \Delta t_2 + \Delta t_3 + \Delta t_4$。如果以顺序方式处理每个零件的程序段,则第一个零件程序段处理完以后再处理第二个程序段,依此类推。图 9-13(a) 表示了这种顺序处理时的时间空间关系。从图中可以看出,两个程序段的输出之间将有一个时间为 t 的间隔。这种时间间隔反映在电动机上就是

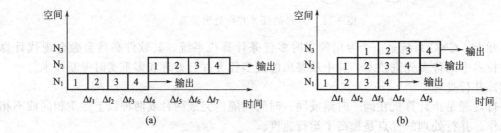

图 9-13　时间重叠流水处理

电动机的时停时转，反映在刀具上就是刀具的时走时停，这种情况在加工工艺上是不允许的。

消除这种间隔的方法是用时间重叠流水处理技术。采用流水处理后的时间空间关系如图 9-13(b) 所示。

流水处理的关键是时间重叠，即在一段时间间隔内不是处理一个子过程，而是处理两个或更多的子过程。从图 9-13(b) 中可以看出，经过流水处理以后，从时间 Δt_4 开始，每个程序段的输出之间不再有间隔，从而保证了刀具移动的连续性。流水处理要求处理每个子过程的运算时间相等，然而 CNC 装置中每个子过程所需的处理时间都是不同的，解决的方法是取最长的子过程处理时间为流水处理时间间隔。这样在处理时间间隔较短的子过程时，当处理完后就进入等待状态。

在单 CPU 的 CNC 装置中，流水处理的时间重叠只有宏观上的意义，即在一段时间内，CPU 处理多个子过程，但从微观上看，每个子过程是分时占用 CPU 时间。

(3) 实时中断处理

CNC 系统软件结构的另一个特点是实时中断处理。CNC 系统程序以零件加工为对象，每个程序段中有许多子程序，它们按照预定的顺序反复执行，各个步骤间关系十分密切，有许多子程序的实时性很强，这就决定了中断成为整个系统不可缺少的重要组成部分。CNC 系统的中断管理主要由硬件完成，而系统的中断结构决定了软件结构。

CNC 的中断类型如下。

① 外部中断　主要有纸带光电阅读机中断、外部监控中断（如紧急停、量仪到位等）和键盘操作面板输入中断。前两种中断的实时性要求很高，将它们放在较高的优先级上，而键盘和操作面板的输入中断则放在较低的中断优先级上。在有些系统中，甚至用查询的方式来处理它。

② 内部定时中断　主要有插补周期定时中断和位置采样定时中断。在有些系统中将两种定时中断合二为一。但是在处理时，总是先处理位置控制，然后处理插补运算。

③ 硬件故障中断　它是各种硬件故障检测装置发出的中断。如存储器出错，定时器出错，插补运算超时等。

④ 程序性中断　它是程序中出现的异常情况的报警中断。如各种溢出，除零等。

9.3.3　常规 CNC 系统的软件结构

CNC 系统的软件结构决定于系统采用的中断结构。在常规的 CNC 系统中，已有的结构模式有中断型和前后台型两种结构模式。

(1) 中断型结构模式

中断型软件结构的特点是除了初始化程序之外，整个系统软件的各种功能模块分别安排在不同级别的中断服务程序中，整个软件就是一个大的中断系统。其管理的功能主要通过各级中断服务程序之间的相互通信来解决。

一般在中断型结构模式的 CNC 软件体系中，控制 CRT 显示的模块为低级中断（0 级中断），只要系统中没有其他中断级别请求，总是执行 0 级中断，即系统进行 CRT 显示。其他程序模块，如译码处理、刀具中心轨迹计算、键盘控制、I/O 信号处理、插补运算、终点判别、伺服系统位置控制等处理，分别具有不同的中断优先级别。开机后，系统程序首先进入初始化程序，进行初始化状态的设置、ROM 检查等工作。初始化后，系统转入 0 级中断 CRT 显示处理。此后系统就进入各种中断的处理，整个系统的管理是通过每个中断服务程序之间的通信方式来实现的。

例如，FANUC-BESK 7CM CNC 系统是一个典型的中断型软件结构。整个系统的各个功能模块被分为八级不同优先级的中断服务程序，如表 9-1 所示。其中伺服系统位置控制被安排成很高的级别，因为机床的刀具运动实时性很强。CRT 显示被安排的级别最低，即 0 级，其中断请求是通过硬件接线始终保持存在。只要 0 级以上的中断服务程序均未发生的情况下，就进行 CRT 显示。1 级中断相当于后台程序的功能，进行插补前的准备工作。1 级中断有 13 种功能，对应着口状态字中的 13 个位，每位对应于一个处理任务。在进入 1 级中断服务时，先依次查询口状态字的 0～12 位的状态，再转入相应的中断服务（表 9-2）。其处理过程见图 9-14。"口状态字"的置位有两种情况：一是由其他中断根据需要置 1 级中断请求的同时置相应的"口状态字"；二是在执行 1 级中断的某个口子处理时，置"口状态字"的另一位。当某一口的处理结束后，程序将"口状态字"的对应位清除。

表 9-1　FANUC-BESK 7CM CNC 系统的各级中断功能

中断级别	主要功能	中断源
0	控制 CRT 显示	硬件
1	译码、刀具中心轨迹计算，显示器控制	软件，16ms 定时
2	键盘监控，I/O 信号处理，穿孔机控制	软件，16ms 定时
3	操作面板和电传机处理	硬件
4	插补运算、终点判别和转段处理	软件，8ms 定时
5	纸带阅读机读纸带处理	硬件
6	伺服系统位置控制处理	4ms 实时钟
7	系统测试	硬件

表 9-2　FANUC-BESK 7CM CNC 系统 1 级中断的 13 种功能

口状态字	对应口的功能
0	显示处理
1	公英制转换
2	部分初始化
3	从存储区（MP、PC 或 SP 区）读一段数控程序到 BS 区
4	轮廓轨迹转换成刀具中心轨迹
5	"再启动"处理
6	"再启动"开关无效时，刀具回到断点"启动"处理
7	按"启动"按钮时，要读一段程序到 BS 区的预处理
8	连续加工时，要读一段程序到 BS 区的预处理
9	纸带阅读机反绕或存储器指针返回首址的处理
A	启动纸带阅读机，使纸带正常进给一步
B	置 M、S、T 指令标志及 G96 速度换算
C	置纸带反绕标志

2 级中断服务程序的主要工作是对数控面板上的各种工作方式和 I/O 信号的处理。3 级中断则是对用户选用的外部操作面板和电传机的处理。

4 级中断最主要的功能是完成插补运算。7CM 系统中采用了"时间分割法"（数据采样法）插补。此方法经过 CNC 插补计算输出的是一个插补周期 T（8ms）的 F 指令值，这是一个粗插补进给量，而精插补进给量则是由伺服系统的硬件与软件来完成的。一次插补处理分为速度计算、插补计算、终点判别和进给量变换四个阶段。

5 级中断服务程序主要对纸带阅读机读入的孔信号进行处理。这种处理基本上可以分为输入代码的有效性判别、代码处理和结束处理三个阶段。

6 级中断主要完成位置控制、4ms 定时计时和存储器奇偶校验工作。

7 级中断实际上是工程师的系统调试工作，非使用机床的正式工作。

中断请求的发生，除了第 6 级中断是由 4ms 时钟发生之外，其余的中断均靠别的中断设置，即依靠各中断程序之间的相互通信来解决。例如第 6 级中断程序中每两次设置一次第 4 级中断请求（8ms）；每四次设置一次第 1、2 级中断请求。插补的第 4 级中断在插补完一个程序段后，要从缓冲器中取出一段并作刀具半径补偿，这时就置第 1 级中断请求，并把 4 号口置"1"。

下面介绍 FANUC-BESK 7CM 中断型 CNC 系统的工作过程及其各中断程序之间的相互关联。

① 开机 开机后，系统程序首先进入初始化程序，进行初始化状态的设置，ROM 检查工作。初始化结束后，系统转入 0 级中断服务程序，进行 CRT 显示处理。每 4ms 的间隔，进入 6 级中断。由于 1 级、2 级和 4 级中断请求均按 6 级中断的定时设置运行，此后系统就进入轮流对这几种中断的处理。

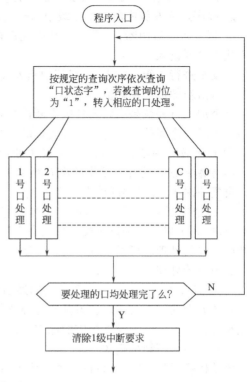

图 9-14 1 级中断各口处理转换框图

② 启动纸带阅读机输入纸带 做好纸带阅读机的准备工作后，将操作方式置于"数据输入"方式，按下面板上的主程序 MP 键。按下纸带输入键，控制程序在 2 级中断"纸带输入键处理程序"中启动一次纸带阅读机。当纸带上的同步孔信号读入时产生 5 级中断请求。系统响应 5 级中断处理，从输入存储器中读入孔信号，并将其送入 MP 区，然后再启动一次纸带阅读机，直到纸带结束。

③ 启动机床加工

a. 当按下机床控制面板上的"启动"按钮后，在 2 级中断中，判定"机床启动"为有效信息，置 1 级中断 7 号口状态，表示启动按钮后要求将一个程序段从 MP 区读入 BS 区中。

b. 程序转入 1 级中断，在处理到 7 号口状态时，置 3 号口状态，表示允许进行"数控程序从 MP 区读入 BS 区"的操作。

c. 在 1 级中断依次处理完后返回 3 号口处理，把一数控程序段读入 BS 区，同时置已有新加工程序段读入 BS 区标志。

d. 程序进入 4 级中断，根据"已有新加工程序段读入 BS 区"的标志，置"允许将 BS 内容读入 AS"的标志，同时置 1 级中断 4 号口状态。

e. 程序再转入 1 级中断，在 4 号口处理中，把 BS 内容读入 AS 区中，并进行插补轨迹计算，计算后置相应的标志。

f. 程序再进入 4 级中断处理，进行其插补预处理，处理结束后置"允许插补开始"标志。同时由于 BS 内容已读入 AS，因此置 1 级中断的 8 号口，表示要求从 MP 区读一段新程序段到 BS 区。此后转入速度计算→插补计算→进给量处理，完成第一次插补工作。

g. 程序进入 6 级中断，把 4 级中断送出的插补进给量分两次进给。

h. 再进入 1 级中断，8 号口处理中允许再读入一段，置 3 号口。在 3 号口处理中把新程序段从 MP 区读入 BS 区。

i. 反复进行 4 级、6 级、1 级等中断处理，机床在系统的插补计算中不断进给，显示器不断显示出新的加工位置值。

整个加工过程就是由以上各级中断进行若干次处理完成的。由此可见，整个系统的管理采用了中断程序间的各种通信方式实现的。其中包括：

ⓐ 设置软件中断。第 1、2、4 级中断由软件定时实现，第 6 级中断由时钟定时发生，每 4ms 中断一次。这样每发生两次 6 级中断，设置一次 4 级中断请求，每发生四次 6 级中断，设置一次 1、2 级中断请求。将 1、2、4、6 级中断联系起来。

ⓑ 每个中断服务程序自身的连接是依靠每个中断服务程序的"口状态字"位。如 1 级中断分成 13 个口，每个口对应"口状态字"的一位，每一位对应处理一个任务。进行 1 级中断的某口的处理时可以设置"口状态字"的其他位的请求，以便处理完某口的操作时立即转入其他口的处理。

ⓒ 设置标志。标志是各个程序之间通信的有效手段。如 4 级中断每 8ms 中断一次，完成插补预处理功能。而译码、刀具半径补偿等在 1 级中断中进行。当完成了其任务后应立刻设置相应的标志，若未设置相应的标志，CNC 会跳过该中断服务程序继续往下进行。

（2）前后台型结构模式

该结构模式的 CNC 系统的软件分为前台程序和后台程序。前台程序是指实时中断服务程序，实现插补、伺服、机床监控等实时功能。这些功能与机床的动作直接相关。后台程序是一个循环运行程序，完成管理功能和输入、译码、数据处理等非实时性任务，也叫背景程序，管理软件和插补准备在这里完成。后台程序运行中，实时中断程序不断插入，与后台程序相配合，共同完成零件加工任务。图 9-15 所示为前后台软件结构中实时中断程序与后台程序的关系图。这种前后台型的软件结构一般适合单处理器集中式控制，对 CPU 的性能

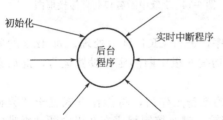

图 9-15 前后台软件结构中实时中断程序与后台程序的关系图

要求较高。程序启动后先进行初始化，再进入后台程序环，同时开放实时中断程序，每隔一定的时间中断发生一次，执行一次中断服务程序，此时后台程序停止运行，实时中断程序执行后，再返回后台程序。

美国 A-B7360 CNC 软件是一种典型的前后台型软件。其结构框图如图 9-16 所示。该图的右侧是实时中断程序处理的任务，主要的可屏蔽中断有 10.24ms 实时时钟中断、阅读机中断和键盘中断。其中阅读机中断优先级最高，10.24ms 实时时钟中断优先级次之，键盘中断优先级最低。阅读机中断仅在输入零件程序时启动了阅读机后才发生，键盘中断也仅在键盘方式下发生，而 10.24ms 中断总是定时发生的。左侧则是背景程序处理的任务。背景程序是一个循环执行的主程序，而实时中断程序按其优先级随时插入背景程序中。

当 A-B7360 CNC 控制系统接通电源或复位后，首先运行初始化程序，然后，设置系统有关的局部标志和全局性标志；设置机床参数；预清机床逻辑 I/O 信号在 RAM 中的映像区；设置中断向量；并开放 10.24ms 实时时钟中断，最后进入紧停状态。此时，机床的主轴和坐标轴伺服系统的强电时断开的，程序处于对"紧停复位"的等待循环中。由于 10.24ms 时钟中断定时发生，控制面板上的开关状态随时被扫描，并设置了相应的标志，以

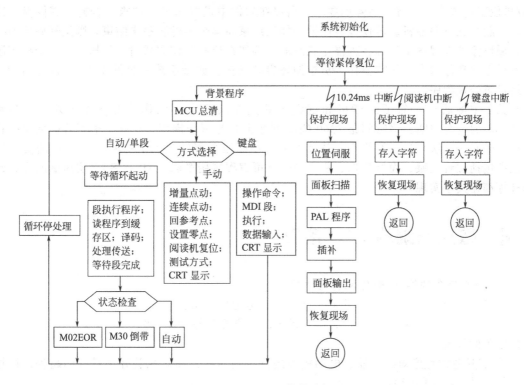

图 9-16　7360 CNC 软件总框图

供主程序使用。一旦操作者按了"紧停复位"按钮，接通机床强电时，程序下行，背景程序启动。首先进入 MCU 总清（即清除零件程序缓冲区、键盘 MDI 缓冲区、暂存区、插补参数区等），并使系统进入约定的初始控制状态（如 G01、G90 等），接着根据面板上的方式进行选择，进入相应的方式服务环中。各服务环的出口又循环到方式选择行程，一旦 10.24ms 时钟中断程序扫描到面板上的方式开关状态发生了变化，背景程序便转到新的方式服务环中。无论背景程序处于何种方式服务中，10.24ms 的时钟中断总是定时发生。

在背景程序中，自动/单段是数控加工中的最主要的工作方式，在这种工作方式下的核心任务是进行一个程序段的数据预处理，即插补预处理。即一个数据段经过输入译码、数据处理后，就进入就绪状态，等待插补运行。所以图 9-16 中段执行程序的功能是将数据处理结果中的插补用信息传送到插补缓冲器，并把系统工作寄存器中的辅助信息（S、M、T 代码）送到系统标志单元，以供系统全局使用。在完成了这两种传送之后，背景程序设立一个数据段传送结束标志及一个开放插补标志。在这两个标志建立之前，定时中断程序尽管照常发生，但是不执行插补及辅助信息处理等工作，仅执行一些例行的扫描、监控等功能。这两个标志的设置体现了背景程序对实时中断程序的控制和管理。这两个标志建立后，实时中断程序即开始执行插补、伺服输出、辅助功能处理，同时，背景程序开始输入下一程序段，并进行一个新数据段的预处理。在这里，系统设计者必须保证在任何情况下，在执行当前一个数据段的实时插补运行过程中必须将下一个数据段的预处理工作结束，以实现加工过程的连续性。这样，在同一时间段内，中断程序正在进行本段的插补和伺服输出，而背景程序正在进行下一段的数据处理。即在一个中断周期内，实时中断占用一部分时间，其余时间给背景程序。

一般情况下，下一段的数据处理及其结果传送比本段插补运行的时间短，因此，在数据段执行程序中有一个等待插补完成的循环，在等待过程中不断进行 CRT 显示。由于在自动/单段工作方式中，有段后停的要求，所以在软件中设置循环停请求。若整个零件程序结束，一般情况下要停机。若仅仅本段插补加工结束而整个零件程序未结束，则又开始新的循环。循环停处理程序是处理各种停止状态的，例如在单段工作方式时，每执行完一个程序段时就设立循环停状态，等待操作人员按循环启动按钮。如果系统一直处于正常的加工状态，则跳过该处理程序。

关于中断程序，除了阅读机和键盘中断是在其特定的工作情况下发生外，主要是10.24ms 的定时中断。该时间是 7360 CNC 的实际位置采样周期，也就是采用数据采样插补方法（时间分割法）的插补周期。该实时时钟中断服务程序是系统的核心。CNC 的实时控制任务包括位置伺服、面板扫描、机床逻辑（可编程应用逻辑 PAL 程序）、实时诊断和轮廓插补等都在其中实现。

9.4 数控系统的 I/O 接口

9.4.1 CNC 装置的输入/输出和通信要求

一般对 CNC 装置输入、输出和通信有四个方面的要求：

① 用户要能将数控命令、代码输入系统，系统要具备拨盘、纸带、键盘、软驱、串口、网络之类的设备。

② 需具备按程序对继电器、电动机等进行控制的能力和对相关开关量（如超程、机械原点等）进行检测的能力。

③ 系统有操作信息提示，用户能对系统执行情况、电动机运动状态等进行监视，系统需配备有 LED（light emitting diode，数码管），CRT（cathode ray tube，阴极射线管），LCD（liquid crystal display，液晶显示器），TFT（thin-film transistor，薄膜晶体管）等显示接口电路。

④ 随着工厂自动化（factory automation，FA）及计算机集成制造系统（CIMS）的发展，CNC 装置作为分布式数控系统（DNC）及柔性制造系统 FMS 的重要基础部件，应具有与 DNC 计算机或上级主计算机直接通信的功能或网络通信功能，以便于系统管理和集成。

9.4.2 数控系统的 I/O 接口电路的作用和要求

一般接收机床操作面板上的开关、按钮信号、机床的各种开关信号，把某些工作状态显示在操作面板的指示灯上，把控制机床的各种信号送到强电柜等工作都要经过 I/O 接口来完成。因此，I/O 接口是 CNC 装置和机床、操作面板之间信号交换的转换接口。

I/O 接口电路的作用和要求是：

① 进行必要的电隔离，防止干扰信号的串入和强电对系统的破坏。

② 进行电平转换和功率放大，CNC 系统的信号往往是 TFL 脉冲或电平信号，而机床提供和需要的信号却不一定是 TFL 信号，而且有的负载比较大，因此需要进行信号的电平转换和功率放大。

在数控系统的 I/O 接口电路中，常用的器件有光电耦合器和继电器（如簧式继电器、固态继电器等）。

图 9-17 所示为开关量信号输入接口电路，常用于限位开关、手持点动、刀具到位、机械原点、传感器的输入等，对于一些有过渡过程的开关量还要增加适当的电平整形转换电路。图 9-18 为开关量信号输出接口电路，可用于驱动 24V 小型继电器。在这些电路中要根据信号特点选择相应速度、耐压、负载能力的光电耦合器和三极管。

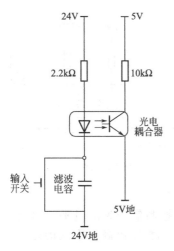

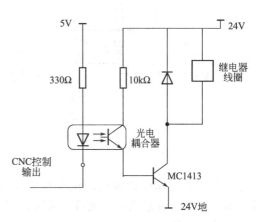

图 9-17 开关量信号输入接口电路　　　　　图 9-18 开关量信号输出接口电路

9.4.3 机床 I/O 接口

机床控制 I/O 接口的有关电路有以下几种。

（1）光电隔离电路

为了防止强电系统干扰及其他干扰信号通过通用 I/O 接口进入微机，影响其工作，通常采用光电隔离的方法，即外部信号需经过光电耦合器与微机发生联系，外部信号与微机无直接的电气联系。光电耦合器是一种以光的形式传递信号的器件，其输入端为一发光二极管，输出端为光敏器件。如发光二极管导通发光，光敏器件就受光而导通；反之光敏器件截止。这样就通过光电耦合器实现了信息的传递。图 9-19 所示为常见的几种光电耦合器，其中：普通型工作频率在 100kHz 以下；高速型由于响应速度高，工作频率可达 1MHz。以上两种光电耦合器主要用于信号的隔离。达林顿输出型由于输出部分构成达林顿形式，从而可以直接驱动继电器等器件；晶闸管输出型的输出部分为光控晶闸管，它通常用于交流大功率的隔离驱动场合。

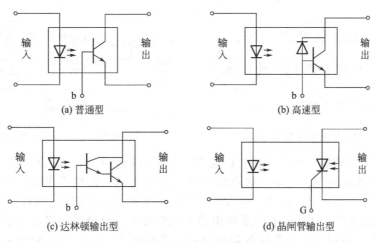

图 9-19 几种常用的光耦合器结构原理图

图 9-20 所示为光电隔离输出电路。图（a）为同相输出电路，图（b）为反相输出电路。控制信号经 74LS05 集电极开路门反相后驱动光耦合器的输入发光二极管。当控制信号为低电平，74LS05 不吸收电流，发光二极管不导通，从而输出的发光三极管截止，同相电路输

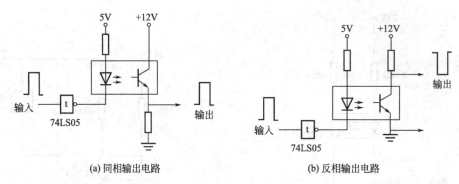

(a) 同相输出电路　　　　　　　　　(b) 反相输出电路

图 9-20　光隔离输出电路

出电压为零，反相电路输出电压为高电平（12V）。当控制信号为高电平，74LS05 吸收电流，发光二极管导通发光，光敏三极管受到激励导通。同相输出高电平（接近 12V），反相输出电平接近零。

光电隔离电路有以下作用。

① 隔离作用　它将输入端与输出端两部分电路的地线分开，各自使用一套电源供电，信息通过光电转换单向传递。另外，由于光电耦合器输入端与输出端之间的绝缘电阻非常大，寄生电容很小，所以干扰信号很难从输出端反馈到输入端，从而较好地隔离了干扰信号。

② 进行信号电平转换　隔离电路通过光电耦合器能很方便地将微机的输出信号变成 +12V 的信号。

（2）信息转换电路

信息转换电路主要完成以下几个方面的转换。

① 数字脉冲转换　在使用以步进电动机为驱动元件的计算机数控装置中，由于步进电动机的驱动信号为脉冲电平，所以要进行数字脉冲转换。应用微机很容易实现数字脉冲的转换工作。只要按照一定的相序向 I/O 接口分配脉冲序列，脉冲信号经光电隔离和功率放大后，就可控制步进电动机按一定的方向转动。数字脉冲转换接口电路如图 9-21 所示。

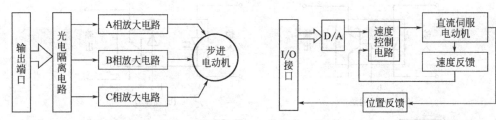

图 9-21　数字脉冲转换接口电路　　　　　图 9-22　直流伺服电动机控制回路

② D/A、A/D 转换　机床控制 I/O 接口中，还常用到 D/A、A/D 转换。图 9-22 所示的直流伺服电动机的控制回路中，就增加了 D/A 转换电路。微机送出的对应伺服电动机转速的数字量经 D/A 转换电路转换，就成为模拟电压信号，控制伺服电动机的运转。

③ 弱电强电转换　计算机数控系统中的微机信号一般要经过功率放大后，才能控制主轴电动机等执行元件的动作，而这些动作与强电系统有关。图 9-23 所示为一典型的交流电动机控制回路。微机送出电动机启停信号，经光电隔离、功率放大等来控制交流电动机的运转或停止。

9.4.4　通用 I/O 接口

通用 I/O 接口部分是指外部设备与微处理器之间的连接电路。一般情况下，外部设备

图 9-23 交流电动机控制回路

与存储器之间不能直接通信，必须靠微处理器传递信息。通过微处理器对通用 I/O 接口的读写操作，完成外部设备与微处理器之间信息的输入或输出。根据通用 I/O 接口传输信息的方向不同，将微处理器向外部设备送出信息的接口称为输出接口，将外部设备向微处理器传送信息的接口称为输入接口。除了这两种单向接口外，还有一种具有两个方向都可以传送信息的双向接口。

9.5 数控机床用可编程序控制器

可编程序控制器是 20 世纪 60 年代末发展起来的一种新型自动化控制装置。最早是用于替代传统的继电器控制装置，功能上只有逻辑运算、定时、计数以及顺序控制等，而且只能进行开关量控制。这种控制器称为"可编程序逻辑控制器"，英文名为"programmable logic controller"，简称 PLC。随着技术的进步，在原 PLC 的基础上，与先进的微机控制技术相结合，PLC 已发展成为一种崭新的工业控制器，其控制功能已远远超出逻辑控制的范畴，正式命名为"programmable controller"。但为了避免与个人计算机"personal computer"的简称 PC 相混淆，仍简称为 PLC，中文名称为"可编程序控制器"。国际电工委员会（IEC）对 PLC 所作定义如下："可编程序控制器是一种专为在工业环境下应用而设计的数字运算操作的电子系统。它采用可编程序的存储器，用来在其内部存储执行逻辑运算、顺序控制、定时、计数和算术运算等操作的指令，并通过数字式、模拟式的输入和输出，控制各种类型的机械设备和生产过程，可编程序控制器及其有关设备，都应按易于与工业控制系统连成一个整体，易于扩充其功能的原则设计。"

9.5.1 可编程序控制器的组成

（1）PLC 的硬件

图 9-24 所示为一个小型 PLC 内部结构示意图。它由中央处理器（CPU）、存储器、输入/输出模块、编程器、电源和外部设备等组成，并且内部通过总线相连。

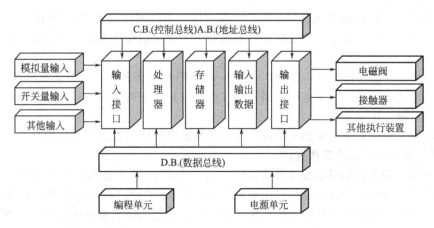

图 9-24 小型 PLC 内部结构示意图

① 中央处理单元（CPU） 中央处理单元是 PLC 的主要部分，是系统的核心。它通过输入模块将现场的外设状态读入，并按用户程序去处理，然后将结果通过输出模块去控制外部设备。

PLC 常用的中央处理单元为通用微处理器、单片机或多位微处理器。

② 存储器 在可编程序控制器系统中，存储器主要用于存放系统程序、用户程序和工作数据。

系统程序是指控制和完成 PLC 各种功能的程序，包括监控程序、模块化应用功能子程序、指令解释程序、故障自诊断程序和各种管理程序等，并且在出厂时由制造厂固化在 PROM，用户不能访问和修改。

用户程序是指使用 PLC 的厂家，根据工程现场的生产过程和工艺要求而编写的应用程序。在修改调试完成后可由用户固化在 EPROM 中或者存储在磁带或磁盘中。

工作数据是 PLC 运行过程中需要经常存取，并且会随时改变的一些中间数据。因此，这部分数据的存储都选用 RAM，以适应随机存取的要求。

综上所述，PLC 所用存储器基本上由 PROM、EPROM 及 RAM 三种组成，存储容量随 PLC 的类型不同而变化。

③ 输入/输出模块 输入/输出模块是 PLC 内部与外部设备连接的部件，它一方面将现场信号转换成标准的逻辑信号电平，另一方面将 PLC 内部逻辑信号电平转换成外部执行元件所要求的信号。

常用的 PLC 输入/输出接口分开关量（包括数字量）和模拟量 I/O 两类。典型的模块有：直流开关量输入模块、直流开关量输出模块、交流开关量输入模块、交流开关量输出模块、继电器输出模块、模拟量输入模块和模拟量输出模块。

④ 编程器 PLC 的编程器是用来开发、调试、运行应用程序的特殊工具。一般由键盘、显示屏、智能处理器、外部设备等组成，通过通信接口与 PLC 相连。

PLC 的编程器可分为两种：手持式编程器和高功能编程器。

⑤ 电源 电源单元的作用是将外部提供的交流电转换为可编程序控制器内部所需要的直流电源，有的 PLC 还提供 DC24V 输出。PLC 的内部电源一般要求有三路输出，一路供给 CPU 模块，一路供给编程器接口，还有一路供给各种接口模块。对电源单元的要求是很高的，不但要求具有较好的电磁兼容性能，而且还要求工作电源稳定，并有过电流和过电压保护功能。

电源单元一般还装有后备电池（如锂电池），用于掉电时能及时保护 RAM 区中重要的信息和标志。

此外，在大、中型 PLC 中大多还配置有扩展接口和智能 I/O 模块。

（2）PLC 的软件

PLC 的基本软件包括系统软件和用户应用软件。系统软件决定 PLC 的功能。PLC 的硬件通过基本软件实现对被控对象的控制。系统软件一般包括操作系统、语言编译系统、各种功能软件等。

操作系统是系统程序的基本部分。它统一管理 PLC 的各种资源，协调系统各部分之间、系统与用户之间的关系。操作系统对用户应用程序提供一系列管理手段，以使用户应用程序正确地进入系统，正确工作。

用户应用软件大多采用梯形图语言。梯形图与继电器电气控制线路图相似。

9.5.2 可编程序控制器的工作过程

PLC 内部一般采用循环扫描工作方式，在大、中型 PLC 中还增加了中断工作方式。当用户将应用软件设计、调试完成后，用编程器写入 PLC 的用户程序存储器中，并将现场的输入信号和被控制的执行元件相应的连接在输入模块的输入端和输出模块的输出端上，然后通过 PLC 的控制开关使其处于运行工作方式，接着 PLC 就以循环顺序扫描的工作方式进行工作。在输入信号和用户程序的控制下，产生相应的输出信号，完成预定的控制任务。从图 9-25 所示的 PLC 循环顺序扫描工作流程图可以看出，它在一个扫描周期中要完成 6 个扫描过程。在系统软件的指挥下，按图 9-25 所示的程序流程顺序地执行，这种工作方式称为顺序扫描方式。

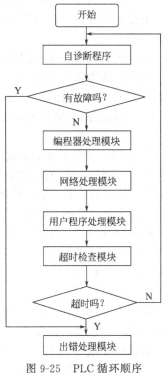

图 9-25　PLC 循环顺序
扫描工作流程图

从扫描过程中的某个扫描过程开始，顺序扫描后又回到该过程称为一个扫描周期。

（1）自诊断扫描过程

在 PLC 的每个扫描周期内首先要执行自诊断程序，其中主要包括软件系统的校验、硬件 RAM 的测试、CPU 的测试、总线的动态测试等。如果发现异常现象，PLC 在作出相应保护处理后停止运行，并显示出错信息。否则将继续顺序执行下面的扫描功能。

（2）与编程器信息交换扫描过程

该功能主要完成与编程器进行信息交换的扫描过程。如果 PLC 控制开关已经拨向编程工作方式，则当 CPU 执行到这里时马上将总线控制权交给编程器。这时用户可以通过编程器进行在线监视和修改内存中用户程序，启动或停止 CPU，读出 CPU 状态，封锁或开放输入/输出，对逻辑变量和数字变量进行读写等。当编程器完成处理工作或达到所规定的信息交换时间后，CPU 将重新获得总线的控制权。

（3）与网络信息交换扫描过程

该功能主要完成与网络进行信息交换的扫描过程。只有当 PLC 配置了网络功能时，才执行该扫描过程，它主要用于 PLC 之间、PLC 与磁带机或 PLC 与计算机之间进行信息交换。

（4）用户程序扫描过程

在该过程中，PLC 中的 CPU 采用查询方式，首先通过输入模块采样现场的状态数据，并传送到输入映像区。当 PLC 按照梯形图（用户程序）先左后右、先上后下的顺序执行用户程序的过程中，根据需要可在输入映像区中提取有关现场信息，在输出映像区中提取历史信息，并在处理后可将其结果存入输出映像区，供下次处理时使用或者以备输出。在用户程序执行完后就进入输出服务扫描过程，CPU 将输出映像区中要输出的状态值按顺序传送到输出数据寄存器，然后再通过输出模板的转换后送去控制现场的有关执行元件。该扫描过程如图 9-26 所示。

（5）超时检查扫描过程

超时检查过程是由 PLC 内部的看门狗定时器 WDT（watch dog timer）来完成。若扫描周期时间没有超过 WDT 的设定时间，则继续执行下一个扫描周期；若超过了，则 CPU 将

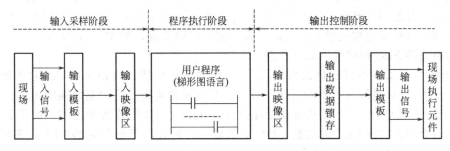

图 9-26　PLC 用户程序扫描过程

停止运行，复位输入/输出，并在进行报警后转入停机扫描过程。超时大多是硬件或软件故障而引起系统死机，或者是用户程序执行时间过长而造成，它的危害性很大，所以要加以监视和防患。

（6）出错显示、停机扫描过程

当自诊断出错或超时出错时，就进行报警，出错显示，并作相应处理（如将全部输出端口置为 OFF 状态，保留目前执行状态等），然后停止扫描过程。

9.5.3 可编程序控制器的特点

（1）可靠性高

由于 PLC 针对恶劣的工业环境设计，在其硬件和软件方面均采取了很多有效措施来提高其可靠性。例如，在硬件方面采取了屏蔽、滤波、隔离、电源保护、模块化设计等措施；在软件方面采取了自诊断、故障检测、信息保护与恢复等手段。另外，PLC 没有中间继电器的接触不良、触点烧毛、触点磨损、线圈烧坏等故障现象，从而可将其应用于工业现场环境。

（2）编程简单，使用方便

由于 PLC 沿用了梯形图编程简单的优点，从事继电器控制工作的技术人员都能在很短的时间内学会使用 PLC。

（3）灵活性好

由于 PLC 是利用软件来处理各种逻辑关系，当在现场装配和调试过程中需要改变控制逻辑时就不必改变外部线路，只要改写程序重新固化即可。另外，产品也易于系列化、通用化，稍作修改就可应用于不同的控制对象。所以，PLC 除用于单台机床的控制外，在 FMC、FMS 中也被大量采用。

（4）直接驱动负载能力强

由于 PLC 输出模块中大多采用了大功率晶体管和控制继电器的形式进行输出，所以，具有较强的驱动能力，一般都能直接驱动执行电器的线圈，接通或断开强电线路。

（5）便于实现机电、体化

由于 PLC 结构紧凑，体积小，质量小，功耗低，效率高，所以，很容易将其装入控制柜内，实现机电一体化。

（6）利用其通信网络功能可实现计算机网络控制

总之，PLC 技术代表了当前电气程序控制的先进水平，PLC、数控技术和工业机器人已成为机械工业自动化的三大支柱。

9.5.4 数控系统 PLC 的类型

在中、高档数控机床中，PLC 是 CNC 系统的重要组成部分。除了一些经济型（或称简易型）数控机床，仍采用继电器逻辑控制电路（RLC）外，现代全功能型数控机床均采用"内装型"（built-in type）PLC 或"独立型"（stand-alone type）PLC。

（1）内装型 PLC

内装型 PLC 是指 PLC 包含在数控系统 CNC 中，它从属于 CNC，与 CNC 装于一体，成为集成化不可分割的一部分。PLC 与 CNC 间的信号传送在 CNC 装置内部实现。PLC 与数控机床之间的信号传送则通过 CNC 输入/输出接口电路实现，如图 9-27 所示。

它与独立型 PLC 相比具有如下特点：

① 内装型 PLC 的性能指标由所从属的 CNC 系统的性能、规格来确定。它的硬件和软件部分被作为 CNC 系统的基本功能统一设计。具有结构紧凑、适配能力强等优点。

② 内装型 PLC 有与 CNC 共用微处理器和具有专用微处理器两种类型。前者利用 CNC 微处理器的余力来发挥 PLC 的功能，I/O 点数较少；后者由于有独立的 CPU，多用于顺序程序复杂、动作速度要求快的场合。

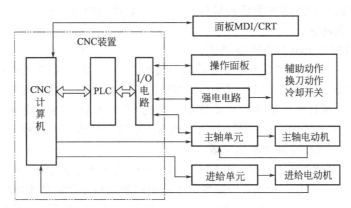

图 9-27　内装型 PLC 的 CNC 系统框图

③ 内装型 PLC 与 CNC 其他电路通常装在一个机箱内，共用一个电源和地线。

④ 内装型 PLC 的硬件电路可与 CNC 其他电路制作在同一块印制电路板上，也可以单独制成附加印制电路板，供用户选择。

⑤ 内装型 PLC，对外没有单独配置的输入/输出电路，而使用 CNC 系统本身的输入/输出电路。

⑥ 采用 PLC，扩大了 CNC 内部直接处理的窗口通信功能，可以使用梯形图编辑和传送高级控制功能，且造价低，提高了 CNC 的性能价格比。

（2）独立型 PLC

独立型 PLC 是完全独立于 CNC 装置、具有完备的硬件和软件功能、能够独立完成规定控制任务的装置，如图 9-28 所示。

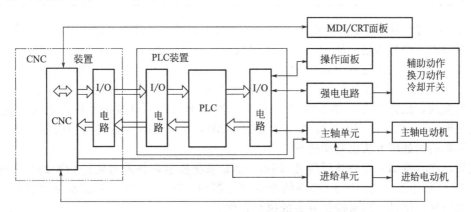

图 9-28　独立型 PLC 的 CNC 系统框图

独立型 PLC 具有以下特点：

① 根据数控机床对控制功能的要求可以灵活选购或自行开发通用型 PLC。一般来说单机数控设备所需 PLC 的 I/O 点数多在 128 点以下，少数设备在 128 点以上，选用微型和小型 PLC 即可。而大型数控机床、FMC、FMS、FA（工厂自动化）、CIMS，则选用中型和大型 PLC。

② 要进行 PLC 与 CNC 装置的 I/O 连接，PLC 与机床侧的 I/O 连接。CNC 和 PLC 装置均有自己的 I/O 接口电路，需将对应的 I/O 信号的接口电路连接起来。通用型 PLC，一般采用模块化结构，装在插板式笼箱内。I/O 点数可通过 I/O 模块或者插板的增减灵活配置，使得 PLC 与 CNC 的 I/O 信号的连接变得简单。

③ 可以扩大 CNC 的控制功能。在闭环（或半闭环）数控机床中，采用 D/A 和 A/D 模

块，由 CNC 控制的坐标运动称为插补坐标，而由 PLC 控制的坐标运动称为辅助坐标，从而扩大了 CNC 的控制功能。

④ 在性能/价格比上不如内装型 PLC。

总的来看，单微处理器的 CNC 系统采用内装型 PLC 为多，而独立型 PLC 主要用在多微处理器 CNC 系统、FMC、FMS、FA、CIMS 中，具有较强的数据处理、通信和诊断功能，成为 CNC 与上级计算机联网的重要设备。单机 CNC 系统中的内装型和独立型 PLC 的作用是一样的，主要是协助 CNC 装置实现刀具轨迹控制和机床顺序控制。

9.5.5 数控机床中 PLC 控制功能的实现

PLC 处于 CNC 装置和机床之间，用 PLC 程序代替以往的继电器线路，主要完成各执行机构的逻辑顺序（M、S、T 功能）控制，即按照预先规定的逻辑顺序对诸如主轴的启停、转向、转数，刀具的更换，工件的夹紧、松开，液压、气动、冷却、润滑系统的运行等进行控制。

（1）M 功能的实现

M 功能也称辅助功能，其代码用字母"M"后跟随 2 位数字表示。根据 M 代码的编程，可以控制主轴的正反转及停止、主轴齿轮箱的变速、冷却液的开关、卡盘的夹紧和松开以及自动换刀装置的取刀和还刀等。某数控系统设计的基本辅助功能如表 9-3 所示。

表 9-3 基本辅助功能动作类型

辅助功能代码	功 能	类型	辅助功能代码	功 能	类型
M00	程序暂停	A	M07	液态冷却开	I
M01	选择停止	A	M08	雾态冷却开	I
M02	程序结束	A	M09	冷却液关	A
M03	主轴顺时针旋转	I	M10	夹紧	H
M04	主轴逆时针旋转	I	M11	松开	H
M05	主轴停	A	M30	程序结束并返回	A
M06	自动换刀	C			

表 9-3 中辅助功能的执行条件是不完全相同的。有的辅助功能在经过译码处理传送到工作寄存器后就立即起作用，故称为前作用辅助功能，并记为 I 类，如 M03、M04 等。有些辅助功能要等到它们所在程序段中的坐标轴运动完成之后才起作用，故称为后作用辅助功能，并记为 A 类，如 M05、M09 等。有些辅助功能只在本程序段内起作用，当后续程序段到来时便失效，记为 C 类，如 M06 等。还有一些辅助功能一旦被编入执行后便一直有效，直至被注销或取代为止，记为 H 类，如 M10、M11 等。根据这些辅助功能动作类型的不同，在译码后的处理方法也有所差异。

例如，在数控加工程序被译码处理后，CNC 系统控制软件就将辅助功能的有关编码信息通过 PLC 输入接口传送到 PLC 内的相应寄存器中，然后供 PLC 的逻辑处理软件扫描采样，并输出处理结果，用来控制有关的执行元件。

（2）S 功能的实现

S 功能主要完成主轴转速的控制，并且常用 S2 位代码形式和 S4 位代码形式来进行编程。S2 位代码编程是指 S 代码后跟随 2 位十进制数字来指定主轴转速，共有 100 级（S00～S99）分度，并且按等比级数递增，其公比为 1.12，即相邻分度的后一级速度比前一级速度增加约 12%。这样根据主轴转速的上下限和上述等比关系就可以获得一个 S2 位代码与主轴转速（BCD 码）的对应表格，它用于 S2 位代码的译码。图 9-29 所示为 S2 位代码在 PLC 中的处理框图，图中"编译转速代码"和"数据转换"实际上就是针对 S2 位代码查出主轴转速的大小，然后将其转换成二进制数，并经上下限幅处理后，将得到的数字量进行 D/A 转换，输出一个 0～10V 或 0～5V 或 −10～10V 的直流控制电压给主轴伺服系统或主轴变频器，从而保证了主轴按要求的速度旋转。

S4 位代码编程是指 S 代码后跟随 4 位十进制数字，用来直接指定主轴转速，例如，S1500 就直接表示主轴转速为 1500r/min，可见 S4 位代码表示的转速范围为 0～9999r/min。显然，它的处理过程相对于 S2 代码形式要简单一些，也就是它不需要图中"编译转速代码"和"数据转换"两个环节。另外，图 9-29 中"限幅处理"的目的实质上是为了保证主轴转速处于一个安全范围内，例如将其限制在 20～3000r/min 范围内，这样一旦给定超过上下边界时，则取相应边界值作为输出即可。

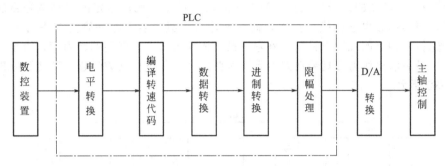

图 9-29　S2 位代码在 PLC 中的处理框图

在有的数控系统中为了提高主轴转速的稳定性，保证低速时的切削力，还增设了一级齿轮箱变速，并且可以通过辅助功能代码来进行换挡选择。例如，使用 M38 可将主轴转速变换成 20～600r/min 范围，用 M39 代码可将主轴转速变换成 600～3000r/min 范围。

S4 代码编程的 S 功能软件流程如图 9-30 所示。

在这里还要指出的是，D/A 转换接口电路既可安排在 PLC 单元内，也可安排在 CNC 单元内；既可以由 CNC 或 PLC 单独完成控制任务，也可以由两者配合完成。

（3）T 功能的实现

T 功能即为刀具功能，T 代码后跟随 2～5 位数字表示要求的刀具号和刀具补偿号。数控机床根据 T 代码通过 PLC 可以管理刀库，自动更换刀具，也就是说根据刀具和刀具座的编号，可以简便、可靠地进行选刀和换刀控制。

根据取刀/还刀位置是否固定，可将换刀功能分为随机存取换刀控制和固定存取换刀控制。在随机存取换刀控制中，取刀和还刀与刀具座编号无关，还刀位置是随机变动的。

在随机存取换刀控制中，当取出所需的刀具后，刀库不需转动，而是在原地立即存入换下来的刀具。这时，取刀、换刀、

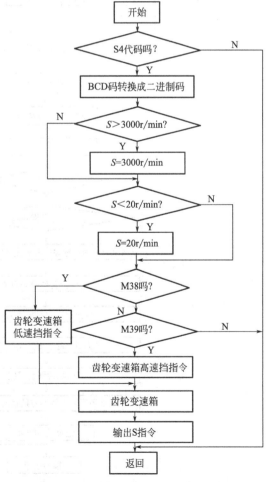

图 9-30　S4 代码编程的 S 功能软件流程图

存刀一次完成，缩短了换刀时间，提高了生产效率，但刀具控制和管理要复杂一些。在固定存取换刀控制中，被取刀具和被还刀具的位置都是固定的，也就是说换下的刀具必须放回预先安排好的固定位置。显然，后者增加了换刀时间，但其控制要简单些。

图 9-31 所示为采用固定存取换刀控制方式的 T 功能处理框图，另外，数控加工程序中有关 T 代码的指令经译码处理后，由 CNC 系统控制软件将有关信息传送给 PLC，在 PLC 中进一步经过译码并在刀具数据表内检索，找到 T 代码指定刀号对应的刀具编号（即地址），然后与目前使用的刀号相比较。如果相同则说明 T 代码所指定的刀具就是目前正在使用的刀具，当然不必再进行换刀操作，而返回原入口处。若不相同则要求进行更换刀具操作，即首先将主轴上的现行刀具归还到它自己的固定刀座上，然后回转刀库，直至新的刀具位置为止，最后取出所需刀具装在刀架上。至此才完成了整个换刀过程。T 功能处理的软件流程如 9-32 所示。

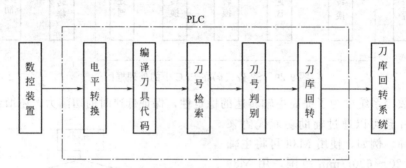

图 9-31　采用固定存取换刀控制方式的 T 功能处理框图

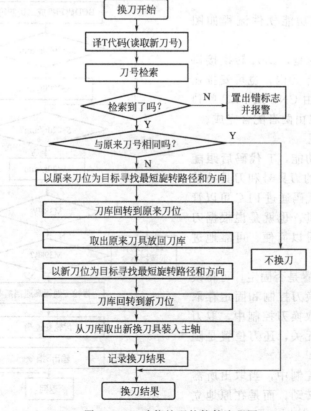

图 9-32　T 功能处理的软件流程图

9.5.6 PLC 在数控机床上的应用举例

数控机床的 PLC 提供了完整的编程语言，利用编程语言，按照不同的控制要求可编制不同的控制程序。梯形图方法是目前使用最广泛的编程方法，有时又称继电器梯形逻辑图编程，它在形式上类似于继电器控制电路图，简单、直观、易读、好懂。

数控机床中的 PLC 编程步骤如下。

① 确定控制对象。

② 制作输入和输出信号电路原理图、地址表和 PLC 数据表。

③ 在分析数控机床工作原理或动作顺序的基础上，用流程图、时序图等描述信号与机床运动之间的逻辑顺序关系，设计制作梯形图。

④ 把梯形图转换成指令表的格式，然后用编程器键盘写入顺序程序，再用仿真装置或模拟台进行调试、修改。

⑤ 将经过反复调试并确认无误的顺序程序固化到 EPROM 中，并将程序存入软盘或光盘，同时整理出有关图纸及维护所需资料。

表 9-4 中所列为 FANUC 系列梯形图的图形符号。

表 9-4　FANUC（系列）梯形图的图形符号

符　号	说　明	符　号	说　明
A —||— B —|/|—	PLC 中的继电器触点，A 为常开，B 为常闭	A ——△—— B ——△——	PLC 中的定时器触点，A 为常开，B 为常闭
A —|▮|— B —|▮/|—	从 CNC 侧输入信号，A 为常开，B 为常闭	——○——	PLC 中的继电器线圈
		——○——	输出到 CNC 侧的继电器线圈
A —|▯|— B —|▯/|—	从机床侧(包括机床操作面板)输入的信号，A 为常开，B 为常闭	——▢——	输出到机床侧的继电器线圈
		——◎——	PLC 中定时器线圈

下面以数控机床主轴定向控制为例说明 PLC 在数控机床上的应用。

在数控机床进行加工时，自动交换刀具或精镗孔都要用到主轴定向功能。图 9-33 所示为数控机床主轴定向功能的 PLC 控制梯形图。

图 9-33 所示的梯形图中 AUTO 为自动工作状态信号，手动时 AUTO 为"0"，自动时为

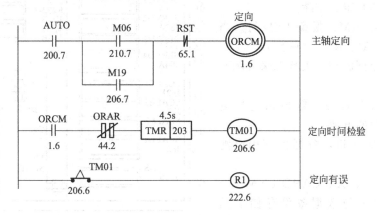

图 9-33　数控机床主轴定向功能的 PLC 控制梯形图

"1"。M06 是换刀指令，M19 是主轴定向指令，这两个信号并联作为主轴定向控制的控制信号。RST 为 CNC 系统的复位信号。ORCM 为主轴定向继电器。ORAR 为从机床输入的定向到位信号。另外，这里还设置了定时器 TMR 功能，来检测主轴定向是否在规定时间内完成。通过手动数据输入（MDI）面板在监视器上设定 4.5s 的延时数据，并存储在第 203 号数据存储单元。当在 4.5s 内不能完成定向控制时，将发出报警信号。R1 为报警继电器。图 9-33 中的梯形图符号旁的数据表示 PLC 内部存储器的单元地址，如"200.7"表示数据存储器中第 200 号存储单元的第 7 位，这些地址可由 PLC 程序编制人员根据需要来指定。

9.6 FANUC0i 数控系统

本节以 FANUC0i 数控系统为例学习其控制单元、电源模块、伺服模块、显示单元、MDI 单元等硬件的连接方式。

9.6.1 控制单元

控制单元由左半边的主板和右半边的 I/O 板两大部分组成，如图 9-34 所示。

主板部分主要包括主 CPU、内存（系统软件、宏程序、梯形图、参数等）、PMC 控制、I/O LINK 控制、伺服控制、主轴控制、内存卡 I/F、LED 显示。

I/O 板部分主要包括电源 PCB（内置）DC-DC 转换器、DI/DO、阅读机/穿孔机（I/F）、MDI 控制、显示控制、手摇脉冲发生器控制。现在，就从主板部分开始自上而下，介绍各指示灯的定义及各接口的定义和接线走向。图 9-34 中：

① ——STATUS，状态 LED 灯。从电源接通时开始，"STATUS"灯通过组成不同的亮、灭状态，来表示数控系统从电源接通到进入正常运行状态的过程中所需进行的工作流程。当主板部分发生故障时，便能通过"STATUS"灯所表示的状态，进行故障的判定和排除。

② ——ALARM，报警 LED 灯。当出现错误时，"ALARM"灯会与"STATUS"灯组成不同的亮、灭状态来表示不同的异常情况。

③ ——BATTERY，数控系统断电后进行数据保存的电池。

④ ——CP8 接口，数据保存用电池接口。

⑤ ——MEMORY CARD CNMC 插口，PMC 编辑卡与数据备份存储卡的接口。

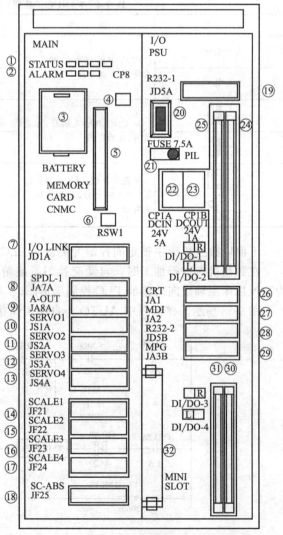

图 9-34 FANUC0i 数控系统控制单元组成

⑥——RSW1 旋转开关，维修用的旋转开关，一般不需进行任何调整。

⑦——JD1A-I/O LINK 接口，它是一个串行接口，用于 NC 与各种 I/O 单元进行连接，如机床操作面板、I/O 扩展单元或 Power Mate 连接起来，并且在所连接的各设备间高速传送 I/O 信号（bit 位数据）。I/O LINK 连接的规则如图9-35所示。

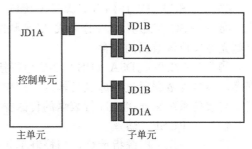

图 9-35 I/O LINK 连接的规则

在 I/O LINK 中，设备分为主单元和子单元。FANUC 0i 系统的控制单元为主单元，通过 JD1A 进行连接的设备为子单元。一个 I/O LINK 最多可连接 16 组子单元。

用于 I/O LINK 连接的两个接口分别叫做 JD1A 和 JD1B，对所有单元（具有 I/O LINK 功能）来说是通用的。连接电缆总是从一个单元的 JD1A 连接到下一个单元的 JD1B。连接到最后一个单元时，最后一个单元的 JD1A 是不需连接的。

对于 I/O LINK 中的所有单元来说，JD1A 与 JD1B 的连接电缆插脚分配都是通用的。

⑧——SPDL JA7A-1（串行主轴或位置编码器接口），该接口是通过电缆与串行主轴伺服模块连接（JA7B 接口）。当数控系统连接模拟主轴时，位置编码器的主轴反馈信号与此接口（JA7A）相连。

⑨——A-OUT JA8A（模拟主轴接口），此接口与模拟主轴放大器连接，控制模拟主轴电动机运转。

⑩——SERV01 JS1A（伺服模块接口），此接口与伺服模块系统定义的第 1 轴接口进行连接。

⑪——SERV02 JS2A（伺服模块接口），此接口与伺服模块系统定义的第 2 轴接口进行连接。

⑫——SERV03 JS3A（伺服模块接口），此接口与伺服模块系统定义的第 3 轴接口进行连接。

⑬——SERV04 JS4A（伺服模块接口），此接口与伺服模块系统定义的第 4 轴接口进行连接。

为了更清楚地了解控制单元与伺服模块连接的情况，现在以一台使用 FANUC0i-MA 系统、有 3 个伺服轴（X、Y、Z）的立式加工中心为例，说明其控制单元与伺服模块的连接情况。共使用了两块伺服模块，一块是两轴的，一块是一轴的。在系统定义中，第一轴是 X 轴，第二轴是 Y 轴，第三轴是 Z 轴。具体连接如图 9-36 所示。

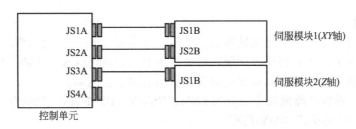

图 9-36 控制单元与伺服模块的连接

⑭——SCALE1 JF21（光栅尺 1 接口），该接口用于连接系统定义的第一轴的光栅尺。

⑮——SCALE2 JF22（光栅尺 2 接口），该接口用于连接系统定义的第二轴的光栅尺。

⑯——SCALE3 JF23（光栅尺 3 接口），该接口用于连接系统定义的第三轴的光栅尺。

⑰ ——SCALE4 JF24（光栅尺 4 接口），该接口用于连接系统定义的第四轴的光栅尺。

⑱ ——SC-ABS JF25（分离式 ABS 脉冲编码器电池接口），该接口所连接的电池用于绝对型光栅尺位置数据的保存。

⑲ ——R232-1 JD5A（RS-232-C 串行接口），该接口主要用于与外部设备相连，将加工程序、参数等数据通过外部设备输入系统中，或从系统中输出给外部设备。PC 就可通过此接口与数控系统相连接，进行数据的传送操作。

⑳ ——FUSE 熔丝。

㉑ ——PIL 电源指示灯，当控制单元接通直流 24V 电源后，该 LED 亮。

㉒ ——CP1A DCIN（电源输入接口），该接口是与外部直流 24V 电源连接，为控制单元提供电源。

㉓ ——CP1B DCOUT（电源输出接口），该接口与显示单元相连，为显示单元提供电源，在显示单元侧的接口是"CP5"（LCD 时）、"CN2"（CRT 时）。

㉔ ——DI/DO-1，内装 I/O 卡接口 1。该接口为机床提供 I/O 信号接收器（X）和驱动器（Y）。

㉕ ——DI/DO-2，内装 I/O 卡接口 2。该接口为机床提供 I/O 信号接收器（X）和驱动器（Y）。

㉖ ——CRT JA1（显示器接口），该接口用于连接显示器，显示器端的接口为"JA1"（LCD 时）、"CN1"（CRT 时）。

㉗ ——MDI JA2（手动数据输入装置接口），该接口用于连接 MDI 单元。在这里，把手动数据输入装置称为 MDI。MDI 单元是一个键盘，用来输入数据，如 NC 加工程序、设置参数等。

㉘ ——R232-2 JD5B（RS-232-C 串行接口），该接口主要用于与外部设备相连，将加工程序、参数等数据通过外部设备输入到系统中或从系统中输出给外部设备。PC 就可通过此接口与数控系统相连接，进行数据的传送操作。

㉙ ——MPG JA3B（手脉冲发生器接口），该接口所连接的手摇脉冲发生器用于在手轮进给方式下用手轮移动坐标轴。FANUC0i-TA 系统最多可安装两个手摇脉冲发生器，而 FANUC0i-MA 系统最多可安装三个手摇脉冲发生器。

㉚ ——DI/DO-3，内装 I/O 卡接口 3。该接口为机床提供 I/O 信号接收器（X）和驱动器（Y）。

㉛ ——DI/DO-4，内装 I/O 卡接口 4。该接口为机床提供 I/O 信号接收器（X）和驱动器（Y）。

㉜ ——MINIS LOT，高速串行总线接口。此接口用于与个人计算机相连，进行数据通信。

9.6.2 电源模块

电源模块主要是将三相交流电转换成直流电，为主轴模块和伺服轴模块提供直流电源。而在运动控制指令下，主轴模块和伺服轴模块经由 IGBT 模块组成的三相逆变回路输出三相变频交流电，控制主轴电动机和伺服电动机进行精确的定位运动。

FANUC 的 α 系列电源模块主要分为 PSM、PSMR、PSM-HV、PSMV-HV 四种，输入电压分为交流 200V 和交流 400V 两种。

电源模块型号：

$$PSM \underset{①}{\square} - \underset{②}{\square} - \underset{③}{\square}_{④}$$

① ——电源模块（power supply module）。

② ——制动形式。"无"表示再生制动；"R"表示能耗制动；"V"表示电压转换型再生制动；"C"表示电容模块。

③ ——输出功率。

④ ——输入电压，"无"表示 200V；HV 表示 400V。

例如，PSM-15 表示输入电压为 200V、输出功率为 15kW、再生制动的电源模块。

以下是电源模块（以 PSM-15 为例）各指示灯的定义及各接口的定义和接线走向，如图 9-37 所示。

① ——TB1，直流电源输出端。该接口与主轴模块、伺服模块的直流输入端连接，为主轴模块和伺服模块提供直流电源。

② ——STATUS，表示 LED 状态。用于表示电源模块所处的状态，出现异常时，显示相关的报警代码。

③ ——CX1A，交流 200V 输入接口。

④ ——CX1B，交流 200V 输出接口。该端口与主轴模块的 CX1A 端口连接。

⑤ ——直流回路连接充电状态 LED　在该指示灯完全熄灭后，方可对模块电缆进行各种操作，否则有触电危险。

⑥ ——CX2A，直流 24V 输入接口。

⑦ ——CX2B，直流 24V 输出接口。一般地，该接口与主轴模块的 CX2A 连接输出急停信号。

⑧ ——JX1B，模块连接接口。该接口一般与主轴的 JX1A 连接，作通信用。

⑨ ——CX3，主接触器控制信号接口。该接口是给主接触器控制信号，从而控制输入电源模块的三相交流电的通断。

⑩ ——CX4，急停信号接口。该接口用于连接机床的急停信号。

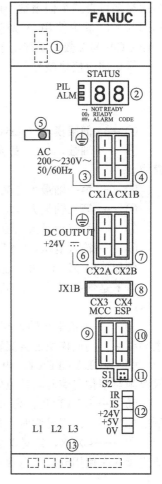

图 9-37　电源模块

⑪ ——S1、S2，再生相序选择开关；一般出厂默认设定为 S1 短路。

⑫ ——电源模块电流、电压检查用接口　以 PSM-15 为例，各插针用途见表 9-5。

⑭ ——三相交流电源输入端。

表 9-5　电源模块电流、电压检查用接口插针表

检查插针	说　　明
IR	L1 相的电流值（50A/1V）
IS	L2 相的电流值（50A/1V）
+24V	24V 的控制电源电压
+5V	5V 的控制电源电压
0V	0V 端

9.6.3　伺服模块

伺服模块接受从控制单元发出的进给速度和位移指令信号。伺服模块对控制单元传送过来的数据作一定的转换和放大后，驱动伺服电动机，从而驱动机械传动机构，驱动机床的执行部件实现精确的工件进给和快速移动。

FANUC 的 α 系列伺服模块主要分为 SVM、SVM-HV 两种，其中 SVM 型的一个单独模块最多可带三个伺服轴，而 SVM-HV 型的一个单独模块最多可带两个伺服轴。而且根据不同的 NC 系统使用 A 型（TYPEA）、B 型（TYPEB）和 FSSB 三种不同的接口类型。FANUC0i-MA 数控系统属于 B 型接口类型。

辨识伺服模块型号

$$\text{SVM} \underset{①}{\square} - \underset{②}{\square} / \underset{③}{\square} / \underset{④}{\square} \underset{⑤}{\square} \underset{⑥}{\,}$$

① ——伺服模块（servo amplifier module）。

② ——轴数，"1"表示 1 轴伺服模块，"2"表示 2 轴伺服模块，"3"表示 3 轴伺服模块。

③ ——第一轴最大电流。

④ ——第二轴最大电流。

⑤ ——第三轴最大电流。

⑥ ——输入电压，"无"表示 200V，"HV"表示 400V。

例如，SVM1-12 表示输入电压为 200V、1 轴、最大电流为 12A 的伺服模块。

以下是伺服模块（以 SVM1-12 为例）各指示灯的定义及各接口的定义和接线走向（图9-38）。

① ——直流电源输入端，该接口与电源模块的输出端、主轴模块、伺服模块的直流输入端连接。

② ——BATTERY，电池。该电池用于系统断电后，保存绝对型位置编码器的位置数据。

③ ——STATUS，表示 LED 状态。用于表示伺服模块所处的状态，出现异常时，显示相关的报警代码。

④ ——CX5X，绝对型位置编码器电池接口。一般与电池连接或在使用分离型电池盒时，与上一伺服模块的 CX5Y连接。

⑤ ——CX5Y，绝对型位置编码器电池接口。一般在使用分离型电池盒时，与下一伺服模块的 CX5X 连接。

⑥ ——S1/S2，接口选择开关。S1 为 A 型接口，S2 为B 型接口。

⑦ ——F2，24V 电源熔丝。

⑧ ——CX2A，直流 24V 输入接口。一般该接口与主轴模块或上一伺服模块的 CX2B 连接，接收急停信号。

⑨ ——CX2B，直流 24V 输出接口。一般接口与下一伺服模块的 CX2A 连接，输出急停信号。

⑩ ——直流回路连接充电状态 LED。在该指示灯完全熄灭后，方可对模块电缆进行各种操作，否则有触电危险。

⑪ ——JX5，伺服状态检查接口。该接口用于连接伺服模块状态检查电路板。通过伺服模块状态检查电路板可获取伺服模块内部信号的状态。

⑫ ——JX1A，模块连接接口。该接口一般与主轴或上一个伺服模块的 JX1B 连接，作通信用。

⑬ ——JX1B，模块连接接口。该接口一般与下一个伺服模块的 JX1A 连接。

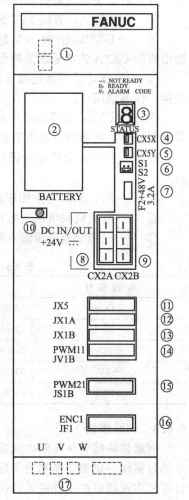

图 9-38 伺服模块

⑭——PWM11 JV1B，A 型 NC 数控系统接口。

⑮——PWM21 JS1B，B 型 NC 数控系统接口。该接口与 FANUC0i 系统控制单元相对应的伺服模块接口 JS*n*A（*n* 为轴号）连接。

⑯——ENC1 JF1，位置编码器接口。该接口只在使用 B 型接口类型时使用。

⑰——三相交流变频电源输出端。该接口与相对应的伺服电动机连接。

9.6.4 主轴模块

NC 数控系统中的主轴模块用于控制驱动主轴电动机。在加工中心中，主轴带动刀具旋转，根据切削速度、工件或刀具的直径来设定相对应的转速，对所需加工的工件进行各种加工。而在车床中，主轴则带动工件旋转，根据切削速度、工件或刀具的直径来设定相对应的转速，对所需加工的工件进行各种加工。

FANUC 的 α 系列主轴模块主要分为 SPM、SPMC、SPM-HV 三种。

辨识主轴模块型号

① ——主轴模块（spindle amplifier module）。

② ——电动机类型，"无"表示 α 系列，C 表示 αC 系列。

③ ——额定输出功率。

④ ——输入电压，"无"表示 200V，HV 表示 400V。

以下是主轴模块（以 SPM-15 为例）各指示灯的定义及各接口的定义和接线走向（图 9-39）。

①——TB1，直流电源输入端。该接口与电源模块直流电源输出端、伺服模块的直流输入端连接。

②——STATUS，表示 LED 状态。用于表示伺服模块所处的状态，出现异常时，显示相关的报警代码。

③——CX1A，交流 200V 输入接口。该端口与电源模块的 CX1B 端口连接。

④——CX1B，交流 200V 输出接口。

⑤——CX2A，直流 24V 输入接口。一般该接口与电源模块的 CX2B 连接，接收急停信号。

⑥——CX2B，直流 24V 输出接口。一般该接口与下一伺服模块的 CX2A 连接，输出急停信号。

⑦——直流回路连接充电状态 LED。在该指示灯完全熄灭后，方可对模块电缆进行各种操作，否则有触电危险。

⑧——JX4，伺服状态检查接口。该接口用于连接主轴模块状态检查电路板。通过主轴模块状态检查电路板可获取主轴模块内部信号的状态（脉冲发生器和位置编码器的信号）。

⑨——JX1A，模块连接接口。该接口一般与电源的 JX1B 连接，作通信用。

⑩——JX1B，模块连接接口。该接口一般与下一个伺服模块的 JX1A 连接。

⑪——JY1，主轴负载功率表和主轴转速表连接接口。

⑫——JA7B，通信串行输入连接接口。该接口与控制单

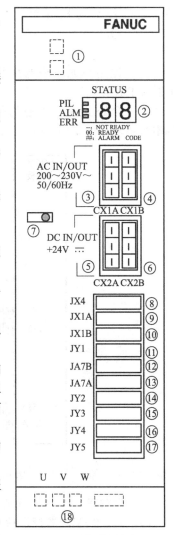

图 9-39 主轴模块

元的 JA7A（SPDL-1）接口连接。

⑬——JA7A，通信串行输出连接接口。该接口与下一主轴（如果有的话）的 JA7B 接口连接。

⑭——JY2，脉冲发生器，内置探头和电动机 Cs 轴探头连接接口。

⑮——JY3，磁感应开关和外部单独旋转信号连接接口。

⑯——JY4，位置编码器和高分辨率位置编码器连接接口。

⑰——JY5，主轴 Cs 轴探头和内置 Cs 轴探头。

⑱——三相交流变频电源输出端。该接口与相对应的伺服电动机连接。

9.6.5 综合连接图

下面以控制单元为基点，讲述控制单元与主要模块和单元的展开连接情况。

（1）控制单元主板与 I/O LINK 设备的连接

一般，机床操作面板、I/O 单元、刀库用 β 系列伺服模块（如果有的话）、机械手用 β 系列伺服模块（如果有的话）等设备都与控制单元主板上的 JD1A（I/O LINK）连接，如图 9-40 所示。

（2）控制单元主板与串行主轴及伺服轴的连接

以一台卧式加工中心为例，其装

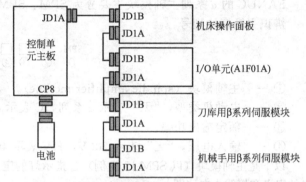

图 9-40 控制单元主板与 I/O LINK 设备的连接

备串行主轴、四条伺服轴（X、Y、Z、B），其与控制单元的具体连接如图 9-41 所示。

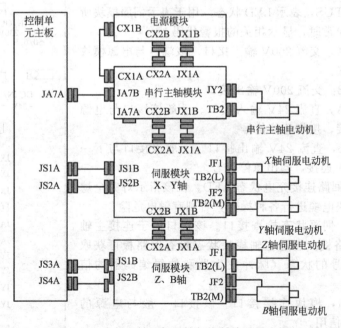

图 9-41 串行主轴及伺服轴与控制单元的连接

（3）控制单元 I/O 板与显示单元的连接

FANUC 0i-MA 数控系统的显示单元有两种，分为 CRT（显像管）显示单元和 LCD（液晶）显示单元。LCD 显示单元以其结构紧凑、发热量少的优点成为第一选择，逐渐取替

CRT 显示单元。

FANUC 0i-MA 数控系统控制单元 I/O 板与 LCD 显示单元的连接如图 9-42 所示。

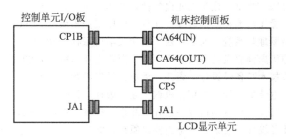

图 9-42　控制单元 I/O/板与 LCD 显示单元的连接

（4）控制单元 I/O 板内装 I/O 卡的连接

控制单元 I/O 板内装 I/O 卡用于机床接口 I/O。内置 I/O 卡 DI/DO 的点数为 96/64 点。如果 DI/DO 点数不够用的话，可以通过 FANUC I/O LINK 扩展 I/O 单元。当使用控制单元 I/O 板内装 I/O 卡的 I/O 信号接收器和驱动器时，一般需要进行如图 9-43 所示的连接。

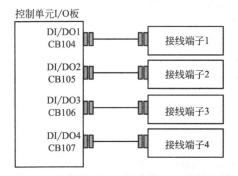

图 9-43　控制单元 I/O 板内装 I/O 卡的连接

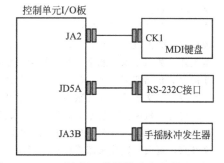

图 9-44　MDI 键盘、手摇脉冲发生器和 RS-232C
串行接口与控制单元 I/O 板的连接

（5）控制单元 I/O 板与 MDI 键盘、手摇脉冲发生器和 RS-232C 串行接口的连接

MDI 键盘和手摇脉冲发生器作为数控系统的数据和指令输入设备，是与控制单元的 I/O 板进行连接的。图 9-44 所示的是 MDI 键盘、手摇脉冲发生器和 RS-232C 串行接口与控制单元 I/O 板的连接。

习题与思考题

1. 单微处理器和多微处理器的结构有何特点？
2. 什么是 CNC 系统？
3. 试述计算机数控装置的工作原理。
4. 机床数控系统的硬件主要由哪几部分组成？各部分的作用是什么？
5. CNC 系统中，I/O 控制通道应有哪些基本功能？主要解决哪些问题？
6. CNC 系统有哪些软件？各个软件的主要功能是什么？
7. CNC 系统硬件的结构有哪几种？特点是什么？
8. CNC 系统的软件有何特点？其结构有哪些？
9. 数控机床中可编程序控制器有哪两种类型？
10. 根据 CNC 系统软件的自动工作流程图说明系统的工作原理。

参 考 文 献

[1] 林宋等.现代数控机床.北京:化学工业出版社,2003.

[2] 刘雄伟等.数控机床操作与编程培训教程.北京:机械工业出版社,2002.

[3] 王润孝等.机床数控原理与系统.西安:西北工业大学出版社,2000.

[4] 白恩远等.现代数控机床伺服及检测技术.北京:国防工业出版社,2002.

[5] 杜君文等.机械制造技术装备及设计.天津:天津大学出版社,2002.

[6] 林述温,范扬波.机电装备设计.北京:机械工业出版社,2002.

[7] 冯辛安,黄玉美,杜君文.机械制造装备设计.北京:机械工业出版社,1999.

[8] 王启义.机械制造装备设计.北京:冶金工业出版社,2002.

[9] 王爱玲等.现代数控原理及控制系统.北京:国防工业出版社,2002.

[10] 顾熙棠等.金属切削机床.上海:上海科技出版社,2000.

[11] 张建纲等.数控技术.武汉:华中科技大学出版社,2000.

[12] 任建平等.现代数控机床故障诊断及维修.北京:国防工业出版社,2002.

[13] 李洪等.实用机床设计手册.沈阳:辽宁科学技术出版社,1999.

[14] 王平等.数控机床与编程实用教程.北京:化学工业出版社,2004.

[15] 李峻勤等.数控机床及其使用与维修.北京:国防工业出版社,2000.

[16] 陈志雄.数控机床与数控编程技术.北京:电子工业出版社,2003.

[17] 李善术.数控机床及其应用.北京:机械工业出版社,2002.

[18] 殷育平.数控机床.北京:机械工业出版社,2000.

[19] 董玉红.数控技术.北京:高等教育出版社,2004.

[20] 张俊生.金属切削机床与数控机床.北京:机械工业出版社,2000.

[21] 王爱玲,武文革等.现代数控机床.第2版.北京:国防工业出版社,2009.

[22] 王爱玲等.机床数控技术.北京:高等教育出版社,2006.

[23] 陈德道.数控技术及其应用.北京:国防工业出版社,2009.

[24] 文怀兴,夏田.数控机床设计实践指南.北京:化学工业出版社,2008.

[25] 王浩.数控机床电气控制.北京:清华大学出版社,2006.

[26] 徐夏民.数控原理与数控系统.北京:北京理工大学出版社,2006.

[27] 叶晖.图解NC数控系统——FANUC 0i系统维修技巧.北京:机械工业出版社,2009.

[28] 魏思亮.机床数控技术.大连:大连理工大学出版社,2006.

[29] 杜国臣.机床数控技术.北京:北京大学出版社/中国林业出版社,2006.

[30] 王爱玲,白恩远.现代数控机床.北京:国防工业出版社,2003.

[31] 李佳,欧阳渺安,赵小林.数控机床及应用.北京:清华大学出版社,2001.

[32] 刘书华.数控机床及编程.北京:机械工业出版社,2001.